"十三五"国家重点出版物出版规划项目
岩石力学与工程研究著作丛书

颗粒流与岩石力学行为研究

吴顺川　高永涛　著

科学出版社
北京

内 容 简 介

本书从多尺度、多条件和多维度的视角，系统介绍了颗粒离散元方法在岩石力学、岩土工程、采矿工程等相关领域的基础理论及工程应用等内容。全书共 8 章，包括颗粒离散元基本概念及其在岩土工程中的应用概述、PFC软件基础理论与细观力学参数确定方法、等效岩体技术、岩石破裂过程声发射模拟技术、脆性岩石力学特性模拟方法、应力波及破裂源定位模拟方法、岩土工程稳定性连续-离散耦合模拟方法、散体矿岩放矿模拟方法等。

本书可供岩土工程等相关专业的研究生及工程技术人员使用，也可作为研究岩体破裂细观机制、应用颗粒离散元方法的科研人员参考用书。

图书在版编目(CIP)数据

颗粒流与岩石力学行为研究 / 吴顺川,高永涛著. —北京:科学出版社,
2021.6
(岩石力学与工程研究著作丛书)
"十三五"国家重点出版物出版规划项目
ISBN 978-7-03-068909-2

Ⅰ.①颗… Ⅱ.①吴… ②高… Ⅲ.①颗粒分析-研究 ②岩石力学-研究 Ⅳ.①TQ172.6②TU45

中国版本图书馆 CIP 数据核字(2021)第 103403 号

责任编辑:刘宝莉 / 责任校对:任苗苗
责任印制:吴兆东 / 封面设计:陈 敬

*科学出版社*出版
北京东黄城根北街 16 号
邮政编码:100717
http://www.sciencep.com

北京中科印刷有限公司 印刷
科学出版社发行 各地新华书店经销
*
2021 年 6 月第 一 版 开本:720×1000 1/16
2023 年 1 月第二次印刷 印张:19 1/2
字数:390 000
定价:160.00 元
(如有印装质量问题,我社负责调换)

《岩石力学与工程研究著作丛书》编委会

《岩石力学与工程研究著作丛书》序

　　随着西部大开发等相关战略的实施，国家重大基础设施建设正以前所未有的速度在全国展开：在建、拟建水电工程达 30 多项，大多以地下硐室（群）为其主要水工建筑物，如龙滩、小湾、三板溪、水布垭、虎跳峡、向家坝等水电站，其中白鹤滩水电站的地下厂房高达 90m、宽达 35m、长 400 多米；锦屏二级水电站 4 条引水隧道，单洞长 16.67km，最大埋深 2525m，是世界上埋深与规模均为最大的水工引水隧洞；规划中的南水北调西线工程的隧洞埋深大多在 400～900m，最大埋深 1150m。矿产资源与石油开采向深部延伸，许多矿山采深已达 1200m 以上。高应力的作用使得地下工程冲击地压显现剧烈，岩爆危险性增加，巷（隧）道变形速度加快、持续时间长。城镇建设与地下空间开发、高速公路与高速铁路建设日新月异。海洋工程（如深海石油与矿产资源的开发等）也出现方兴未艾的发展势头。能源地下储存、高放核废物的深地质处置、天然气水合物的勘探与安全开采、CO_2 地下隔离等已引起高度重视，有的已列入国家发展规划。这些工程建设提出了许多前所未有的岩石力学前沿课题和亟待解决的工程技术难题。例如，深部高应力下地下工程安全性评价与设计优化问题，高山峡谷地区高陡边坡的稳定性问题，地下油气储库、高放核废物深地质处置库以及地下 CO_2 隔离层的安全性问题，深部岩体的分区碎裂化的演化机制与规律，等等。这些难题的解决迫切需要岩石力学理论的发展与相关技术的突破。

　　近几年来，863 计划、973 计划、"十一五"国家科技支撑计划、国家自然科学基金重大研究计划以及人才和面上项目、中国科学院知识创新工程项目、教育部重点（重大）与人才项目等，对攻克上述科学与工程技术难题陆续给予了有力资助，并针对重大工程在设计和施工过程中遇到的技术难题组织了一些专项科研，吸收国内外的优势力量进行攻关。在各方面的支持下，这些课题已经取得了很多很好的研究成果，并在国家重点工程建设中发挥了重要的作用。目前组织国内同行将上述领域所研究的成果进行了系统的总结，并出版《岩石力学与工程研究著作丛书》，值得钦佩、支持与鼓励。

　　该丛书涉及近几年来我国围绕岩石力学学科的国际前沿、国家重大工程建设中所遇到的工程技术难题的攻克等方面所取得的主要创新性研究成果，包括深部及其复杂条件下的岩体力学的室内、原位实验方法和技术，考虑复杂条件与过程（如高应力、高渗透压、高应变速率、温度-水流-应力-化学耦合）的岩体力学特性、变形破裂过程规律及其数学模型、分析方法与理论，地质超前预报方法与技术，工程地质灾害预测预报与防治措施,断续节理岩体的加固止裂机理与设计方法,灾害环境下重大工程的安全性,岩石工程实时监测技术与应用,岩石工程施工过程仿真、动态反馈分析与设计优化,典型与特殊岩石工程(海底隧道、深埋长隧洞、高陡边坡、膨胀岩工程等)超规范的设计与实践实例,等等。

　　岩石力学是一门应用性很强的学科。岩石力学课题来自于工程建设,岩石力学理论以解决复杂的岩石工程技术难题为生命力,在工程实践中检验、完善和发展。该丛书较好地体现了这一岩石力学学科的属性与特色。

　　我深信《岩石力学与工程研究著作丛书》的出版,必将推动我国岩石力学与工程研究工作的深入开展,在人才培养、岩石工程建设难题的攻克以及推动技术进步方面将会发挥显著的作用。

钱七虎

2007 年 12 月 8 日

《岩石力学与工程研究著作丛书》编者的话

近 20 年来,随着我国许多举世瞩目的岩石工程不断兴建,岩石力学与工程学科各领域的理论研究和工程实践得到较广泛的发展,科研水平与工程技术能力得到大幅度提高。在岩石力学与工程基本特性、理论与建模、智能分析与计算、设计与虚拟仿真、施工控制与信息化、测试与监测、灾害性防治、工程建设与环境协调等诸多学科方向与领域都取得了辉煌成绩。特别是解决岩石工程建设中的关键性复杂技术疑难问题的方法,973 计划、863 计划、国家自然科学基金等重大、重点课题研究成果,为我国岩石力学与工程学科的发展发挥了重大的推动作用。

应科学出版社诚邀,由国际岩石力学学会副主席、岩土力学与工程国家重点实验室主任冯夏庭教授和黄理兴研究员策划,先后在武汉市与葫芦岛市召开《岩石力学与工程研究著作丛书》编写研讨会,组织我国岩石力学工程界的精英们参与本丛书的撰写,以反映我国近期在岩石力学与工程领域研究取得的最新成果。本丛书内容涵盖岩石力学与工程的理论研究、试验方法、试验技术、计算仿真、工程实践等各个方面。

本丛书编委会编委由 75 位来自全国水利水电、煤炭石油、能源矿山、铁道交通、资源环境、市镇建设、国防科研领域的科研院所、大专院校、工矿企业等单位与部门的岩石力学与工程界精英组成。编委会负责选题的审查,科学出版社负责稿件的审定与出版。

在本丛书的策划、组织与出版过程中,得到了各专著作者与编委的积极响应;得到了各界领导的关怀与支持,中国岩石力学与工程学会理事长钱七虎院士特为丛书作序;中国科学院武汉岩土力学研究所冯夏庭教授、黄理兴研究员与科学出版社刘宝莉编辑做了许多烦琐而有成效的工作,在此一并表示感谢。

"21 世纪岩土力学与工程研究中心在中国",这一理念已得到世人的共识。我们生长在这个年代里,感到无限的幸福与骄傲,同时我们也感觉到肩上的责任重大。我们组织编写这套丛书,希望能真实反映我国岩石力学与工程的现状与成果,希望对读者有所帮助,希望能为我国岩石力学学科发展与工程建设贡献一份力量。

《岩石力学与工程研究著作丛书》

编辑委员会

2007 年 11 月 28 日

前　言

　　岩石与人类的生存、发展息息相关，人类发展的历史也是一部探究岩石的历史。从旧石器时代起，人类便开始依赖岩石洞穴居住，利用岩石制作工具；直至现在，仍在从岩石中采掘矿物与石油天然气能源，建设电站厂房、军事基地，开挖深部地下硐室存储核废料，以岩石作为建筑、道路交通的基础等。岩体作为一种工程介质，涵盖了众多工程学科，涉及采矿工程、水利水电、土木建筑、公路铁路建设、地质工程、石油工程、地下工程、海洋工程等，这些领域中的高陡边坡、大型硐室、深长隧道、深埋采场等岩体工程的稳定与安全，与绿色宜居环境及国民经济建设息息相关。

　　岩石工程相关的设计、施工、稳定性评价及加固、灾害处治等均直接依赖于对岩体强度、变形、渗透性、破坏规律等特征的研究，60％以上的岩体工程灾害均与其工程力学特性有关。因此，对岩石工程的正确认识、合理设计和灾害有效处治等，是岩石工程界必须面对的理论与应用难题，同时也是富有挑战性的基础性研究课题。

　　岩石工程的基础科学问题是探究岩石的破裂机制，正确把握岩体强度与变形破裂特征，是岩石工程界永恒的科学问题，也是一直困扰岩石工程研究与应用的核心瓶颈问题。截至目前，国际岩石力学与工程学会共 8 位学者获得了 Müller 奖，获奖学者均从事岩体强度基础理论研究，因此该科学问题是岩体工程相关学科的首要核心基础科学问题。

　　岩石因其特有的组成成分与特定的赋存环境，呈现出高度复杂性，包括非连续性、非均匀性、各向异性、时效性以及尺寸效应等。随着社会发展和科技进步，对岩石力学行为的研究与认识不断加深，采用的分析方法向复杂化、智能化方向发展，历经线弹性介质、理想弹塑性介质、连续弹塑性介质、非连续介质模型等，目前离散元分析方法已经较为成熟，并成为研究岩体力学行为的重要工具之一。其中，颗粒离散元方法作为研究岩石材料物理力学性质及破坏机制的有效方法，能够从细观角度揭示岩石材料损伤破裂机理，目前其在试样尺度的模拟分析及岩土工程中的应用已成为国内外的研究热点之一，近年来该主题的研究成果在国际著名期刊中的引用率名列前茅。

　　本书作者长期从事边坡工程、地下工程的教学与科研工作，在该领域不仅具有扎实的理论基础，而且对行业的新进展有深刻理解。本书以新颖的细观视角，探究岩石破裂机制与散体矿岩运移规律，从多尺度（试样尺度、模型尺度、工程尺度）、多条件（完整岩体、节理岩体、散体矿岩）、多维度（静载与动载、连续-离散耦合）等方面对颗粒离散元方法在岩石力学与工程、采矿工程等相关领域的基础理论及工程应用进行了较为全面的总结。本书的撰写遵循如下三项基本原则：

（1）实时性。随着现代科学技术水平的不断发展与提高，与岩石力学、采矿工程相关的学科也在不断进步，尤其是数值模拟技术的发展十分迅猛，其应用也越来越广泛。因此，作者在查阅和搜集大量文献资料的基础上，将近年来在岩石力学试验及岩土工程领域有关颗粒流数值分析的最新研究成果编入书中，以期读者在阅读本书时能够掌握先进的数值仿真技术和工程实践经验。其中，等效岩体技术、平节理模型等是近几年岩土工程领域最新发展的数值模拟技术和方法。

（2）完整性。依据岩石力学、采矿工程等领域的特点，内容上涵盖与之相关的节理岩体仿真技术、岩石声发射模拟技术、岩石静力学与动力学特性模拟方法、连续-离散耦合技术以及散体矿岩放矿模拟方法等方面，编排简明扼要，阐述详尽具体，展示方法循序渐进，力求保持各方面内容的系统性和完整性。

（3）实用性。岩土工程和采矿工程均是应用性很强的工程学科，在撰写本书时，着重将模拟技术和工程应用进行有机结合。不仅注重对模拟技术、模拟方法的阐述，更强化颗粒离散元方法在工程实际中的应用，以期读者结合工程实例提高分析问题、解决问题的能力。

全书共8章。第1章概要介绍离散元颗粒流理论的发展历史、现状及其在岩土力学等领域的应用；第2章主要介绍PFC软件的基础理论以及细观力学参数的确定方法；第3章系统介绍等效岩体技术的研究背景、理论基础及其在节理岩质边坡等工程领域的应用；第4章介绍以矩张量理论方法为基础，结合颗粒流理论建立细观尺度的岩石破裂过程声发射模拟方法，以及相关的室内试验研究等；第5章对岩石脆性特征的模拟方法及数值分析进行详细阐述，重点介绍等效晶质模型和平节理模型的应用等；第6章介绍波动理论、岩石应力波模拟方法及震源定位方法数值模拟研究；第7章详细介绍岩土工程稳定性连续-离散耦合模拟技术的研究现状、理论基础及其在巷道、边坡和公路等领域的工程应用；第8章在介绍放矿理论研究的基础上，系统阐述基于球形颗粒和非球形颗粒的散体矿岩放矿模拟方法。

本书撰写分工如下：第1~7章由吴顺川撰写，第8章由高永涛撰写，全书由吴顺川统稿。北京科技大学刘洋教授、金爱兵教授、周喻副教授、孙浩讲师，中电建路桥集团有限公司严琼高级工程师，中国铁道科学研究院集团有限公司许学良高级工程师和柴金飞副研究员，苏黎世联邦理工学院张诗淮博士，中国恩菲工程技术有限公司吴昊燕工程师，中南建筑设计院股份有限公司张铎工程师等参与了部分章节的撰写工作。

作者希望本书的出版能够为促进颗粒流与岩石力学行为的研究做出一点贡献，并为国内广大岩石力学与岩土工程的从业者及在校师生提供帮助。

在本书的撰写和出版过程中，昆明理工大学和北京科技大学给予了学科建设经费资助；感谢国家自然科学基金项目（51074014、51174014、51178044、51374032、51774020、51934003）以及教育部长江学者奖励计划的支持（T2017142）；北京科技大学蔡美峰院士、中国矿业大学（北京）何满潮院士、中国科学院武汉岩土力学研究所黄理兴研究员、中国地质大学焦玉勇教授、武汉大学张晓平教授、山东大学段抗教授等在百忙之中对本书进行了认真审阅，提出了许多宝贵意见和建议；博士研究生陈龙、张光、马骏、郭沛、孙伟、常新科、李永兵、姜日华、任义、吴金、王佳信，硕士研究生黄小庆、陈子健、陈能斌、绳培、朱自强、王登华、李玉杰、王猛等，为本书的资料搜集、编排、绘图及校核等付出了大量的艰辛劳动。在此一并表示衷心感谢！

　　同时，本书在编写过程中，参阅了大量的国内外文献，在此谨向文献作者表示衷心感谢。

　　由于作者水平有限，书中难免存在不足之处，希望各位读者不吝赐教、批评指正。

目　　录

第1章 离散单元法及其应用概述

1.1 离散单元法简述

自然界的宏观物质均由一系列细微观粒子构成,当不考虑单一物质颗粒在外力作用下的运动和变形特性对材料宏观力学行为的影响时,一般将研究对象抽象为连续体并采用连续介质力学方法进行研究。连续介质力学是近代固体力学的理论基础,通过建立各种物质的力学模型,把各种物质的本构关系用数学形式确定下来,在给定的初始条件和边界条件下求出问题的解。

常用的连续介质分析方法包括有限元法、有限差分法、边界元法等。在开展岩土工程数值模拟时,连续介质分析方法具有计算效率高、可构建复杂模型等优点,但同时也存在诸多缺陷,如不能反映岩土材料细微观结构之间的复杂相互作用,无法再现岩土材料的破裂孕育演化过程。在这一背景下,离散单元法应运而生。

离散单元法(distinct element method,DEM)是由 Cundall[1]在 1971 年基于分子动力学原理提出的一种离散体物料的分析方法。离散单元法的基本思想是将求解空间离散划分成若干个块体单元或者颗粒单元,并定义单元之间存在接触作用,根据力-位移法则和牛顿第二定律建立各单元之间的运动方程,采用时步迭代的方法进行求解,从而求取"非连续体"的运动形态。该方法是继连续介质力学方法后,用于分析岩土力学问题的又一种强有力的数值计算方法。

离散单元法最早应用于具有裂隙、节理的岩体问题研究,将岩体视为被裂隙、节理切割的若干块体的组合体,基于岩体的变形主要依赖于软弱结构面(裂隙、节理等)的客观事实,提出了将岩块假定为刚体,以刚性元及其边界的几何方程、运动方程和本构方程为基础,采用动态松弛迭代格式,建立节理岩体非连续介质大变形的差分方程并进行求解。根据所采用的求解算法,离散单元法分为隐式离散单元法和显式离散单元法。

根据离散体自身的几何特征,可分为块体和颗粒两大分支。Cundall 等[2,3]改进了最初的刚体离散元模型,融合了岩块自身变形,开发了可变形的块体模型通用离散单元法程序(universal distinct element code,UDEC),并将其推广应用至模拟爆炸运动以及岩块破碎的过程等。在此同时,Cundall 等[4,5]开发了二维圆形颗粒(ball)软件,用于研究颗粒介质的物理力学行为,其结果与其他学者采用光弹技术获得的试验结果较为吻合,为研究颗粒散体介质材料的力学行为开辟了新的途径。

　　20世纪90年代以来,基于离散元理论开发的商业软件和开源软件发展迅速,其中以美国依泰斯卡(Itasca)公司和英国德颐姆方案(DEM-Solutions)公司开发的系列软件最具特色且应用最为广泛。美国依泰斯卡公司以解决岩土工程问题为目标,旗下离散元软件包括基于不规则形状块体单元的通用离散单元法程序和三维离散单元法程序(3 dimension distinct element code,3DEC)软件,以及基于圆盘颗粒单元的二维颗粒流(particle flow code 2 dimension,PFC2D)和基于球形颗粒单元的三维颗粒流(particle flow code 3 dimension,PFC3D)软件。英国德颐姆方案公司以颗粒处理和生产操作为目标,开发了颗粒流软件EDEM,通过模拟散体物料加工处理过程中颗粒体系的行为特征,协助设计人员对各类散料处理设备进行设计、测试和优化。同时,中国科学院基于连续介质力学的离散单元法(continuum-based discrete element method,CDEM)开发的力学分析系列软件GDEM、英国洛克菲尔德(Rockfield)公司开发的有限元/离散元耦合软件ELFEN、加拿大多伦多大学基于有限元/离散元耦合方法开发的地质力学软件Y-Geo、石根华建立的非连续变形分析(discontinous deformation analysis,DDA)方法、南京大学开发的矩阵离散元软件(fast GPU matrix computing of discrete element method,MatDEM)、Olivier和Janek采用C++和Python语言编写的开源离散元软件YADE等也得到了较为广泛的应用。

　　目前,基于离散元理论开发的软件为解决众多涉及颗粒、结构、流体与电磁及其耦合等综合问题提供了有效的平台,已成为过程分析、设计优化和产品研发的有力工具。其中,UDEC、3DEC和PFC软件为岩土及类岩石材料的力学行为基础理论研究(破裂机制与演化规律、颗粒类材料动力响应等)和工程应用研究(地下灾变机制、堆石料特性、矿山崩落开采、边坡岩土解体、爆破冲击等)提供了有效手段,应用示例如图1.1.1所示。

(a) 基于块体离散元3DEC的露天矿坑模型　　　　(b) 基于颗粒离散元PFC3D的放矿模型

图1.1.1　离散单元法的工程应用

1.2　离散元颗粒流理论及 PFC 软件简述

颗粒流理论是离散单元法的一个重要分支。在颗粒流理论中,物体的宏观本构行为通过单元间细观接触模型实现。在具有颗粒结构特性岩土介质中的应用,就是从其细观力学特征出发,将材料的力学响应问题从物理域映射到数学域内进行数值求解。例如,物理域内的复杂实物颗粒被简化为数学域内的颗粒单元,并通过颗粒单元来构建所需几何形状的试样,颗粒间的相互作用通过接触本构关系定义,通过选择合适的本构模型及调试恰当的参数匹配材料的力学特性。

PFC 软件是基于颗粒流理论的基本原理和显式差分法开发的细观力学分析软件[6],其将介质整体离散为圆盘形(disk)或球形(sphere)颗粒单元进行分析,从细观角度探索研究对象的受力、变形、运动等力学响应。美国依泰斯卡公司于 1994 年首次推出颗粒流模拟软件 PFC(2D/3D)1.0 版本,截至目前已更新至 6.0 版本。其建立的计算模型由颗粒、接触及墙体构成。在二维分析时,离散颗粒为单位厚度的圆盘,在三维分析中为实心圆球。每个离散单元均为具备有限质量的刚性体,颗粒单元的直径及排列分布可根据需求设定,通过调整颗粒尺寸及粒径分布可以控制模型的孔隙率和非均匀性。墙体是面(facet)的集合,面可以组成任意复杂多变的空间多边形,在 PFC2D 模型中面以线段的形式表示,在 PFC3D 模型中则为三角形。

颗粒间的接触模型是 PFC 模型的核心要素,分为非黏结模型与黏结模型两类,其中非黏结模型主要用于模拟散体材料,描述其变形和运动,黏结模型在此基础上加入了强度的限制,主要用于模拟岩石及类岩石材料。对于黏结模型,当颗粒之间接触承受的应力大于其黏结强度时,黏结断裂,形成微破裂[7]。当微破裂逐渐增多时,颗粒相互运动,模型发生变形和位移,实现岩土体损伤破坏机制模拟。

截至 PFC 6.0 版本,内嵌的非黏结模型主要包括线性模型(linear model)、线性滚动阻滑模型(rolling resistance linear model)、赫兹模型(Hertz model)、滞回模型(hysteretic model)以及伯格斯模型(Burgers model)。非黏结模型从早期的单纯线性关系发展到考虑黏滞、滚动阻力等因素,再到考虑颗粒间的范德瓦耳斯力,模型种类越来越丰富,应用领域也更为广泛。

内嵌的黏结模型主要包括线性接触黏结模型(linear contact bond model)、线性平行黏结模型(linear parallel bond model)、光滑节理模型(smooth joint model)、平节理模型(flat joint model)、黏性线性滚动阻滑模型(adhesive rolling resistance linear model)以及软化黏结模型(soft bond model),可统称为黏结颗粒体模型(bonded-particle model,BPM)。早期开发的 BPM(线性接触黏结模型和线性平行黏结模型)主要用于模拟具有黏结特性的材料,随着对脆性岩石本质特征模拟需求的增加,依泰斯卡公司对原有线性平行黏结模型的本构关系进行改进,包括:引入平行黏结因子使平行黏结和接触黏结承载应力有先后之分;引入力矩贡献因子减小力矩对应力的贡献;引入黏结安装间距以提高颗粒配位数;使用含张拉截断的莫尔-库仑强度准则将黏结剪切强度与接触正应力相关联等。

除了对黏结本构关系的改进外,在改变单元形状方面也开展了许多工作,无论是"丛(clump)""簇(cluster)"还是等效晶质模型(grain-based model,GBM),其本质都是将多个颗粒集合为一个几何形状更加多样化的单元,从而解决使用球形颗粒模拟时存在的固有不足。上述改进可增强单元间的自锁效应,但通常需要更细小的颗粒直径,从而导致计算效率相对较低。

上述黏结模型中,有两种模型被命名为节理模型,分别是光滑节理模型和平节理模型。这两种节理模型既能表征非黏结状态,也可表征黏结状态。平节理模型可用于模拟含微裂纹的硬脆性岩石,光滑节理模型通常用以表征岩体中的节理、层理以及预制裂纹等,在岩石力学及岩体工程的结构特征模拟中发挥了重要作用。

1.3　PFC 软件在岩土工程领域的应用

工程应用是岩土力学学科发展的根本目的,通过岩土体的基本力学性质与基础理论研究,掌握岩土体力学性状的基本规律,进而开展工程应用研究,达到指导、优化工程实践的目的。

岩土体经受长期的地质构造作用,受结构面和节理面等弱面切割,常呈现明显的非连续性特点。PFC 软件采用颗粒构建计算模型,考虑到岩土体结构的非均质、非连续等复杂特性,颗粒间的黏结会受外力作用产生微裂纹并产生不同类型的破坏,从而实现对模型内部破裂孕育和演化过程的模拟,适用于岩土体破裂机制、裂纹孕育演化规律和工程稳定性的研究。近年来,随着计算机运算性能的大幅提升,基于颗粒流理论的 PFC 软件已在各类岩土力学基础理论及工程方面得到广泛应用。

1.3.1　岩石力学基础理论研究

岩体可视为由岩块和结构面网络构成的复杂系统,通常表现出较强的非连续性,国内外学者针对岩体变形、强度特性及破坏机理开展了广泛研究。

岩体变形及其裂纹扩展是岩石力学的重要研究方向之一。吴顺川等[8]开展了卸载岩爆数值试验研究,得出不同应力状态下的岩样细观损伤特征;Zhang 等[9,10]使用平行黏结模型研究了含预制裂隙类岩石材料的裂纹扩展现象;Yang 等[11]研究了含两个不平行裂隙红砂岩单轴压缩过程中的破裂行为,揭示了其损伤破坏机

理;丛宇等[12]以大理岩为例,定量研究了岩石类材料宏细观参数间的关系;Duan
等[13]开展了不同受压状态下花岗岩颗粒流数值模拟试验,研究了裂隙发展过程
及岩石破坏机理;Cao 等[14]模拟了含多裂隙脆性岩石材料的峰值强度和破坏
模式。

　　一般来说,脆性岩体抗拉强度远小于抗压强度,工程岩体受拉应力破坏现象显
著,因此开展岩体抗拉强度研究具有重要意义。Cai 等[15]通过有限元/离散元耦合
的方法对巴西试验的破裂进程进行模拟,研究了岩石各向异性、预裂纹长度和方向
对张拉裂纹、抗拉强度的影响;Xu 等[16]研究了细观结构和细观参数对岩石巴西抗
拉强度的影响;Wu 等[17]研究了平台巴西圆盘的破坏过程,讨论了荷载条件和圆盘
几何参数对试验结果的影响;Zhang 等[18]提出采用柔性颗粒边界直接生成巴西圆
盘,能有效降低巴西圆盘试样的各向异性;Ma 等[19]通过数值试验研究了完整的巴
西试验岩石破坏行为以及材料性质对抗拉强度的影响。

　　同时,节理作为一种重要的地质结构面,随机分布于岩体中,影响岩体的力学
性质,诸多研究者使用 PFC 软件研究了节理的剪切性质。Morgan 等[20,21]研究了
局部细观物理力学参数、颗粒粒径分布特征、粒间摩擦强度等参量对颗粒材料剪切
带形成、发展过程的影响;周喻等[22]从宏细观角度探讨了节理在直剪试验过程中
的力学演化特征和破坏机制;夏才初等[23]在 PFC2D 模型中生成粗糙节理面,并通
过模拟直剪试验研究其剪切性质;Bahaaddini 等[24,25]研究了岩石节理在直接剪切
试验下的剪切特征和粗糙度退化机理。

　　近年来随着深地工程的迅速发展,高温岩体力学也成为研究热点之一,PFC 软
件在模拟高温岩体力学行为方面显示出巨大潜力。Wanne 等[26]模拟了花岗岩圆
柱加热开裂现象;Zhao[27]模拟了花岗岩的热开裂过程,研究结果表明,热应力的增
加会导致微裂纹的产生,加热会对花岗岩的抗压强度和抗拉强度产生影响;Yang
等[28]模拟了高温下 Strathbogie 花岗岩的单轴压缩试验,其峰值强度和破坏模式与
室内试验结果相似;Tian 等[29]模拟了不同温度处理后的花岗岩单轴压缩试验,研
究了高温诱导裂纹与处理温度的关系。

1.3.2　土力学基础理论研究

　　土体的宏观力学特性主要受细观组构控制,PFC 软件适用于土体或胶结材料
细观力学特性的描述和受力变形研究,可用于模拟土体强度的各向异性、体积应
变、蠕变等,并且可通过与其他方法耦合进一步考虑水、温度等因素的影响,实现多
场耦合分析。

　　在土体宏细观力学特性方面,Williams 等[30]对不同形状和尺寸的颗粒在受压
状态下细观结构的形成进行了预测,并得出颗粒运动与连续介质理论预测的运动
存在较大差异的结论;Thornton[31]探索了土体宏观特性与细观特性的联系,并对

土力学的强度理论进行了验证;Jiang 等[32]采用 PFC 软件验证了颗粒材料双剪运动模型,建立了含抗转动能力的接触模型等一系列土体细观本构,解释了结构性土体的屈服机制;Meier 等[33]将土体宏观力学特性与细观结构特征相关联,促进了细观机制的宏观本构模型的发展。

PFC 模拟可再现颗粒间胶结、破碎、各向异性等对剪切带的产生与发展、倾角、厚度等的影响。Iwashita 等[34]对常规接触模型进行了修改,考虑了接触点滚动阻力,得出了剪切带发展的微变形机理;Kwok 等[35]通过考虑裂纹扩展的时效性、颗粒簇内胶结随时间弱化的方法以及颗粒间接触磨损,实现砂土蠕变特性的模拟;Jiang 等[36]对结构性砂土剪切力学特性进行了研究,发现胶结破坏比与试样屈服、体积变化、临界状态及剪切波速之间的关系;Xu 等[37]研究了蠕变和应力松弛过程中典型粒状材料(即堆石)的宏观和细观行为。

自国际土力学及基础工程协会宏细观土力学专业委员会成立以来,颗粒流模拟方法在土体多场、多相、多方法耦合和应用基础研究等方面不断取得突破,并已广泛应用于各类土工问题研究,包括饱和土的稳定渗流、动土液化、固结渗流及管涌等。

1.3.3　工程应用研究

PFC 软件可通过颗粒接触的连接、破坏及颗粒的分离、细观结构变化,模拟不同类型工程实施过程中的岩土体破坏情况,已有大量学者采用 PFC 软件对隧道开挖、边坡稳定性、基坑支护等工程施工与方案优化问题进行研究,并取得了丰富成果。

在隧道工程应用方面,Cai 等[38]使用 FLAC/PFC 耦合方法对隧道开挖过程的声发射响应进行了研究,为大尺度地下工程开挖模拟提供了研究思路;汪成兵等[39]模拟了隧道塌方全过程,分析了隧道围岩强度、埋深、衬砌材料、地表水等因素对隧道塌方的影响;徐士良等[40]对公路隧道混合片麻岩竖井岩爆孕育机理进行了颗粒流数值模拟;刘宁等[41]对隧洞开挖后围岩的损伤区进行了模拟;胡欣雨等[42]模拟了盾构隧道开挖全过程,为类似工程的开挖模拟提供了研究思路。

在边坡工程应用方面,吴顺川等[43]和张晓平等[44]模拟了含软弱夹层边坡变形破坏全过程,再现了边坡开挖卸荷大变形渐进式破坏过程;周健等[45,46]将颗粒流方法运用到土坡稳定性分析中,并考虑了强度折减法和重力增加法的思路,证明了颗粒流方法计算结果的可靠性;李新坡等[47]对岩质边坡破坏堆积形状和运动距离进行了模拟,证实了颗粒流理论用于描述节理岩体等非连续介质运动问题的有效性。近年来,边坡工程颗粒流模拟逐步向连续-离散耦合、流固耦合的三维工程尺度分析等方向发展。张铎等[48]采用连续-离散耦合方法模拟尾矿坝边坡在尾矿填充前后潜在滑移带附近的微观渐进破坏过程,并研究了滑移带内外土体颗粒转动、应力主方向和各向异性的发展问题;严琼等[49]采用耦合模型研究了土工格栅与岩土体的细观作用机制以及细观角度的边坡稳定性分析。因此,基于颗粒流方法开展的上述研究有助于改善现有的边(滑)坡演化理论的认识,进而为边坡工程处治设计提供支撑。

在基坑工程应用方面,贾敏才等[50]通过二次开发PFC软件对重力式搅拌桩围护基坑的开挖过程和宏细观力学响应进行了研究;周健等[51,52]建立了基坑开挖土钉支护的三维颗粒流模型,通过分析有、无土钉墙支护基坑的位移场和应力场,研究了复合土钉支护基坑开挖过程和土钉支护、界面拉拔的细观机理;郑刚等[53,54]将颗粒流方法引入基坑垮塌模拟、基坑环梁支撑结构的连续破坏模拟和冗余度研究中,提出了基于局部破坏的冗余度分析方法;李涛等[55]研究了基坑开挖过程中土拱效应产生、发展的细观机理,并分析桩间距、摩擦系数等因素对桩土相互作用的影响。因此,基于颗粒流理论开展的基坑变形失稳细观机制研究有助于提升基坑失稳演化理论认知,可为基坑工程灾害防控提供理论支撑。

早期PFC软件主要应用于岩土体试样尺度的模拟,随着计算机运算性能的不断提升及软件算法的改进,数十万乃至百万级的颗粒流计算已成为可能,大尺度的隧道、边坡及基坑等工程问题的研究已成为现实。

参 考 文 献

[1] Cundall P A. A computer model for simulating progressive, large-scale movement in blocky rock system // Proceedings of the International Symposium on Rock Mechanics. Nancy, 1971.

[2] Cundall P A, Marti J, Beresford P, et al. Computer Modeling of Jointed Rock Masses. Portland: Dames & Moore, 1978.

[3] Cundall P A. UDEC—A Generalized Distinct Element Program for Modelling Jointed Rock. Report PCAR-1-80, Contract DAJA37-79-C-0548. European Research Office, US Army, Peter Cundall Associates, 1980.

[4] Cundall P A. BALL—A Program to Model Granular Media Using the Distinct Element Method. Portland: Dames & Moore, 1978.

[5] Cundall P A, Strack O D L. A discrete numerical model for granular assemblies. Géotechnique, 1979, 29(1): 47-65.

[6] Itasca Consulting Group. PFC 6.0 Documentation. 2019.

[7] Potyondy D O, Cundall P A. A bonded-particle model for rock. International Journal of Rock Mechanics and Mining Sciences, 2004, 41(8): 1329-1364.

[8] 吴顺川, 周喻, 高斌. 卸载岩爆试验及PFC3D数值模拟研究. 岩石力学与工程学报, 2010, 29(S2): 4082-4088.

[9] Zhang X P, Wong L N Y. Cracking processes in rock-like material containing a single flaw

under uniaxial compression: A numerical study based on parallel bonded-particle model approach. Rock Mechanics and Rock Engineering,2012,45(5):711-737.

[10] Zhang X P,Wong L N Y. Crack initiation,propagation and coalescence in rock-like material containing two flaws: A numerical study based on bonded-particle model approach. Rock Mechanics and Rock Engineering,2013,46(5):1001-1021.

[11] Yang S Q,Huang Y H,Jing H W,et al. Discrete element modeling on fracture coalescence behavior of red sandstone containing two unparallel fissures under uniaxial compression. Engineering Geology,2014,178:28-48.

[12] 丛宇,王在泉,郑颖人,等. 基于颗粒流原理的岩石类材料细观参数的试验研究. 岩土工程学报,2015,37(6):1031-1040.

[13] Duan K,Kwok C Y,Tham L G. Micromechanical analysis of the failure process of brittle rock. International Journal for Numerical and Analytical Methods in Geomechanics,2015, 39(6):618-634.

[14] Cao R H,Cao P,Lin H,et al. Mechanical behavior of brittle rock-like specimens with pre-existing fissures under uniaxial loading: Experimental studies and particle mechanics approach. Rock Mechanics and Rock Engineering,2016,49(3):763-783.

[15] Cai M,Kaiser P K. Numerical simulation of the Brazilian test and the tensile strength of anisotropic rocks and rocks with pre-existing cracks. International Journal of Rock Mechanics and Mining Sciences,2004,41(3):450-451.

[16] Xu X L,Wu S C,Gao Y T,et al. Effects of micro-structure and micro-parameters on Brazilian tensile strength using flat-joint model. Rock Mechanics and Rock Engineering,2016, 49(9):3575-3595.

[17] Wu S C,Ma J,Cheng Y,et al. Numerical analysis of the flattened Brazilian test: Failure process,recommended geometric parameters and loading conditions. Engineering Fracture Mechanics,2018,204:288-305.

[18] Zhang Q,Zhang X P,Ji P Q. Reducing the anisotropy of a Brazilian disc generated in a bonded-particle model. Acta Mechanica Sinica,2018,34(4):716-727.

[19] Ma Y F,Huang H Y. DEM analysis of failure mechanisms in the intact Brazilian test. International Journal of Rock Mechanics and Mining Sciences,2018,102:109-119.

[20] Morgan J K,Boettcher M S. Numerical simulations of granular shear zones using the distinct element method: 1. Shear zone kinematics and the micromechanics of localization. Journal of Geophysical Research: Solid Earth,1999,104(B2):2703-2719.

[21] Morgan J K. Numerical simulations of granular shear zones using the distinct element method: 2. Effects of particle size distribution and interparticle friction on mechanical behavior. Journal of Geophysical Research: Solid Earth,1999,104(B2):2721-2732.

[22] 周喻,Misra A,吴顺川,等. 岩石节理直剪试验颗粒流宏细观分析. 岩石力学与工程学报, 2012,31(6):1245-1256.

[23] 夏才初,宋英龙,唐志成,等. 粗糙节理剪切性质的颗粒流数值模拟. 岩石力学与工程学

报,2012,31(8):1545-1552.

[24] Bahaaddini M,Sharrock G,Hebblewhite B K. Numerical direct shear tests to model the shear behaviour of rock joints. Computers and Geotechnics,2013,51:101-115.

[25] Bahaaddini M,Hagan P C,Mitra R,et al. Experimental and numerical study of asperity degradation in the direct shear test. Engineering Geology,2016,204:41-52.

[26] Wanne T S,Young R P. Bonded-particle modeling of thermally fractured granite. International Journal of Rock Mechanics and Mining Sciences,2008,45(5):789-799.

[27] Zhao Z H. Thermal influence on mechanical properties of granite:A microcracking perspective. Rock Mechanics and Rock Engineering,2016,49(3):747-762.

[28] Yang S Q,Tian W L,Ranjith P G. Failure mechanical behavior of Australian strathbogie granite at high temperatures:Insights from particle flow modeling. Energies,2017,10(6):756.

[29] Tian W L,Yang S Q,Huang Y H. Macro and micro mechanics behavior of granite after heat treatment by cluster model in particle flow code. Acta Mechanica Sinica,2018,34(1):175-186.

[30] Williams J R,Rege N. Granular vortices and shear band formation//Mechanics of Deformation and Flow of Particulate Materials. New York,1997:62-76.

[31] Thornton C. Numerical simulations of deviatoric shear deformation of granular media. Géotechnique,2000,50(1):43-53.

[32] Jiang M J,Lerouel S,Konrad J M. Insight into shear strength functions of unsaturated granulates by DEM analyses. Computers and Geotechnics,2004,31(6):473-489.

[33] Meier H A,Steinmann P,Kuhl E. Towards multiscale computation of confined granular media-contact forces,stresses and tangent operators. Technische Mechanik,2008,28(1):77-88.

[34] Iwashita K,Oda M. Micro-deformation mechanism of shear banding process based on modified distinct element method. Powder Technology,2000,109(1-3):192-205.

[35] Kwok C Y,Bolton M D. DEM simulations of soil creep due to particle crushing. Géotechnique,2013,63(16):1365-1376.

[36] Jiang M J,Li T,Hu H J,et al. DEM analyses of one-dimensional compression and collapse behaviour of unsaturated structural loess. Computers and Geotechnics,2014,60:47-60.

[37] Xu M,Hong J T,Song E X. DEM study on the macro-and micro-responses of granular materials subjected to creep and stress relaxation. Computers and Geotechnics,2018,102:111-124.

[38] Cai M,Kaiser P K,Morioka H,et al. FLAC/PFC coupled numerical simulation of AE in large-scale underground excavations. International Journal of Rock Mechanics and Mining Sciences,2007,44(4):550-564.

[39] 汪成兵,朱合华. 隧道塌方机制及其影响因素离散元模拟. 岩土工程学报,2008,30(3):450-456.

[40] 徐士良,朱合华.公路隧道通风竖井岩爆机制颗粒流模拟研究.岩土力学,2011,32(3)：885-890,898.

[41] 刘宁,张春生,褚卫江,等.锦屏二级水电站深埋隧洞开挖损伤区特征分析.岩石力学与工程学报,2013,32(11)：2235-2241.

[42] 胡欣雨,张子新.不同地层条件泥水盾构开挖面失稳状态颗粒流模拟方法研究.岩石力学与工程学报,2013,32(11)：2258-2267.

[43] 吴顺川,张晓平,刘洋.基于颗粒元模拟的含软弱夹层类土质边坡变形破坏过程分析.岩土力学,2008,29(11)：2899-2904.

[44] 张晓平,吴顺川,张志增,等.含软弱夹层土样变形破坏过程细观数值模拟及分析.岩土力学,2008,29(5)：1200-1204,1209.

[45] 周健,王家全,曾远,等.颗粒流强度折减法和重力增加法的边坡安全系数研究.岩土力学,2009,30(6)：1549-1554.

[46] 周健,王家全,曾远,等.土坡稳定分析的颗粒流模拟.岩土力学,2009,30(1)：86-90.

[47] 李新坡,何思明.节理岩质边坡破坏过程的PFC2D数值模拟分析.四川大学学报(工程科学版),2010,42(S1)：70-75.

[48] 张铎,刘洋,吴顺川,等.基于离散-连续耦合的尾矿坝边坡破坏机理分析.岩土工程学报,2014,36(8)：1473-1482.

[49] 严琼,吴顺川,周喻,等.基于连续-离散耦合的边坡稳定性分析研究.岩土力学,2015,36(S2)：47-56.

[50] 贾敏才,王磊,周健.基坑开挖变形的颗粒流数值模拟.同济大学学报(自然科学版),2009,37(5)：612-617.

[51] 周健,郭建军,崔积弘,等.土钉拉拔接触面的细观模型试验研究与数值模拟.岩石力学与工程学报,2009,28(9)：1936-1944.

[52] 周健,李飞,张姣,等.复合土钉墙支护基坑颗粒流数值模拟研究.同济大学学报(自然科学版),2011,39(7)：966-971.

[53] 郑刚,程雪松,张雁.基坑环梁支撑结构的连续破坏模拟及冗余度研究.岩土工程学报,2014,36(1)：105-117.

[54] 郑刚,程雪松,刁钰.基坑垮塌的离散元模拟及冗余度分析.岩土力学,2014,35(2)：573-583.

[55] 李涛,朱连华,李彬如,等.深基坑开挖土拱效应影响因素研究.中国矿业大学学报,2017,46(1)：58-65.

第 2 章　PFC 软件基础理论与细观力学参数确定方法

2.1　理　论　基　础

PFC 软件提供了一种通用的离散元建模框架,包括计算引擎和图形用户界面。PFC 模型可用于生成散体材料及黏结材料,模拟有限大小颗粒的运动和相互作用,这些颗粒是具有有限质量的刚体,它们彼此独立地运动,可以平移和旋转。颗粒间的力和力矩于接触处传递,并通过颗粒间作用定律更新[1,2]。自 1994 年第一版发布以来,PFC 软件被世界各地诸多学术机构及公司广泛应用并成功解决多种问题,包括土体及岩石力学等实验室规模的基础研究,以及边坡稳定性、落石防治、水力压裂、岩石切割、骨料混合、高炉建模等一系列工程问题。

2.1.1　基本假设

广义的颗粒流模型可模拟由任意形状颗粒组成系统的力学行为(需注意在力学中,"颗粒"通常被视为一个尺寸可以忽略不计的物体,可用一个点表示,但在本书中,"颗粒"代表占据有限空间的物体)。如果颗粒是刚性的,则可根据每个颗粒的运动以及每个接触点上的作用力来描述该系统的力学行为。颗粒运动和引起颗粒运动的作用力之间的基本关系依照牛顿运动定律。如果颗粒间作用定律模拟了颗粒间的物理接触,则使用软接触方法来表征接触,其刚度可测量并允许刚性颗粒在接触点附近发生重叠。更复杂的颗粒间作用行为可通过黏结模型实现,如颗粒通过黏结模型结合在一起,黏结模型可通过特定的强度准则破裂或破碎。颗粒间相互作用定律也可由势函数推导并模拟长程相互作用关系。

综上所述,PFC 软件中的颗粒流模型包含下述基本假设:

(1) 颗粒为刚性体。

(2) 颗粒基本形状在二维模型中为单位厚度的圆盘,在三维模型中为球体。

(3) 可通过丛命令生成具有复杂形状的刚性体,丛单元由一组重叠的小颗粒(pebbles)刚性连接而成。

(4) 颗粒间的力和力矩于接触处传递,并通过颗粒间作用定律计算。

(5) 刚性颗粒可在接触处发生重叠,颗粒间相对位移与相互作用力的关系由其力-位移定律确定。

(6) 颗粒间可生成黏结。

（7）长程相互作用关系可由势函数推导。

尽管 PFC 软件中假设基本颗粒为刚性体，但是仍可较好地描述颗粒集合体（如沙子）的变形，因为这类系统的变形主要取决于颗粒的运动及接触面处的变形，而不是颗粒体本身的形变。除了传统颗粒流应用外，PFC 软件还可用于分析土体材料、岩石材料等颗粒材料。这类材料可近似于许多小颗粒的集合，其应力、应变可用测量体积内的平均值表示，便于颗粒材料内部应力的分析。

2.1.2　计算过程

PFC 模型模拟了颗粒间的相互作用。作为一种显式的时步公式，在模拟中，模型状态是通过一系列的计算周期或循环推进的，并需基于当前模型状态定义终止循环条件。在循环计算过程中，可观测并查询颗粒相互作用过程中的种种力学行为，这也是离散元模拟的一个重要特征。

在每一次的循环中，各操作命令都是按照一定顺序执行。图 2.1.1 为 PFC 软件中主要操作命令循环顺序的简图。这些操作命令包括：

（1）时步确定。离散单元法需要一个有效的时间步长来保证数值模型的稳定性，并确保所有接触都在颗粒间产生力或力矩前生成。

（2）运动定律。颗粒单元位置及速度均依照当前的时步及外力（包括力和力矩）计算，并需遵循牛顿运动定律。

（3）时间推进。模型的时间是由当前时步与上一模型时间求和得到的。

（4）接触检测。模型计算中，需根据当前颗粒的相对位置动态创建或删除接触。

（5）力-位移定律。接触处的力和力矩根据接触模型类型以及当前颗粒状态确定。

图 2.1.1　PFC 软件中主要操作命令循环顺序简图

2.1.3　基本运动方程

刚性颗粒的运动是由其上作用的合力及合力矩决定的,可以用其质心的平动和颗粒的旋转来描述。质心平动的描述包括其位置 x、速度 $\dot{x}$ 和加速度 $\ddot{x}$,而颗粒旋转的描述包括其角速度 ω 和角加速度 $\dot{\omega}$。因此,运动方程可以表示为两个矢量方程:一是合力与平动的关系,二是合力矩与转动的关系。

1) 平动

平动矢量形式的方程为

$$\boldsymbol{F}=m(\ddot{x}-\boldsymbol{g}) \tag{2.1.1}$$

式中,$\boldsymbol{F}$ 为合力;m 为颗粒质量;$\boldsymbol{g}$ 为体力加速度矢量(如重力载荷)。

球和丛的平动方程通过二阶速度 Verlet 算法求解,这种积分方法可提供二阶精度。此外,对于保守系统,能量围绕一个常数振荡,且这个常数对应精确的系统能量。因此二阶速度 Verlet 算法也常用于分子动力学的模拟。

假设上一个循环求解方程(2.1.1)的时刻为 t,且当前循环的时步为 Δt。故 $1/2$ 时步时的速度 $\dot{x}^{(t+\Delta t/2)}$ 为

$$\dot{x}^{(t+\Delta t/2)}=\dot{x}^{(t)}+\frac{1}{2}\left(\frac{\boldsymbol{F}^{(t)}}{m}+\boldsymbol{g}\right)\Delta t \tag{2.1.2}$$

通过该速度可求得 $t+\Delta t$ 时刻的位置,即

$$x^{(t+\Delta t)}=x^{(t)}+\dot{x}^{(t+\Delta t/2)}\Delta t \tag{2.1.3}$$

在循环中,力的更新导致加速度 $\ddot{x}^{(t+\Delta t)}$ 的更新,故此时速度为

$$\dot{x}^{(t+\Delta t)}=\dot{x}^{(t+\Delta t/2)}+\frac{1}{2}\left(\frac{\boldsymbol{F}^{(t+\Delta t)}}{m}+\boldsymbol{g}\right)\Delta t \tag{2.1.4}$$

在 PFC 软件中,最终速度的更新(式(2.1.4))发生在时步确定步骤的起始阶段或循环完成的终止阶段。如果用户在循环结束前但运动定律更新后查询颗粒速度,实际获得的速度为 $1/2$ 时步时的速度 $\dot{x}^{(t+\Delta t/2)}$。

2) 转动

刚体转动的基本方程为

$$\boldsymbol{L}=\boldsymbol{I}\omega \tag{2.1.5}$$

式中,$\boldsymbol{L}$ 为角动量;$\boldsymbol{I}$ 为惯性张量;ω 为角速度。

欧拉方程可由式(2.1.5)对时间求导得到

$$\boldsymbol{M}=\dot{\boldsymbol{L}}=\boldsymbol{I}\dot{\omega}+\boldsymbol{L}\omega \tag{2.1.6}$$

式中,$\boldsymbol{M}$ 为作用在刚体上的合力矩。该方程是在原点位于颗粒质心的局部坐标系上求得的。

对于质量分布均匀、半径为 R 的圆盘或球体颗粒,其质心与圆心重合,且三个主转动惯量相等,因此

$$M = I\dot{\omega} = \frac{2}{5}mR^2\dot{\omega} \tag{2.1.7}$$

与平动类似,1/2 时步时的角速度为

$$\omega^{(t+\Delta t/2)} = \omega^{(t)} + \frac{1}{2}\frac{M^{(t)}}{I}\Delta t \tag{2.1.8}$$

$t+\Delta t$ 时刻角速度为

$$\omega^{(t+\Delta t)} = \omega^{(t+\Delta t/2)} + \frac{1}{2}\frac{M^{(t+\Delta t)}}{I}\Delta t \tag{2.1.9}$$

2.1.4 接触本构模型

在 PFC 模型中每一个接触都需分配特定的接触本构模型,颗粒间接触力学即体现在接触本构模型中。PFC 软件中为用户提供了一系列内嵌本构模型,根据其是否应用黏结的概念可主要分为非黏结模型和黏结模型。

1. 空模型

空模型(null model)广义内力均为零。除非在接触模型分配表(contact model assignment table,CMAT)中指定了其他接触模型,否则将为新创建的接触分配空模型。

2. 非黏结模型

1) 线性模型

线性模型通过平行分布的线性元件(弹簧)和阻尼元件(阻尼器)定义,如图 2.1.2 所示。其中,线性元件考虑了接触颗粒间的法向刚度和切向刚度,可模拟线弹性行为及摩擦行为,但不能承受拉应力。阻尼元件则通过颗粒接触间的法向、切向临界阻尼比进行定义,可模拟黏性行为。此外,线性模型无法提供旋转抗性,故接触力矩恒为零。线性模型只有在表面间隙小于零时才被激活。

2) 线性滚动阻滑模型

线性滚动阻滑模型是在线性模型的基础上引入了滚动阻滑机制。此时需考虑颗粒接触位置的内力矩,通过作用在颗粒上的力矩来限制颗粒滚动。

3) 赫兹模型

赫兹模型基于摩擦接触中光滑弹性球体变形的理论分析,产生非线性的法向力和剪切力,如图 2.1.3 所示。在涉及碰撞的模拟中,也可添加黏性阻尼器以进一步耗散能量。弹性元件与黏性元件均只能传递力。

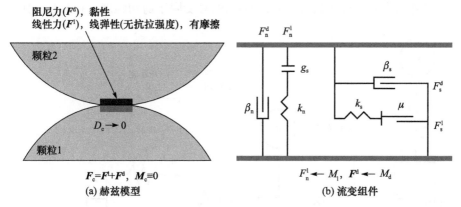

图 2.1.2　线性模型及其流变组件

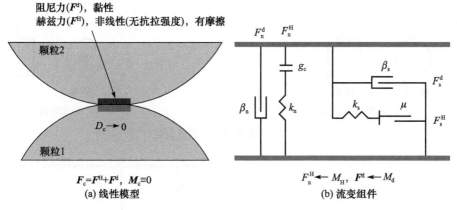

图 2.1.3　赫兹模型及其流变组件

4）滞回模型

滞回模型可视为赫兹模型的特例,该模型由赫兹模型的弹性部分和由法向非线性黏弹性元件组成的交替阻尼器组成。

5）伯格斯模型

伯格斯模型为在法向与切向均为麦克斯韦模型和开尔文模型串联的模型,其中开尔文模型是将线性弹簧与阻尼器组件并联,而麦克斯韦模型是将线性弹簧与阻尼器串联而成。该模型可用于模拟蠕变机理,模型如图 2.1.4 所示。

3. 黏结模型

1）线性接触黏结模型

接触黏结可视为一对具有恒定法向刚度和剪切刚度的弹簧,如图 2.1.5 所示,这两个弹簧具有一定的拉伸强度和剪切强度。接触黏结的存在限制了颗粒的滑

动,此时剪切力为摩擦系数与法向力的乘积,且受限于剪切强度。在颗粒间距增大

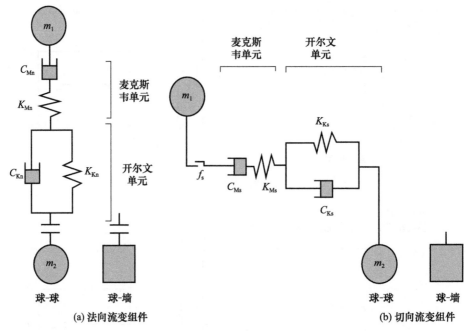

图 2.1.4　伯格斯模型的流变组件

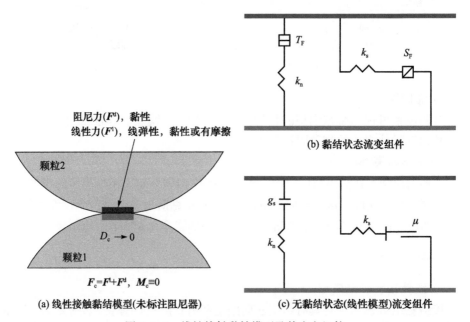

图 2.1.5　线性接触黏结模型及其流变组件

时,黏结会承受拉应力,并受抗拉强度的限制。当接触力大于黏结强度时,颗粒间黏结发生破坏,此时模型转化为线性模型。

2) 线性平行黏结模型

线性平行黏结模型假设颗粒接触间存在两组相互平行的作用面,如图2.1.6所示。第一组作用面等效于线性模型,不能承受拉应力,也不能限制颗粒的旋转。第二组作用面称为平行黏结,在黏结生成时,该作用面平行于第一组作用面,既可以承受拉应力,也可以传递力矩。若荷载超过黏结强度,则平行黏结断裂,并等同于线性模型。

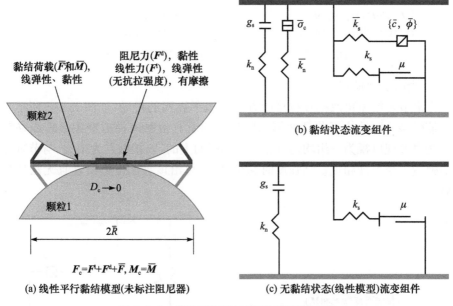

图 2.1.6　线性平行黏结模型及其流变组件

3) 软化黏结模型

软化黏结模型可用来模拟无黏结和黏结两种状态。在无黏结状态下,该模型与文献[3]中的模型类似,接触点能同时传递力和力矩,剪切力、弯矩和扭矩受摩擦强度参数限制。在黏结状态下,模型与线性平行黏结模型类似,在张拉荷载或剪切荷载超过黏结强度时,黏结会失效。但不同于线性平行黏结模型,该黏结失效后并不会被移除,而是进入软化状态,直到应力达到新的阈值才会破裂并被移除。软化阶段的刚度及抗拉强度可以通过软化系数及软化抗拉强度因子定义,而软化阶段的伸长率由法向位移及弯曲增量共同控制。

4) 黏性线性滚动阻滑模型

黏性线性滚动阻滑模型是在线性滚动阻滑模型的基础上引入黏性组件,如

图 2.1.7 所示。其黏性组件为范德瓦耳斯力的线性近似值。

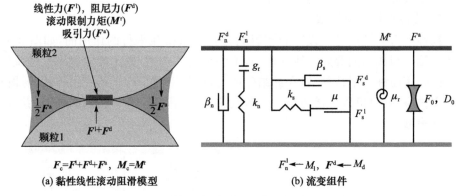

图 2.1.7　黏性线性滚动阻滑模型及其流变组件

5）光滑节理模型

光滑节理模型可忽视颗粒接触方向模拟平界面的滑动，如图 2.1.8 所示。通过将该模型分配给位于节理两侧的颗粒间的所有接触来模拟摩擦节理或黏结节理。光滑节理可视为一组均匀分布在圆形截面上的，以接触点为中心、与节理面平行的弹簧。当荷载超过黏结强度时黏结破坏，可沿该界面发生滑动且无法抵抗相对转动。

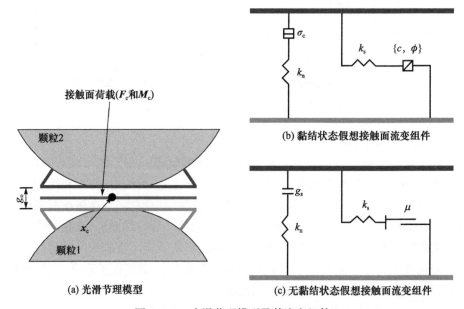

图 2.1.8　光滑节理模型及其流变组件

6）平节理模型

在平节理模型中，晶粒由圆形或球形颗粒与抽象面（notional surface）构成，抽象面与颗粒刚性连接，如图 2.1.9 所示，因此晶粒之间有效接触变为抽象面之间的接触。平节理模型的界面被离散为许多黏结单元，各黏结单元均可传递力和力矩，且遵循一定的力-位移定律，若荷载超过黏结单元强度，则黏结单元破裂。每个黏结单元的破裂都会导致平节理模型界面局部损伤，因此可描绘平节理模型从完全黏结到完全断裂的演化过程。

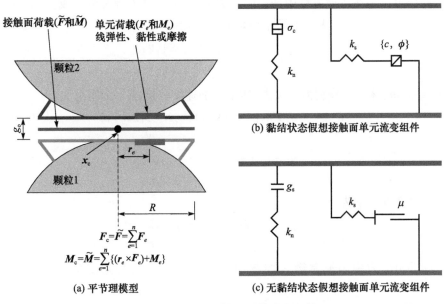

图 2.1.9　平节理模型及其流变组件

此外，用户可应用 C＋＋插件选项创建自定义的接触本构模型，在 PFC 模型中引入新的物理量或物理方程。自定义模型可在运行时加载，其使用方式与内嵌模型完全相同。

2.1.5　能量损耗机理

在 PFC 模型中，能量损耗主要分两种：一种是由接触处的摩擦力、黏塑性等引起的，称为机械阻尼；另一种是局部阻尼引起的。局部阻尼通常可用来加速收敛从而使模型能更快地到达稳态。

1）机械阻尼

机械能分为体能和接触能两类。机械体能是与物理运动有关的能量。对于颗粒体，该能量是由重力、外荷载等体力产生的。对于墙体，边界功的增量为墙体上的作用力和力矩与对应位移增量和角位移增量的点积之和。机械接触能则是由接触模型定义的,如线性弹簧的应变能、黏结应变能、摩擦滑移耗散能和阻尼耗散能等。

2) 局部阻尼

若机械阻尼不足以在合理的循环次数内得到稳态解,则可采用局部阻尼来消除额外的动能。局部阻尼作用于颗粒之上,阻尼力的大小与颗粒上的不平衡力成正比。

局部阻尼是在运动方程中加入阻尼力项,阻尼运动方程可以写成

$$F_{(i)} + F_{(i)}^{d} = m_{(i)}a_{(i)}, \quad i = 1, 2, \cdots, 6 \tag{2.1.10}$$

$$m_{(i)}a_{(i)} = \begin{cases} m\ddot{x}_{(i)}, & i = 1, 2, 3 \\ I\dot{\omega}_{(i-3)}, & i = 4, 5, 6 \end{cases} \tag{2.1.11}$$

式中,$F_{(i)}$、$m_{(i)}$ 和 $a_{(i)}$ 分别为广义力、质量和加速度分量;$F_{(i)}^{d}$ 为阻尼力。

$$F_{(i)}^{d} = -\alpha |F_{(i)}| \operatorname{sign}(V_{(i)}), \quad i = 1, 2, \cdots, 6 \tag{2.1.12}$$

$$\operatorname{sign}(y) = \begin{cases} +1, & y > 0 \\ 0, & y = 0 \\ -1, & y < 0 \end{cases} \tag{2.1.13}$$

广义速度表示为

$$V_{(i)} = \begin{cases} \dot{x}_{(i)}, & i = 1, 2, 3 \\ \omega_{(i-3)}, & i = 4, 5, 6 \end{cases} \tag{2.1.14}$$

局部阻尼力由阻尼常数 α 控制,其默认值为 0。这种形式的阻尼具有以下优点:

(1) 局部阻尼仅在加速运动时产生,因此稳态运动不会产生错误的阻尼力。

(2) 阻尼常数 α 是无量纲的。

(3) 阻尼为与频率无关的参数,因此具有不同自然周期的组件区域在使用相同的阻尼常数时具有相同的阻尼。

2.1.6 FISH 语言

FISH 语言是一种嵌入式脚本语言,允许用户与 PFC 模型交互和操作,根据需要定义新的变量和函数。这些功能可用于扩展已有内容或添加用户定义的新功能,如新变量绘制与显示、特殊颗粒的生成、数值室内试验的伺服控制、非常规属性分布规律的分配以及参数研究的自动化等。

FISH 语言是针对现有程序结构中无法实现或实现有困难的功能而开发的。FISH 语言并没有将这些特性集成到 PFC 软件中,而是提供给用户自定义所需的函数,并且 FISH 程序可在 PFC 软件数据文件中简单地调用。

此外,依泰斯卡公司提供了一系列的软件包供用户使用,并持续进行更新。目前主要有用于材料模拟及室内试验的 FISHTank(又称 fistPkg)软件包,以及针对路基设计的 pdPkg 软件包。下面分别对两个软件包进行简介。

1. FISHTank 软件包简介

从 1995 年 PFC 软件发布以来,依泰斯卡公司一直在开发并维护 FISHTank(fistPkg)软件包。FISHTank 包含一系列用来生成材料模型的 FISH 函数,主要针对土体类的散体材料以及岩石类的黏结材料。该软件包提供了几种常用内嵌本构模型以及用户自定义模型的应用,包括生成边界值模型的方法以及模型微观空间结构的探索研究。

截至 fistPkg6.6 版本[2],可应用线性模型、接触黏结模型、平行黏结模型、软化黏结模型、平节理模型以及用户自定义模型生成多轴、圆柱形以及球形试样。颗粒可以为“球”颗粒或“丛”颗粒,边界可以为物理边界或周期性边界。对于所生成的试样可以进行一系列室内试验的模拟,如压缩试验(包括无围压、有围压、单轴应变)、径向压缩试验(又称巴西试验)以及直接拉伸试验,并可对模拟试验材料进行微观结构监测,以及黏结材料模型的裂纹监测等。

2. pdPkg 软件包简介

pdPkg 软件包适用于 PFC3D 软件,提供了内含土工格栅的不饱和颗粒材料的生成方法,单肋拉伸、孔径稳定模量和多孔径拉伸等格栅测试方法,以及三轴试验、动态圆锥贯入仪和轻型挠度仪等材料测试的模拟。

该软件包可用于分析散体材料及土工格栅的微观结构属性对应力-应变等宏观响应的影响。散体材料微观结构属性包括颗粒体粒径分布、颗粒材料类型、含水率和试样初始孔隙率等;土工格栅微观结构属性包括几何特性、结构刚度以及格栅与颗粒交界面特性等。除了已有功能,用户可对其进行扩展来研究其他骨料-土工格栅系统问题,如土工格栅拉拔测试、车轮荷载试验等。

2.2　数值模型细观参数确定方法

PFC 软件模拟过程中如何根据材料的宏观参数来确定合理的细观参数,是建立模型前首先需要解决的问题。一般通过试错法反演材料细观参数,即基于假定的细观参数进行一定数量的数值试验,直至计算结果和材料宏观性质近似一致。PFC 软件模拟过程中颗粒和黏结的细观参数与通常意义上的宏观参数存在较大区别,因此需要进行大量的单轴、双轴和三轴等数值试验,然后根据数值试验的结果,获取与材料宏观性质较为接近的细观参数[4~7]。

以岩体材料为例,当已知地质强度指标、单轴抗压强度等宏观参数后,根据霍克-布朗(Hoek-Brown,HB)强度准则,可得到不同围压条件下的岩体峰值强度曲线。在给定一组细观参数情况下,利用 PFC 软件进行不同围压条件下的双轴试验,可获得不同围压与峰值强度的关系,并与通过宏观参数确定的 HB 强度包络线进行比较,确定可反映岩体宏观力学特性的细观参数。

2.2.1　材料宏细观参数的关联性

通常,PFC 软件模拟过程中的材料细观参数与宏观参数大致存在以下关系:

(1) 材料的弹性模量与接触刚度近似呈线性关系。

(2) 材料的泊松比与试样几何尺寸及切向与法向接触刚度比相关。

(3) 材料的峰值强度与摩擦系数、黏结强度正相关。若只给定摩擦系数,材料将表现出塑性或较缓和的软化特征;当围压(侧向压力)增加时,摩擦系数对峰值强度的贡献大于黏结强度的贡献,因此在高围压条件下材料的塑性(延性)特征更明显。

(4) 材料的峰值强度与安装间距比正相关。安装间距比越大,单个颗粒周围的黏结数越多,颗粒的自锁效应增强,材料的峰值强度增大。

(5) 材料的破裂模式与黏结内聚力和抗拉强度的比值有关,比值较大时,材料以脆性方式破坏,比值较小时,材料以延性方式破坏。

(6) 材料的峰后行为与摩擦系数和残余内摩擦角相关,后者主要在黏结破裂后发挥作用,若摩擦系数或残余内摩擦角较大,峰后行为将表现为延性。

(7) 在材料峰值强度后的加卸载过程,若采用接触黏结,弹性模量相对于初始值只有稍微的降低;若采用平行黏结,加卸载过程中随着应变的增长,弹性模量将降低,当平行黏结破坏后,材料也将出现相应的累积损伤破坏。

(8) 若黏结强度给定的是一个均值和方差,而不是一个固定值,则峰值将更加扁平且更宽;对于一个初始密度较大的试验,峰后体积增加更明显。

2.2.2　传统细观参数调试过程

在了解上述 PFC 模型中材料细观参数与宏观结果的基本关系后,可按下述步骤进行调试,获取合理的材料细观参数组合。

(1) 弹性模量调试。将法向和切向黏结强度定义为较大值,保持其他参数固定不变,然后同时调整颗粒和黏结有效模量,直至获取理想的材料宏观弹性模量。在颗粒和黏结刚度比不变的情况下,材料宏观弹性模量随细观有效模量的增大而增大;当细观有效模量固定时,材料宏观弹性模量随细观刚度比的增大而减小。

(2) 泊松比调试。固定获取的细观有效模量,调整颗粒和黏结刚度比,直至获取理想的材料泊松比。材料泊松比一般随细观刚度比的增大而增大。

(3) 单轴抗压强度的调试。当获取合适的宏观弹性模量和泊松比后,采用直接拉伸试验或者巴西试验调试黏结抗拉强度,通过单轴压缩试验调试黏结抗压强度。调试时,首先将法向和切向黏结强度的标准差设为零,然后调整黏结强度平均值直至获得所需宏观强度。由于法向和切向黏结强度的比值影响破坏行为,调试时需保持该比值不变。

(4) 起裂应力调试。在获取合理的黏结强度平均值后,逐渐增加强度的标准差,调整直至获得相应起裂应力。起裂应力与黏结强度标准差及法向与切向黏结强度比值相关,该应力随比值的增加而降低。此外,材料单轴抗压强度也会降低,故需重复步骤(3)和(4)进行调试。

(5) 峰后行为调试。材料破坏行为受摩擦系数或残余内摩擦角的影响。摩擦系数或残余内摩擦角越大,塑性破坏越明显,反之脆性破坏越明显。

(6) 强度包络线调试。材料强度包络线的坡度受法向与切向黏结强度比值的影响,降低该比值会使强度包络线斜率增加,但增幅有限。

2.2.3　细观参数调试新方法探索

上述传统的人工手动调试方法,往往需要通过反复调试才能获取合理的 PFC 模型细观参数组合,耗费科研人员大量的时间和精力。由于 PFC 模型模拟过程中细观参数与宏观结果存在高度的非线性关系,目前已有部分学者采用人工智能理论和方法,探索 PFC 模型细观参数调试的新途径。

Yoon[8] 提出了一种基于单轴压缩模拟试验设计和优化的细观参数校准方法。通过筛选试验(plackett burman,PB)设计方法测试细观参数对于单轴抗压强度、弹性模量和泊松比及巴西抗拉强度的敏感性,然后对于每个宏观响应,选出最大影响的两个细观参数,并且通过统计中心复合设计方法估计它们与宏观响应的非线性关系,再对 PB 设计和中心复合设计引起的宏观响应与细观参数之间的线性和非线性关系进行修正,利用优化技术计算试验结果与模拟结果之间的细观参数最优组合。

Zou 等[9] 提出了一种采用灰色田口方法、响应面方法和马氏距离测量方法的组合优化理论进行 PFC 模型细观参数调试,可为研究目标与其主要控制因素之间的快速匹配提供有效途径。该方法首先采用灰色关联分析和因子筛选方法得到影响宏观参数的主要细观参数;然后基于响应曲面设计或中心复合试验设计和方差分析方法,建立一种定量化的响应模型来描述宏观参数与筛选出的主要细观参数之间的关系,利用马氏距离理论对这些响应模型进行优化;最后基于优化模型,实现细观参数和宏观参数之间的快速匹配。该方法所建立的优化模型较为合理,可用于预测不同细观参数组合下宏观参数的响应。

曾青冬等[10] 提出了一种基于并行粒子群优化(particle swarm optimization,PSO)算法调试 PFC 模型细观参数的方法。PSO 算法中颗粒的适应值取宏观力学参数模拟计算值和试验值间的误差平方和,采用 OpenMP 技术实现 PSO 粒子群的优化和算法的并行计算。根据选择的黏结模型,确定微粒群搜索空间的维数,对微粒群的位置和速度进行归一化并计算出微粒群的适应值来寻找其对应的最优解,以岩石的宏观参数作为输入参数,可快速准确地反演出 PFC 模型对应的细观力学参数。以反演结果作为计算参数,得到的宏观力学参数计算值与试验值相比,相对误差普遍低于 4%。

周喻等[11]提出了一种采用误差逆传播网络理论调试 PFC 模型细观参数的方法。该方法通过建立误差逆传播网络模型,采用 400 组随机数据样本,将每组宏观力学参数计算值和细观力学参数设计值进行归一化处理后,作为输入样本向量和输出样本向量分别导入误差逆传播网络模型,进行网络学习、训练与仿真。网络训练函数采用 Trainlm 函数,Trainlm 函数使用 Levenberg-marquardt 算法,网络隐含层传递函数采用 Tansig 函数,输出层传递函数采用 Logsig 函数,网络性能函数采用均方误差函数 Mse。利用训练完成的误差逆传播网络模型,针对不同的宏观参数,可实现快速、准确地反演对应的细观参数,其反演精度接近 90%。

基于机器学习、人工智能方法调试获取 PFC 模型细观参数,虽然调试效率较高,但不可避免地存在一定的精度误差。若将人工智能与手动调试方法相结合,即先运用人工智能方法获取一组接近材料宏观性质的 PFC 模型细观参数,再通过手动调试方法对获取的细观参数进行精细调试,最终可实现 PFC 模型细观参数调试的高效性与准确性的统一。

参 考 文 献

[1]　Itasca Consulting Group. PFC 6.0 Documentation. 2019.

[2]　Potyondy D O. Material-modeling Support in PFC [fistPkg6.6]. Technical Memorandum ICG7766-L. Minneapolis: Itasca Consulting Group, 2019.

[3]　Jiang M J, Shen Z F, Wang J F. A novel three-dimensional contact model for granulates incorporating rolling and twisting resistances. Computers and Geotechnics, 2015, 65: 147-163.

[4]　Wu S C, Xu X L. A study of three intrinsic problems of the classic discrete element method using flat-joint model. Rock Mechanics and Rock Engineering, 2016, 49(5): 1813-1830.

[5]　Chen P Y. Effects of microparameters on macroparameters of flat-jointed bonded-particle materials and suggestions on trial-and-error method. Geotechnical and Geological Engineering, 2017, 35(2): 663-677.

[6]　Li K H, Cheng Y M, Fan X. Roles of model size and particle size distribution on macro-mechanical properties of Lac du Bonnet granite using flat-joint model. Computers and Geotechnics, 2018, 103: 43-60.

[7]　Sun W, Wu S C, Cheng Z Q, et al. Interaction effects and an optimization study of the micro-

parameters of the flat-joint model using the Plackett-Burman design and response surface methodology. Arabian Journal of Geosciences,2020,13(6):666-675.

[8] Yoon J. Application of experimental design and optimization to PFC model calibration in uniaxial compression simulation. International Journal of Rock Mechanics and Mining Sciences,2007,44(6):871-889.

[9] Zou Q L,Lin B Q. Modeling the relationship between macro-and meso-parameters of coal using a combined optimization method. Environmental Earth Sciences,2017,76(14):1-20.

[10] 曾青冬,姚军,霍吉东.基于并行 PSO 算法的岩石细观力学参数反演研究.西安石油大学学报(自然科学版),2015,30(4):27-32.

[11] 周喻,吴顺川,焦建津,等.基于 BP 神经网络的岩土体细观力学参数研究.岩土力学,2011,32(12):3821-3826.

第3章 等效岩体技术

3.1 概 述

岩体作为地质体,在漫长的地质年代中,经历过不同时期地质构造运动的作用,经受过变形、遭受过破坏,形成了赋存于复杂地质环境并具有特殊结构的一类介质。岩体的力学性质与岩体中存在的结构体、结构面及赋存环境密切相关。岩体内存在各种地质界面,包括物质分异面和不连续面,如褶皱、断层、层理、节理、片理等,这些不同成因、不同特性的地质界面统称结构面。节理作为岩体中发育最为广泛的地质结构面,将岩体切割为不同大小的结构体,从而使岩体成为一种典型的非连续介质,表现出非连续、非均匀等特性。节理岩体的力学性质不仅受岩块自身性质的影响,还受节理的空间分布形态及其性质的控制。节理岩体在承受外部荷载作用下产生的变形、屈服、破坏及破坏后的力学效应并不像金属(均质)材料那样,有比较明显的规律可循。相反,节理岩体的各种力学性质,如单轴抗压强度、三轴抗压强度、弹性模量等,常常具有非线性、各向异性、尺寸效应等力学特征。

岩体作为一种工程介质,涵盖范围广泛,涉及采矿、水利水电、土木建筑、公路、铁路、石油、海洋等工程领域。众所周知,与岩体工程相关的设计、施工、稳定性评价及加固等都直接依赖于对岩体强度、变形、渗透性、破坏规律等性质的研究,而岩体中普遍存在的不同规模的节理是控制岩体力学性质的重要因素之一。节理的发育常常为各类岩体工程带来安全隐患,并导致工程岩体的失稳与破坏。由于节理岩体工程质量评价不当导致的工程事故时有发生。国外的例子有:1928年美国旧金山重力坝失事,是由坝基岩体软弱、岩层崩解并遭受冲刷引起的;1959年法国马尔帕塞薄拱坝溃决,则是由于过高的水压力使坝基岩体沿软弱结构面滑动所致;1963年意大利瓦伊昂水库左岸大滑坡,激起数百米高的巨大涌浪,溢过坝顶冲向下游,造成上千人死亡。类似的例子在国内也不少。1980年湖北远安盐池河磷矿的山崩,是由于采矿引起岩体变形,使上部岩体中的顺坡向节理被拉开,约 $1 \times 10^6 \text{m}^3$ 的岩体急速崩落,摧毁了坡下矿务局和坑口全部建筑物,造成数百人死亡;山西襄汾新塔矿区尾矿库于2008年9月8日发生重大溃坝事故,造成数百人死亡、4人失踪,直接经济损失近亿元;内蒙古白云鄂博铁矿东矿C区边坡 $3^\#$ 滑体于2008年12月3日突然发生滑塌,致使原锚固工程失效,经济损失数千万元。上述工程事故的出现,多是由于对节理岩体的力学特性研究不够深入,对节理岩体质量评价不当造成的。因此,深入研究节理岩体的力学行为,正确评价岩体工程质量,确定岩体质量指标,预测岩体变形和破坏规律,是保证岩体工程安全施工及正常运营的重要措施之一。

节理岩体的力学行为涉及岩体力学参数的各向异性、尺寸效应、破碎效应等多方面,其中,节理岩体宏观力学参数的确定方法一直是岩体力学最困难的研究课题之一。由于节理岩体性质的非连续性和不均匀性,室内乃至现场岩石力学试验很难代表大尺度的工程岩体。长期以来,工程岩体力学参数取值大多采用经验方法,除现场节理岩体力学试验具有一定的地质代表性外,最大的困难在于如何将小尺寸的试验结果应用于工程范围内的节理岩体参数取值,即如何解决节理岩体力学参数的尺寸效应问题。岩坡稳定性分析、岩基承载力确定、地下硐室围岩稳定性评价及相关的动力学现象均直接或间接与节理岩体各向异性及尺寸效应有关。因此,对节理岩体力学参数的各向异性、尺寸效应等方面的研究,尤其对节理岩体力学参数的确定方法研究,是一个富有挑战性的基础性课题,开展此方面的研究具有重要的理论意义和工程价值。

根据工程经验和岩石力学试验,可以发现,节理岩体强度总是低于岩石强度,前者通常为后者的 10%~20%,甚至更低。这是由于节理等结构面的存在,在岩体承载或卸载过程中,节理细观组构发生改变,形成裂纹并扩展、连通,削弱了岩石的强度。同时由于节理面的产状复杂,岩体力学参数呈现各向异性的特点。

目前,节理岩体宏观力学参数的确定方法及不足可以简单概括为以下几方面:

(1) 在工程岩体分级方面,存在较大的人为主观影响。

(2) 在试验方法方面,试验规模小,与工程岩体的真实参数差距大。

(3) 在解析计算方法方面,假设多,仅适用于简单结构的节理岩体。

(4) 在数值模拟方法方面,连续介质模型适用于工程规模岩体,但无法反映节理对岩体力学参数的本质影响;非连续介质模型由于需要准确描述节理裂隙的几何特征与力学特性,模型建立难度大,目前多应用于小尺度的岩体力学问题研究。

针对上述问题,是否存在一种有效的方法,既能够考虑岩体中实际存在的空间分布复杂的节理构造及其力学特性,又能够从细观碎裂机理上考虑节理对岩体力学参数弱化的本质,同时能直接分析工程规模的岩体(十米、百米级)? 本章研究内容正是围绕这一主题及其实现方法开展的。

本章以白云鄂博铁矿东矿岩质高边坡为工程背景,在现场地质调查的基础上,进行节理统计,基于概率统计理论、Monte-Carlo 随机模拟理论、离散介质理论及 PFC3D 软件,结合室内岩石、节理力学参数试验,采用等效岩体技术,构建能充分反映节理分布特征并考虑细观破裂效应的等效岩体模型。通过对等效岩体进行各种加卸载方式的数值试验,获取岩体峰前及峰后的力学性质,基于真实的节理物理力学特征,从细观弱化角度研究节理岩体的宏观力学行为,包括尺寸效应、各向异性、弱化效应等。

3.2　理论基础

等效岩体技术是以颗粒流理论为基础,以 PFC3D 软件(4.0 版)为实现平台,由黏结颗粒体模型和光滑节理模型两个基本模型构成[1]。其中,黏结颗粒体模型和光滑节理模型分别表征岩体中的岩块和节理,如图 3.2.1 所示。

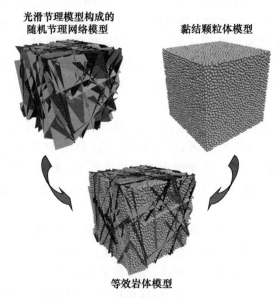

图 3.2.1　等效岩体模型概念示意图

等效岩体模型构建流程如图 3.2.2 所示。首先,通过室内力学试验和参数拟合,获得黏结颗粒体模型和光滑节理模型的细观参数。然后,基于现场节理调查与统计分析,建立随机节理三维网络模型。此后,将节理三维网络模型嵌入黏结颗粒体模型中,便可构建反映工程岩体节理分布特征的等效岩体模型。在此过程中,节理面通过处的颗粒接触模型被设置为可模拟节理力学特性的光滑节理模型。最后,对等效岩体模型进行不同荷载组合条件下的加卸载数值试验,便可从宏观和细观的角度同时研究节理岩体的尺寸效应、各向异性、破裂过程、峰后状态等力学特性。

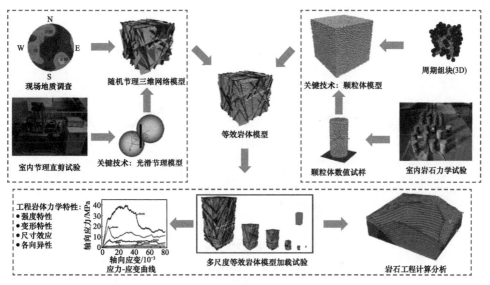

图 3.2.2　等效岩体模型构建流程

3.2.1　黏结颗粒体模型

黏结颗粒体模型由颗粒和黏结构成,采用接触模型描述颗粒接触处的物理力学行为。等效岩体技术中的黏结颗粒体模型一般采用平行黏结模型,因为平行黏结模型在加载破裂后,黏结刚度丧失,但是颗粒间接触刚度仍然存在,造成颗粒间刚度的显著降低,符合岩石破裂后宏观模量降低的实际情况。

3.2.2　光滑节理模型

光滑节理模型为一种特殊的颗粒接触模型,用于模拟节理的力学行为,其不考虑节理面上颗粒间的接触方位[2]。当黏结颗粒体模型中嵌入光滑节理模型后,所有位于节理面两端相邻颗粒间的原始接触模型转化为光滑节理模型,使节理面两侧相邻颗粒可沿光滑节理模型平行滑动,而非沿颗粒表面滑动,从而消除了采用传统颗粒流法模拟节理时产生的“颠簸”效应,进而实现模拟摩擦型节理或黏结型节理力学特性的目的。

如图 3.2.3 所示,光滑节理模型仅存在于颗粒与颗粒间的接触处,其几何要素由两个相互平行的平面(面 1 和面 2)构成。

节理平面产状由单位法向向量 $\hat{\boldsymbol{n}}_j$ 表示并指向面 2。单位法向向量 $\hat{\boldsymbol{n}}_j$ 由倾角 (θ_p) 和倾向 (θ_d) 决定,即

$$\hat{\boldsymbol{n}}_j = (\sin\theta_p \sin\theta_d, \sin\theta_p \cos\theta_d, \cos\theta_p) \tag{3.2.1}$$

光滑节理模型可被假想为以颗粒间接触点为中心、产状平行于节理面、截面为

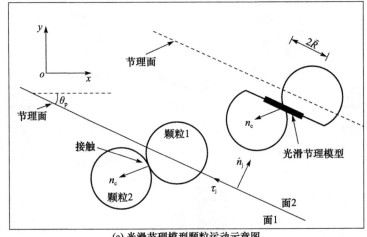

(a) 光滑节理模型颗粒运动示意图

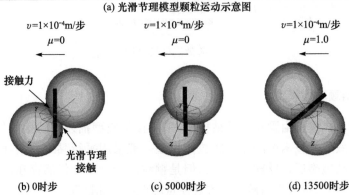

(b) 0时步　　　　　　(c) 5000时步　　　　　　(d) 13500时步

图 3.2.3　光滑节理模型作用机理

圆盘状的一系列均匀分布的弹簧,其横截面面积为

$$A = \pi \overline{R}^2 \tag{3.2.2}$$

式中,光滑节理模型半径 $\overline{R} = \overline{\lambda} \min(R^{(A)}, R^{(B)})$,$R^{(A)}$ 和 $R^{(B)}$ 分别为两个接触颗粒的半径。

假定 U 为面 2 相对于面 1 的平移位移向量,F 为作用在面 2 上的力向量,则 U 和 F 可表示为

$$U = U_n \hat{n}_j + U_s \tag{3.2.3}$$

$$F = F_n \hat{n}_j + F_s \tag{3.2.4}$$

式中,U_s 和 F_s 分别为节理面上的位移向量和力向量;U_n 为正代表重叠;F_n 为正代表压缩。

光滑节理模型的接触力-位移定律包括两种特性,以黏结模式 sj_bmode 表示,即库仑滑动膨胀特性(sj_bmode<3)和黏结特性(sj_bmode=3)。在每一计算时步

初始时刻,检验光滑节理模型的有效状态。若光滑节理模型无效,则将被自动删除。若光滑节理模型有效,则光滑节理模型两侧颗粒间的相对位移增量被分解为垂直节理面的法向分量和平行节理面的切向分量(ΔU_n 和 ΔU_s),且更新总位移量。将位移增量的弹性部分乘以光滑节理的法向刚度和切向刚度,即得到节理的力增量,由式(3.2.5)和式(3.2.6)计算:

$$F_\mathrm{n}:=F_\mathrm{n}+\overline{k}_\mathrm{n}A\Delta U_\mathrm{n}^\mathrm{e} \tag{3.2.5}$$

$$F_\mathrm{s}:=F_\mathrm{s}-\overline{k}_\mathrm{s}A\Delta U_\mathrm{s}^\mathrm{e} \tag{3.2.6}$$

式中,$\Delta U_\mathrm{n}^\mathrm{e}$ 为弹性位移法向增量;$\Delta U_\mathrm{s}^\mathrm{e}$ 为弹性位移切向增量;$\overline{k}_\mathrm{n}$ 为光滑节理法向刚度;$\overline{k}_\mathrm{s}$ 为光滑节理切向刚度。

3.3　适用性验证

为验证等效岩体技术在节理岩体力学特性研究中的适用性和可靠性,以下结合 Ramamurthy 等[3]的试验结果,从岩体强度特性、声发射特性、破裂模式等角度,进行室内试验与数值模拟计算的对比研究。

Ramamurthy 等[3]采用巴黎石膏作为预制节理岩体的类岩石材料,巴黎石膏由 46％云母、30％方解石、18％石英和 6％胶凝材料组成,节理岩体试样包含一条贯通节理,节理面圆心与岩体几何中心重合。节理倾角 β 为节理面与最大主应力轴的夹角,分别预制有 β 为 0°、30°、40°、50°、60°、70°、80°、90°的节理岩体试样。三轴压缩试验围压分别为 0.3MPa、0.5MPa、1MPa、1.5MPa、2MPa、2.5MPa、5MPa、7MPa。Ramamurthy 等确定了巴黎石膏(试样为高 100mm、直径 50mm 的圆柱体)的物理力学性质,部分参数见表 3.3.1。

表 3.3.1　巴黎石膏物理力学参数

参数	数值
干密度 $\rho_\mathrm{dry}/(\mathrm{kg/m^3})$	900
单轴压缩强度 $\sigma_\mathrm{ucs}/\mathrm{MPa}$	11.3
弹性模量 E/GPa	1.28
泊松比 ν	0.28
黏聚力 c/MPa	2.87
内摩擦角 $\varphi/(°)$	37

计算模型尺寸与对比分析的试验试样一致,颗粒间黏结选用平行黏结模型。当采用表 3.3.2 中的细观参数,加载轴向应变率 $\dot{\varepsilon}$ 为 0.0037/10⁴ 时步时,计算获得的单轴压缩条件下的黏结颗粒体模型抗压强度、弹性模量、泊松比分别为 10.52MPa、1.28GPa 和 0.27,不同围压下的计算莫尔圆与试验强度

包络曲线基本相切,如图 3.3.1 所示。因此,可以判定采用此组黏结颗粒体模型细观参数,计算结果与室内试验结果基本吻合,可准确描述巴黎石膏试样的力学特性。

表 3.3.2　巴黎石膏黏结颗粒体模型细观参数

参数	数值
最小颗粒半径 R_{min}/mm	1.4
最大与最小颗粒半径比 R_{max}/R_{min}	1.5
颗粒体密度 ρ/(kg/m³)	900
粒间摩擦系数 μ	1
颗粒弹性模量 E_c/GPa	1.2
颗粒法向-切向刚度比 k_n/k_s	3
平行黏结半径系数 λ	1
平行黏结弹性模量 $\overline{E}_c$/GPa	1.2
平行黏结法向-切向刚度比 $\overline{k}_n/\overline{k}_s$	3
平行黏结法向强度平均值 $\sigma_{n\text{-mean}}$/MPa	8
平行黏结法向强度标准差 $\sigma_{n\text{-dev}}$/MPa	1.6
平行黏结切向强度平均值 $\tau_{s\text{-mean}}$/MPa	16
平行黏结切向强度标准差 $\tau_{s\text{-dev}}$/MPa	3.2

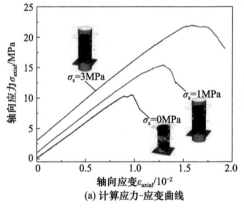

(a) 计算应力-应变曲线

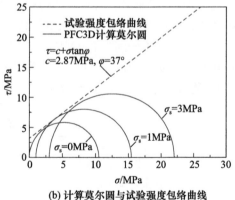

(b) 计算莫尔圆与试验强度包络曲线

图 3.3.1　PFC3D 软件细观力学参数调试结果

　　光滑节理模型细观力学参数的确定方法通常有两种:①建立与室内节理直剪试验尺寸相同的计算模型,赋予光滑节理模型假定的细观力学参数,当获得的直剪试验计算宏观力学特性与室内试验结果基本一致时,便可选取对应的光滑节理模型细观力学参数作为后续的计算参数[4~7];②在确定岩块合理的黏结颗粒体模型细观参数的基础上,赋予光滑节理模型假定的细观力学参数,通过反复调试,当节理岩体计算力学特性与试验结果基本一致时,可认为该组光滑节理模型细观力学参数可表征真实节理的物理性质。本节采用第二种方法确定光滑节理模型的细观力学参数,如表 3.3.3 所示。

表 3.3.3 光滑节理模型细观力学参数

参数	数值
法向刚度 sj_kn/(N/m)	5×10^{11}
切向刚度 sj_ks/(N/m)	5×10^{11}
摩擦系数 μ	0.35
剪胀角 ψ/(°)	8
黏结模式 sj_bmode	0

由于篇幅限制,以下仅选取低(0.3MPa)、中(1MPa 和 2MPa)、高(5MPa)三种代表性围压等级作为计算围压进行计算,并与室内试验结果对比分析。图 3.3.2 为不同围压和节理倾角组合下的节理岩体应力-应变计算曲线。将各计算应力峰值强度(σ_1)与相应围压(σ_s)的比值(σ_1/σ_s)绘于图 3.3.3 中,可以看出,不同围压、不同节理倾角组合条件下,节理岩体 σ_1/σ_s 计算值与试验值的大小及其变化规律基本吻合。

在围压较低时($\sigma_s = 0.3$MPa),节理产状对岩体抗压强度的影响较为明显,即当 $\beta \approx 0°$ 或 $60° \sim 90°$ 时,节理岩体强度较高;当 $\beta = 30° \sim 40°$ 时,节理岩体强度较低,尤其当 $\beta \approx 30°$ 时,强度达到最低值。岩体强度随 β 变化的函数形状呈 U 形,与 Jaeger[8] 的研究成果相符。而岩体 σ_1/σ_s 的变化范围为 $10 \sim 40$,变化幅度约为 30。

节理产状对岩体抗压强度的影响随着围压增大($\sigma_s = 1$MPa 和 2MPa)而逐渐减小,但依然保持强度随 β 变化的函数形状呈 U 形的规律。当 $\sigma_s = 1$MPa 时,岩体 σ_1/σ_s 的变化范围为 $7.5 \sim 15$,变化幅度约为 7.5;当 $\sigma_s = 2$MPa 时,岩体 σ_1/σ_s 的变化范围为 $5 \sim 10$,变化幅度约为 5。

在围压较高时($\sigma_s = 5$MPa),节理对岩体抗压强度的影响很小,岩体 σ_1/σ_s 的变化范围为 $4.5 \sim 5.5$,变化幅度约为 1。

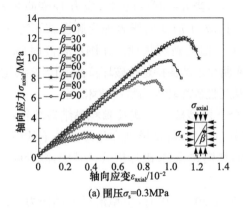

(a) 围压σ_s=0.3MPa

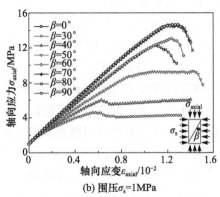

(b) 围压σ_s=1MPa

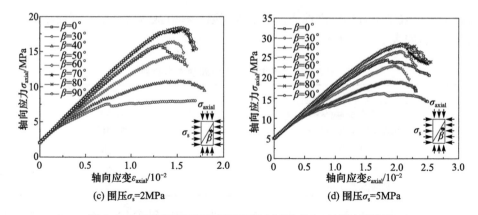

(c) 围压 σ_s=2MPa　　　　　　(d) 围压 σ_s=5MPa

图 3.3.2　不同围压和节理倾角组合下的应力-应变计算曲线

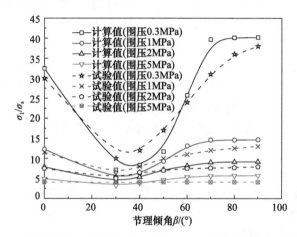

图 3.3.3　不同围压和节理倾角组合下的 σ_1/σ_s 计算值与室内试验值比较

从图 3.3.3 可以看出，含各种倾角节理的岩体抗压强度均随围压的增大而增大。在围压相对较低时（σ_s＝0.3MPa、1MPa），当 β＝30°～50°时，应力-应变曲线表现为延性破坏特征；当 β≈0°或 60°～90°时，应力-应变曲线表现为脆性破坏特征。Yang 等[9] 在预制类岩体压缩试验中得出相似的破坏规律。在围压较高时（σ_s＝2MPa、5MPa），当 β＝30°～50°时，应力-应变曲线依然保持延性破坏特征；而当 β≈0°或 60°～90°时，应力-应变曲线破坏特征逐渐从延性破坏转换为脆性破坏。

图 3.3.4 为不同围压和节理倾角组合下模型破坏模式及颗粒黏结破坏特征。根据图 3.3.4 模型破坏时微破裂的空间分布情况，可将模型在压缩条件下的破坏模式划分为三种，即劈裂破坏模式、滑动破坏模式、混合破坏模式。其中，混合破坏模式表示劈裂破坏和滑动破坏的组合。

在围压较低时（σ_s＝0.3MPa），当 β≈0°或 80°～90°时，模型沿最大轴向力方向

在岩体材料内部产生劈裂破坏,受节理的影响较小;当 $\beta=70°$ 时,模型破坏模式为混合破坏模式,部分微破裂沿节理面附近产生;当 $\beta=30°\sim60°$ 时,模型破坏模式为滑动破坏,即微破裂主要沿节理面附近产生。这种低围压下节理岩体的破坏模式与 Yang 等[9]划分的单轴压缩试验时类节理岩体材料破坏模式较为类似。

随着围压的增大,劈裂破坏模式开始占主导地位。在围压 $\sigma_s=1\text{MPa}$ 时,当 $\beta\approx0°$ 或 $60°\sim90°$ 时,模型破坏模式为劈裂破坏;当 $\beta\approx50°$ 时,模型破坏模式为混合破坏;当 $\beta=30°\sim40°$ 时,模型破坏模式为滑动破坏。在围压 $\sigma_s=2\text{MPa}$ 时,当 $\beta\approx0°$ 或 $50°\sim90°$ 时,模型破坏模式为劈裂破坏;当 $\beta\approx40°$ 时,模型破坏模式为混合破坏;当 $\beta\approx30°$ 时,模型破坏模式为滑动破坏。在围压较高时($\sigma_s=5\text{MPa}$),模型破坏模式几乎不受节理产状的影响,均表现为劈裂破坏。

根据本章的计算结果可以判断节理岩体在不同围压和节理倾角组合下的破坏模式。其中,低围压下($\sigma_s=0.3\text{MPa}$)的研究结论与 Yang 等[9]的研究结果较为一致。

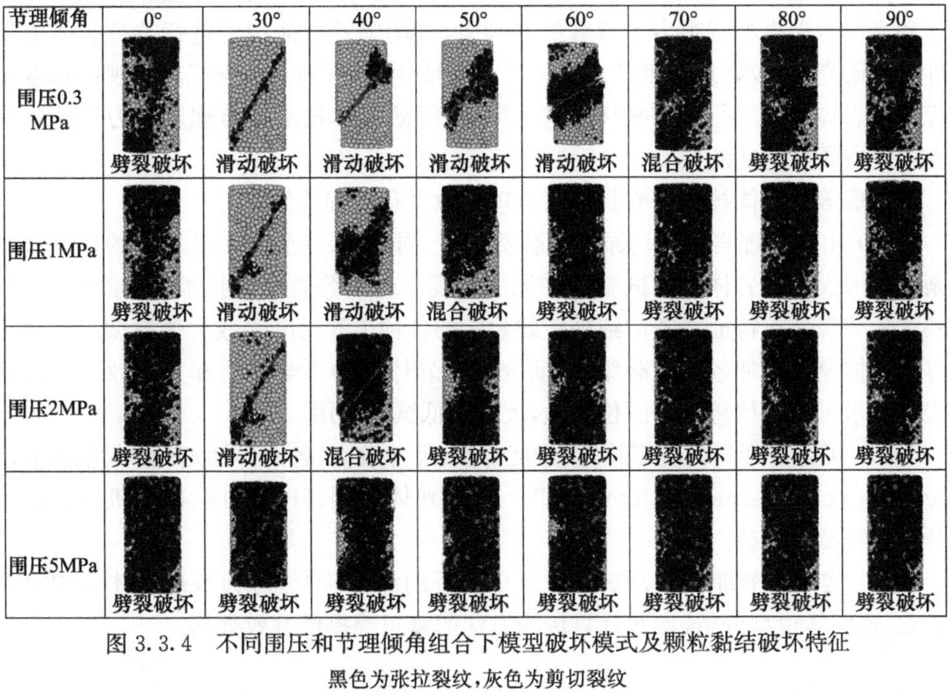

节理倾角	0°	30°	40°	50°	60°	70°	80°	90°
围压0.3 MPa	劈裂破坏	滑动破坏	滑动破坏	滑动破坏	滑动破坏	混合破坏	劈裂破坏	劈裂破坏
围压1MPa	劈裂破坏	滑动破坏	滑动破坏	混合破坏	劈裂破坏	劈裂破坏	劈裂破坏	劈裂破坏
围压2MPa	劈裂破坏	滑动破坏	混合破坏	劈裂破坏	劈裂破坏	劈裂破坏	劈裂破坏	劈裂破坏
围压5MPa	劈裂破坏	劈裂破坏	劈裂破坏	劈裂破坏	劈裂破坏	劈裂破坏	劈裂破坏	劈裂破坏

图 3.3.4　不同围压和节理倾角组合下模型破坏模式及颗粒黏结破坏特征
黑色为张拉裂纹,灰色为剪切裂纹

图 3.3.5 为节理倾角 $\beta=40°$ 时,不同围压下模型破坏时的微破裂数。含不同节理倾角岩体试样破坏时的微破裂数随着围压的增大而增加。其中,各种围压等级下,张拉裂纹占绝对主导优势。当节理倾角 $\beta=40°$,围压分别为 0.3MPa、1MPa、2MPa、5MPa 时,模型破坏时的微破裂总数分别为 195 个、894 个、2997 个、4572 个,其中,剪切裂纹分别占 1.54%、2.68%、1.40%、3.15%,表明随着围压的增大,张拉裂纹逐渐被抑制,剪切裂纹相对增长,但仍以张拉裂纹为主。

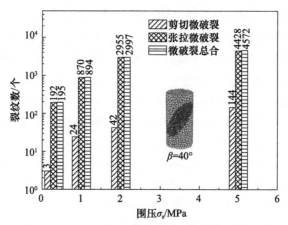

图 3.3.5　不同围压下模型破坏时的微破裂数($\beta=40°$)

　　根据上述计算及试验结果中强度特性的对比分析,在确定合理黏结颗粒体模型和光滑节理模型细观力学参数的基础上,采用等效岩体技术进行节理岩体力学性质的研究,可较好地再现节理岩体的力学特性,并可同时从宏观和细观的角度研究节理岩体的力学行为和破坏机理。因此,等效岩体技术在节理岩体力学特性研究中具有较好的适用性。

　　开展等效岩体技术研究具有以下理论意义和工程价值:

　　(1) 由于节理岩体现场原位试验费用高、周期长,易受施工环境制约且操作复杂,此外,大尺度岩体原位试验几乎无法实现。运用等效岩体技术,构建能充分反映实际节理分布特征并考虑细观破裂效应的各种工程尺度等效岩体模型。通过对等效岩体模型施加各类荷载组合,研究节理岩体各种力学性质和力学效应。等效岩体技术可部分代替现场原位试验,大幅降低试验费用。

　　(2) 可为节理岩体变形特性、强度特性、尺寸效应、各向异性、表征单元体(representative elementary volume,REV)、关键块体识别、开挖效应、破裂机理等量化分析研究奠定基础。

　　(3) 实现对节理岩体力学行为定量分析的深化研究,可为节理岩体本构模型建立、连续体模型分析、参数计算传统方法的修正等提供有效数据。

3.4　应 用 案 例

3.4.1　白云鄂博铁矿边坡岩体力学参数确定

1. 工程背景

　　白云鄂博铁矿位于内蒙古包头市以北,是以铁、铌、稀土为主的多元素共生矿床,边坡稳定性已成为制约矿山正常生产的关键因素。以白云鄂博铁矿东矿 C 区的岩质高边坡为研究背景,其工程勘察平面图如图 3.4.1 所示。

C 区位于东矿采场东北帮(图 3.4.2)。坡顶长约 750m,坡脚(设计水平 1230m)长约 100m。地形最高海拔 1627m,最低海拔 1348m,垂直高差 279m,边坡呈弧形,平均倾向 250°,总体坡角为 39°～43°,由西向东坡度逐步变缓。区内边坡设计终了深度 1230m,边坡最终平均高度 397m,设计总体坡角 43°。

C 区边坡由北向南呈弧形展布,坡形产状变化较大,同时深部边坡岩性与上部边坡岩性差别较大。按照岩组及边坡产状,将本区划分为三个亚区,即 C1 亚区、C2 亚区和 C3 亚区。C1 亚区位于 C 区北部,边坡产状 223°∠46°,岩性以白云岩和铁矿石为主,岩体呈层状结构和碎裂结构;C2 亚区位于 C 区中部,边坡产状 236°∠43°,1340m 以上主要为白云岩,层状结构,较完整,1340m 以下为云母片岩和铁矿石,层状结构和块状结构;C3 亚区位于 C 区南部,边坡产状 256°∠42°,主要为云母片岩,层状结构,较完整。

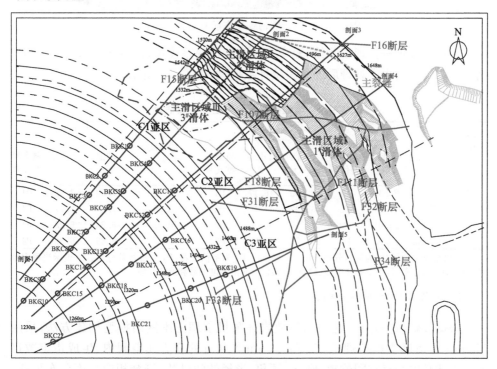

图 3.4.1　白云鄂博铁矿东矿 C 区工程勘察平面图

C 区边坡 3# 滑体滑塌造成矿山停产数周,经济损失达数千万元。现场位移监测显示,边坡失稳包括 Ⅰ、Ⅱ 和 Ⅲ 三个主滑区域。主滑区域 Ⅰ 内坡面滑动程度较为轻微,主滑区域 Ⅲ 岩体结构破坏严重。而早期的边坡加固工程位于主滑区域 Ⅲ 内及其下方,岩体滑动致使加固工程完全破坏。根据工程地质勘察和边坡破坏机理分析,发现边坡岩体节理发育,边坡破坏主要受岩体中复杂分布的节理控制,岩体强度的各向异性和尺寸效应十分明显。

图 3.4.2　白云鄂博铁矿东矿 C 区边坡照片

通过对节理进行现场测绘、概率统计分析及偏差校正,将该区域节理划分为 4组。文献[10]给出了处理后的相关统计数据,如表 3.4.1 所示。

表 3.4.1　节理概率分布模型和参数估计[10]

节理组号	倾向			倾角			线密度/(条/m)	圆盘半径		
	均值/(°)	标准差/(°)	概率模型代号	均值/(°)	标准差/(°)	概率模型代号		均值/m	标准差/m	概率模型代号
A	232.50	23.38	P1	58.00	16.17	P1	0.32	7.58	7.58	P4
B	323.41	17.24	P2	68.92	14.10	P2	0.35	7.77	7.77	P4
C	76.40	26.01	P2	75.57	8.14	P3*	0.45	6.23	6.23	P4
D	171.43	12.30	P3*	70.77	6.94	P3*	0.87	6.39	6.39	P4

注:概率模型代号 P1 为均匀分布,P2 为正态分布,P3 为韦伯分布,P4 为负指数分布。* 表示当概率模型为 P3 即韦伯分布时,均值和标准差分别代表韦伯分布的尺度参数和形状参数。

2. 节理三维网络模型构建

根据文献[1]和[10]建立的等效岩体随机节理三维网络模型构建方法,采用 Monte-Carlo 随机模拟理论,在 40m×40m×40m 的立方体空间内,生成指定数目的节理圆盘中心点空间位置、倾向、倾角、半径的随机数,符合相应概率分布形式,如图 3.4.3 所示。

图 3.4.4～图 3.4.6 为四组节理倾向、倾角、圆盘半径的 Monte-Carlo 随机模拟结果,其概率分布形式与表 3.4.1 现场节理统计校正结果较为接近,从统计意义上,可认为建立的节理三维网络模型可有效表征现场节理的空间几何信息。

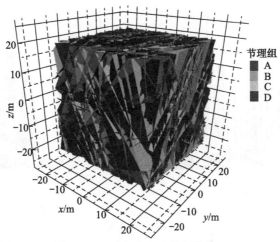

图 3.4.3 随机节理三维网络模型

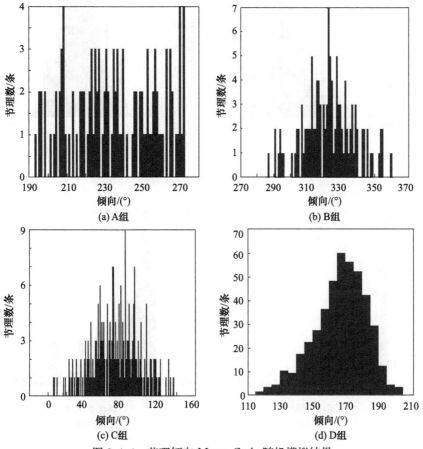

图 3.4.4 节理倾向 Monte-Carlo 随机模拟结果

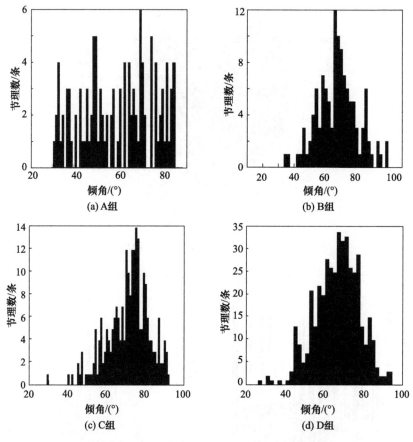

图 3.4.5 节理倾角 Monte-Carlo 随机模拟结果

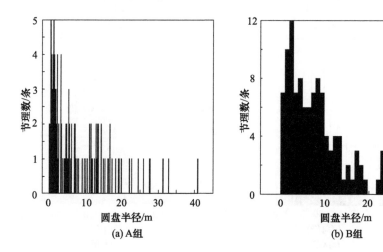

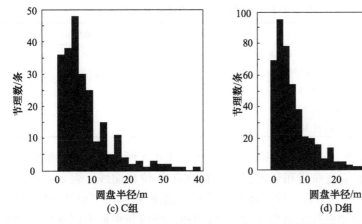

图 3.4.6　节理圆盘半径 Monte-Carlo 随机模拟结果

3. 细观参数选取

如前面所述,颗粒与黏结细观参数的准确性是等效岩体模型的建立基础与关键,首先分别进行压缩数值试验和节理直剪数值试验,确定黏结颗粒体模型和光滑节理模型的细观参数。其中,压缩数值试验和节理直剪数值试验试样的尺寸分别与对比分析的室内试验试样保持一致,颗粒间黏结选用平行黏结模型,接触刚度模型选用线性模型。最终,经反复调试,选取的黏结颗粒体模型的细观参数和光滑节理模型的细观力学参数分别如表 3.4.2 和表 3.4.3 所示。

表 3.4.2　黏结颗粒体模型的细观参数

参数	数值
最小颗粒半径 $R_{\min}$/m	2×10^{-3}
最大与最小颗粒半径比 $R_{\max}/R_{\min}$	1.5
颗粒体密度 $\rho/(\mathrm{kg/m^3})$	2940
粒间摩擦系数 μ	1
颗粒弹性模量 E_{c}/GPa	48
颗粒法向-切向刚度比 $k_{\mathrm{n}}/k_{\mathrm{s}}$	1.5
平行黏结半径系数 λ	1
平行黏结弹性模量 $\overline{E}_{\mathrm{c}}$/GPa	48
平行黏结法向-切向刚度比 $\overline{k}_{\mathrm{n}}/\overline{k}_{\mathrm{s}}$	1.5
平行黏结法向强度平均值 $\sigma_{\mathrm{n\text{-}mean}}$/MPa	90
平行黏结法向强度标准差 $\sigma_{\mathrm{n\text{-}dev}}$/MPa	18
平行黏结切向强度平均值 $\tau_{\mathrm{s\text{-}mean}}$/MPa	135
平行黏结切向强度标准差 $\tau_{\mathrm{s\text{-}dev}}$/MPa	27

表 3.4.3　光滑节理模型的细观力学参数

参数	数值
法向刚度 sj_kn/(N/m)	20×10^9
切向刚度 sj_ks/(N/m)	20×10^9
摩擦系数 μ	0.5
剪胀角 $\psi/(°)$	10
黏结模式 sj_bmode	0

图 3.4.7 和图 3.4.8 为采用表 3.4.2 和表 3.4.3 所示的细观参数计算获得的压缩试验的应力-应变曲线和节理直剪试验的应力-位移曲线。表 3.4.4 为试验和计算获得的宏观力学参数对比。计算结果中，黏结颗粒体模型单轴抗压强度、弹性模量、泊松比通过单轴压缩试验获取，黏聚力和内摩擦角根据不同围压下的抗压强

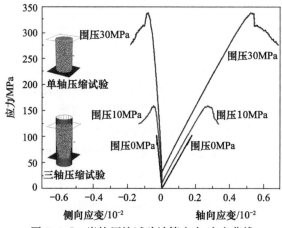

图 3.4.7　岩块压缩试验计算应力-应变曲线

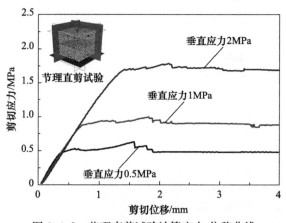

图 3.4.8　节理直剪试验计算应力-位移曲线

度,绘制莫尔圆和强度包络线得到;光滑节理模型的峰值黏聚力和内摩擦角由不同法向荷载下抗剪强度的峰值强度包络线获取,残余黏聚力和内摩擦角则根据不同法向荷载下的残余抗剪强度,绘制残余强度包络线得到。

表 3.4.4　试验和计算宏观力学参数

岩石			节理		
参数	试验值	计算值	参数	试验值	计算值
单轴抗压强度 σ_{ucs}/MPa	104	101	峰值黏聚力 c_p/MPa	0.21	0.23
弹性模量 E/GPa	58.5	55.4	残余黏聚力 c_r/MPa	0.18	0.16
泊松比 ν	0.18	0.17	峰值内摩擦角 φ_p/(°)	39.20	38.30
黏聚力 c/MPa	16.8	16.4	残余内摩擦角 φ_r/(°)	32.23	35.70
内摩擦角 φ/(°)	51.3	50			

分别比较表 3.4.4 中岩石和节理宏观力学参数试验值和计算值,二者均较为接近,表明所选用的模型细观参数能较好地体现黏结颗粒体模型和光滑节理模型的力学特性,可确保后续等效岩体模型构建的有效性。

4. 等效岩体模型构建

由于等效岩体技术采用颗粒单元表征岩块,随着岩体尺寸的不断增大,构建模型的颗粒数量将成倍增长,计算效率严重降低,采用常规方法构建大尺度(米级或十米级)黏结颗粒体模型已不现实。因此,引入一种大型黏结颗粒体模型构建方法,即周期边界单元耦合技术[11]。

周期边界单元耦合技术的核心是周期组块(Pbrick)的构建,如图 3.4.9 所示。周期组块是一种密实的、具有黏结的颗粒集合体,它能够被多次复制并用于大型计算模型的构建。周期组块由控制颗粒、受控颗粒及普通颗粒构成。首先,通过在一定的空间内压实颗粒体、储存其压实状态并设置周期边界便可得到周期组块;然后,对周期组块进行复制,且在复制过程中,相邻两组周期组块间周期边界上的颗粒在几何形态上能够完整地重合。

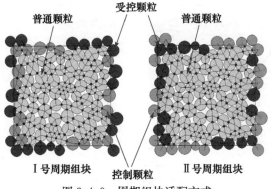

图 3.4.9　周期组块适配方式

采用常规方法构建实验室尺度(RM01)的黏结颗粒体模型,采用周期边界单元耦合技术构建现场原位试验尺度(RM02、RM03)和工程尺度(RM04、RM05、RM06、RM07)的黏结颗粒体模型。为使计算结果具有可比性,各类黏结颗粒体模型均为长方体,长高宽之比为 2∶1∶1。RM01～RM07 模型尺寸分别为 0.1m×0.05m×0.05m、1m×0.5m×0.5m、2m×1m×1m、4m×2m×2m、8m×4m×4m、10m×5m×5m、20m×10m×10m,RM02～RM07 模型分别包括三组黏结颗粒体模型试样,其长轴方向分别沿 x、y、z 向。考虑到计算效率,RM02～RM07 模型最小颗粒半径分别设置为 0.00125m、0.01m、0.02m、0.04m、0.04m、0.1m、0.2m,颗粒总数分别为 10169、21922、21921、21931、167859、324602、167831。根据文献[5]的研究结论,当 RES(resolution,精度)≥10 时,颗粒数量和大小对黏结颗粒体模型宏观力学参数影响甚微。本章中,RM01～RM07 模型的精度分别为 100、125、125、125、250、312.5、350。

将前述得到的随机节理三维网络模型嵌入 RM02～RM07 黏结颗粒体模型中,且两者的几何中心重合,即构建了充分反映现场节理空间分布特征的各类尺度(实验室尺度、现场原位试验尺度、工程尺度)等效岩体模型,如图 3.4.10 所示。

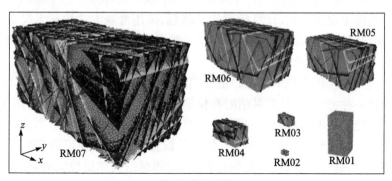

(a) 模型长轴为x方向

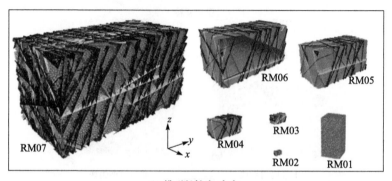

(b) 模型长轴为y方向

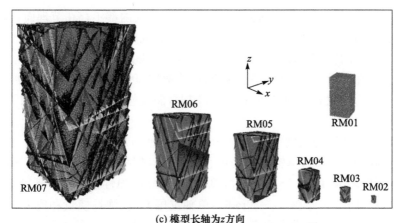

(c) 模型长轴为 z 方向

图 3.4.10   多尺度等效岩体模型

5. 数值试验结果及分析

图 3.4.11 为等效岩体力学特征的尺寸效应计算结果。可以看出,沿 x、y、z 三个不同方向对各类等效岩体模型进行加载,得到的单轴压缩应力-应变曲线均体现出节理岩体的显著尺寸效应。

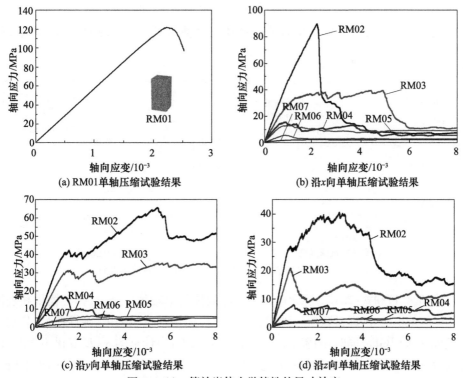

图 3.4.11   等效岩体力学特性的尺寸效应

对于实验室尺度的等效岩体模型 RM01,由于其内部不存在节理面,因此可认为是各向同性介质,峰值抗压强度最高。在峰值抗压强度后,应力随应变迅速下降,表现出较强的脆性特性,如图 3.4.11(a)所示。随着等效岩体尺寸的增大,单轴抗压强度、弹性模量、残余强度等迅速降低,峰值抗压强度前的弹性变形量减少;峰值抗压强度后,等效岩体的脆性特性逐渐减弱,而塑性特性明显增强,如图 3.4.11(b)、(c)和(d)所示。

图 3.4.12 为不同尺度等效岩体力学特性与轴向尺寸的关系曲线。当轴向尺寸较小,即在 0～8m 时,单轴抗压强度、弹性模量随轴向尺寸的增加迅速降低;随着轴向尺寸的增大,即在 8～10m 时,单轴抗压强度、弹性模量的降低速度趋于减缓;当轴向尺寸较大,即在 15～20m 时,单轴抗压强度、弹性模量和应力-应变曲线几乎不再随轴向尺寸的增大而变化,表明此时已经达到岩体的表征单元体。按照渐进式指数函数模型,可以分别得到单轴抗压强度、弹性模量平均值与岩体轴向尺寸的拟合曲线,即

$$\sigma' = 1.46 + 123.46 \times 0.665^L \tag{3.4.1}$$
$$E' = 3.91 + 51.49 \times 0.659^L \tag{3.4.2}$$

式中,σ' 为岩体单轴抗压强度,MPa;E' 为岩体弹性模量,GPa;L 为岩体加载的轴向尺寸,m。

式(3.4.1)和式(3.4.2)拟合曲线的相关系数分别约为 0.857、0.990,拟合效果较好。

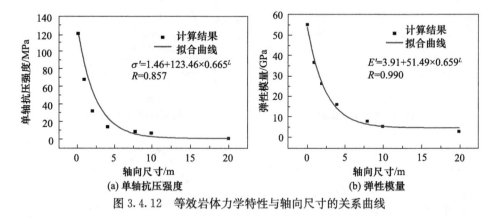

图 3.4.12　等效岩体力学特性与轴向尺寸的关系曲线

式(3.4.1)和式(3.4.2)隐含给出了工程岩体的单轴抗压强度、弹性模量和表征单元体的最小尺寸,即常数项分别代表工程岩体的单轴抗压强度、弹性模量,分别为 1.46MPa、3.91GPa;同时,随着轴向尺寸的不断增大,当计算的 σ'、E' 变化不大时,即可认为达到了表征单元体的最小尺寸,为 15～20m。与 Yoshinaka 等[12]的类似研究成果相比,式(3.4.1)和式(3.4.2)给出了工程岩体力学参数更多的直观信息。

　　图 3.4.13 给出了等效岩体模型的单轴压缩试验计算结果。可以看出,对于同一尺寸的等效岩体模型,沿 x、y、z 三个方向分别对等效岩体模型进行加载,得到的单轴压缩应力-应变曲线、峰值抗压强度、残余强度、弹性模量等力学特性存在差异,表明岩体呈现各向异性的特征。

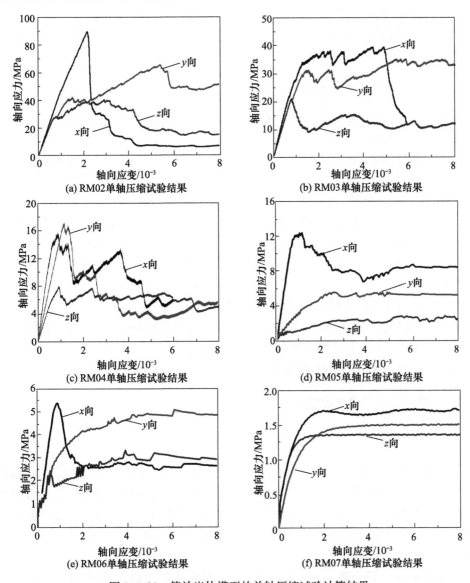

图 3.4.13　等效岩体模型的单轴压缩试验计算结果

　　当等效岩体模型较小时(即 RM02、RM03、RM04),分别沿 x、y、z 轴向加载得到的单轴压缩应力-应变曲线的各向异性较为明显;随模型尺寸的增大(RM05),岩体各向异性特征逐渐减弱;当等效岩体模型尺寸较大(RM07)时,岩体峰值抗压强度和弹性模量降到最低,且相差不大,同时单轴压缩应力-应变曲线的发展变化过程趋于一致,均表现出理想塑性变形特征,表明该尺度下岩体的各向异性程度仅存在较小差异。因此可以认为,随着模型尺寸的增大,岩体中节理数量增多,节理使岩体从非均质、各向异性材料逐渐转换为等效均质、各向同性材料。

为表征单轴抗压强度、弹性模量等岩体力学特性的各向异性程度,建立各向异性指数 ξ,其表达式为

$$\xi = \frac{1}{\overline{\gamma}} \sqrt{\frac{1}{3} \left[(\gamma_x - \overline{\gamma})^2 + (\gamma_y - \overline{\gamma})^2 + (\gamma_z - \overline{\gamma})^2 \right]} \qquad (3.4.3)$$

式中,γ_x、γ_y、γ_z 分别为在相同模型尺寸下,沿 x、y、z 方向加载得到的计算值;$\overline{\gamma}$ 为 γ_x、γ_y、γ_z 的平均值。

各向异性指数 ξ 越低,表明岩体各向异性程度越小,当 $\xi = 0$ 时,表明岩体为各向同性介质。

由图 3.4.13 可知,当轴向尺寸为 1m 时,即等效岩体模型 RM02,沿 x、y、z 轴的单轴抗压强度分别为 89.1MPa、65.5MPa、40.2MPa,各向异性指数 ξ 为 0.3075。当轴向尺寸分别为 2m、4m、8m、10m、20m 时,各向异性指数 ξ 分别为 0.2495、0.2989、0.5189、0.2133、0.1089。等效岩体的弹性模量各向异性也呈现类似特征。

不同尺度下岩体单轴抗压强度、弹性模量等力学特性的各向异性指数计算结果表明,随着轴向尺寸的增大,等效岩体力学特性的各向异性程度呈减弱趋势;当轴向尺寸大于 20m 时,力学特性的各向异性指数已较小且几乎不再变化,表明此时的岩体尺度为岩体的表征单元体。

3.4.2　断续节理岩质边坡破坏细观机制

1. 工程背景

穆利亚希露天铜矿位于赞比亚北部铜带省卢安夏市西面,为沉积变质岩铜矿床,露天矿地质模型及分区如图 3.4.14 所示。矿区南部边坡出露地层主要为加丹加超群的下罗恩 RL5、RL6 以及 RL7 组,均为顺层坡,岩石以泥岩、泥质石英岩以及泥质石英岩夹云母片岩、砂岩为主,岩体层理、结构面发育,风化程度高,岩体较破碎。

Ⅲ区东段上部台阶岩质边坡呈现出陡-缓相间的台阶状破坏,如图 3.4.15 所示。该区域边坡整体设计坡高 165m、坡角 37°,台阶设计坡高 15m、坡角 65°,坡面倾向约 NW45°。现场地质调查表明,边坡失稳主要是岩层中顺层发育的断续节理切割岩体造成的。节理倾向 NW40°~50°,近似与坡面一致,而

倾角集中分布在 $20°\sim30°$。本节以颗粒流理论为基础，以 PFC2D 软件为平台，采用等效岩体技术，根据现场调查及室内试验结果，从细观力学角度研究断续节理岩体边坡破坏的细观机制。

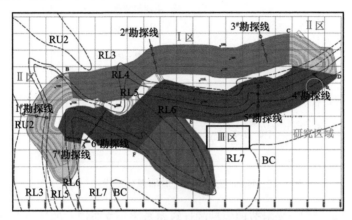

图 3.4.14　穆利亚希露天铜矿地质模型

图 3.4.15　现场岩质边坡破坏形态

2. 计算模型构建

根据边坡设计资料及现场地质调查结果，建立断续节理岩质边坡细观分析模型，如图 3.4.16 所示。边坡细观分析模型宽 30m、高 22.5m。模型中，边坡台阶高 15m，边坡角 65°。根据节理调查及统计分析结果，采用光滑节理模型建立相互平行的断续节理空间分布状态。节理层数共五层，从下至上分别为一～五层，每层节理条数编号从坡面起开始计数。其中，节理长度 3m、倾角 25°。同一层节理间岩桥长度 3m，节理层间距离 2.14m。

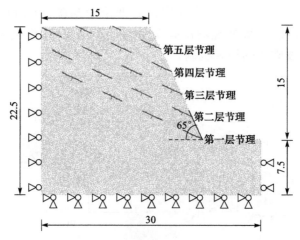

图 3.4.16　断续节理岩质边坡细观分析模型(单位:m)

黏结颗粒体模型及光滑节理模型的计算参数采用文献[13]的计算参数,计算模型颗粒最小半径为 8×10^{-2} m,最大与最小颗粒半径比为 1.66。模型边界条件为:左右边界限制 x 方向位移,底部限制 x、y 方向位移。为再现断续节理岩质边坡的失稳现象及过程,采用颗粒体重度增加法,通过不断增加颗粒体的重度再现边坡失稳破坏。

3. 计算结果及分析

边坡断续节理岩体中岩桥的破坏模式可分为模式Ⅰ、模式Ⅱ、模式Ⅲ,其中,模式Ⅲ可分为两个亚类,即模式Ⅲ-a、模式Ⅲ-b,如图 3.4.17 所示。

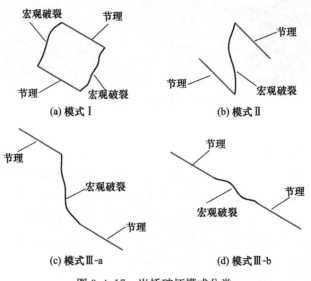

图 3.4.17　岩桥破坏模式分类

　　图 3.4.18 为顺层断续节理岩质边坡在破坏过程中微破裂孕育及发展的时空演化过程。颗粒体重度增加 10 倍后,模型中开始产生微破裂,在不同计算时刻,张拉裂纹占主导。当计算从 5000 时步至 10000 时步时,微破裂主要发生在第一层至第三层、第三层至第四层节理间,表现为Ⅱ型岩桥破坏模式。随着边坡底部岩体破坏发生下滑,当计算从 10000 时步至 17500 时步时,微破裂先在第一层与第二层、

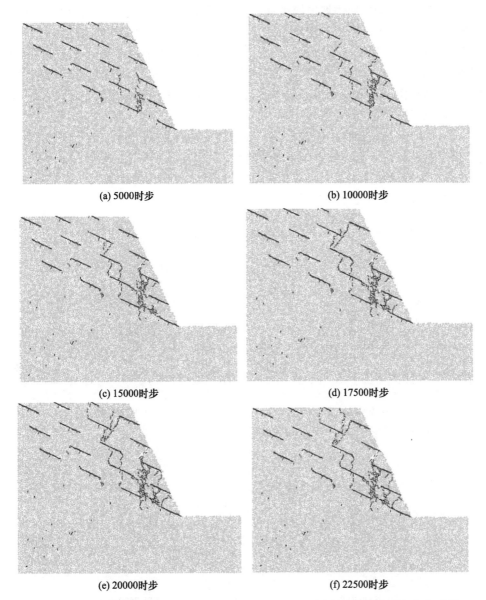

(a) 5000时步　　　　　　　　　　　(b) 10000时步

(c) 15000时步　　　　　　　　　　　(d) 17500时步

(e) 20000时步　　　　　　　　　　　(f) 22500时步

图 3.4.18　顺层断续节理岩质边坡在破坏过程中微破裂孕育及发展的时空演化过程

第二层与第三层节理间发生,表现为Ⅲ-a型岩桥破坏模式,随之在第二层节理间发生,表现为Ⅲ-b型岩桥破坏模式。边坡底部岩体滑移牵引上部岩体进一步破坏,当计算从17500时步至22500时步时,微破裂主要在第三层与第五层、第四层与第五层节理间发生,表现为Ⅰ型岩桥破坏模式。不同阶段产生的微破裂组成了从边坡坡脚至坡顶的台阶状宏观破裂,从而导致滑体产生并与边坡母体脱离。

顺层断续节理岩质边坡失稳破坏具有如下特征:①滑塌主要由断续节理端部间岩桥破裂贯通带及原生节理导致;②微破裂从坡底节理端部开始产生,逐渐向坡体上部发展;③滑塌底部形态较为平直,其破断面由原生节理及同层节理端部间的岩桥贯通破坏组成,同层节理端部间岩桥破坏模式为Ⅲ-b;④滑塌后部形态呈台阶状,其破断面由原生节理及相邻层节理端部间的岩桥贯通破坏组成,相邻层节理端部间岩桥破坏模式主要为Ⅲ-a。

图3.4.19为边坡失稳过程中破碎颗粒体的时空演化过程。由于微破裂的产生,破碎颗粒体代表与边坡母体脱离的岩块。图3.4.19中不同灰度代表不同破碎颗粒体。破碎颗粒体由多个圆形颗粒组成,破碎颗粒体内部颗粒间仍具有黏结强度,其黏结并未破坏。

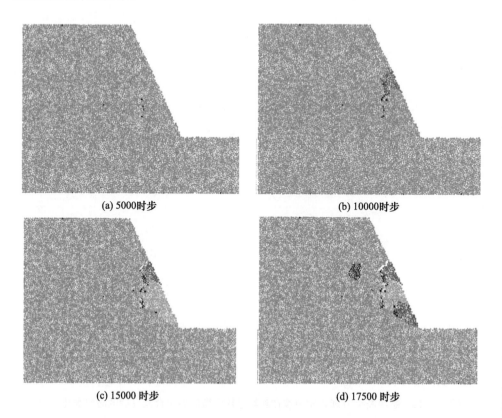

(a) 5000时步　　　　　　　　　(b) 10000时步

(c) 15000 时步　　　　　　　　(d) 17500 时步

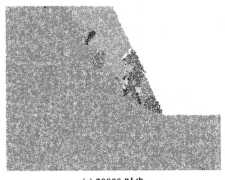 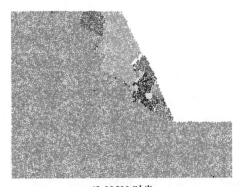

(e) 20000 时步　　　　　　　　　　　　　　(f) 22500 时步

图 3.4.19　边坡失稳过程中破碎颗粒体时空演化过程

　　随着边坡底部岩体开始滑移,从 5000 时步至 15000 时步,边坡内先是产生零星的小型破碎颗粒体,然后边坡中下部逐渐形成大型的楔形破碎颗粒体,其形态呈后缘陡峭、底部平缓的特征。计算至 17500 时步,边坡下部破碎颗粒体进一步扩大,边坡深部也开始产生破碎颗粒体。

　　计算至 22500 时步,边坡中部、下部、上部产生的破碎颗粒体贯通边坡底部至顶部,导致边坡失稳。可以发现,滑塌底部较平直,后缘呈台阶状破坏形态。Brideau 等[14]通过研究 Randa 滑坡,同样观察到类似现象,即顺层断续节理岩质边坡破坏通常为台阶状滑移破坏,是一类典型的受不连续面和岩桥控制的岩质边坡破坏模式,其破坏面整体呈陡-缓相接的台阶状,如图 3.4.20 所示。

图 3.4.20　Randa 滑坡出露的台阶状滑面[14]

　　图 3.4.21 为边坡滑塌前后颗粒间接触力分布。如图 3.4.21(a)所示,模型计算前,在靠近坡面处,颗粒间接触力方向近似平行于坡面方向,在垂直于坡面方向,颗粒间接触力很小。随着向坡体内延伸,颗粒间接触力以自重应力为主、水平应力为辅。如图 3.4.21(b)所示,在边坡滑塌过程中,断续节理端部岩桥连线方向上的颗粒间接触力较大,在边坡中下部且靠近坡面处,此现象更为明显。断续节理端部岩桥连线方向上的颗粒间接触力围绕着节理形成了应力拱效应,即在节理端部颗粒间接触力较大,而在节理面上下表面一定范围内的颗粒间接触力较小。此类颗粒间接触力分布特征造成了微破裂主要沿断续节理端部岩桥连线方向发展,且在断续节理面上下一定范围内分布较少。

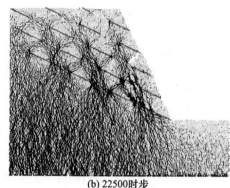

(a) 0时步　　　　　　　　　　　　　　　　(b) 22500时步

图 3.4.21　边坡滑塌前后颗粒间接触力分布

　　图 3.4.22 为计算终了时刻模型颗粒速度和位移矢量分布情况。图 3.4.22(a)直观显示了边坡失稳时的滑塌范围,整个滑体后部呈台阶状,底部呈平直状,且边坡中下部滑动速率较大。图 3.4.22(b)表明,边坡中下部坡面上的滑体已产生较大滑动,边坡上部的滑动位移相对较小。

(a) 速度矢量分布　　　　　　　　　　　　　　(b) 位移矢量分布

图 3.4.22　计算终了时刻模型颗粒速度和位移矢量分布(22500 时步)

图 3.4.23 为边坡失稳过程中颗粒破裂微震事件特征（22500 时步）。图 3.4.23(a)为微震事件分布图,其中,圆圈中心及大小代表微震事件发生的位置及破裂强度。可以发现,边坡在滑塌过程中,第一层断续节理下方微震事件分布较为稀疏,破裂强度相对较小,第一层断续节理上方微震事件分布较为密集,破裂强度相对较大。尤其是边坡中下部靠近坡面处,微震事件数更多,破裂强度更大。图 3.4.23(b)显示了边坡滑塌微震事件总数为 283 次,震级最大值为 -2.05,最小值为 -4.91,微震事件震级与次数近似服从正态分布,震级均值 μ 为 -3.07,标准差 σ 为 0.495。

(a) 微震事件分布　　　　　　　　(b) 微震事件震级与微震事件数的关系

图 3.4.23　边坡失稳过程中颗粒破裂微震事件特征(22500 时步)

3.5　本 章 小 结

等效岩体技术是以颗粒流理论为基础,以 PFC 软件为实现平台,由黏结颗粒体模型和光滑节理模型两项技术构成,分别表征岩体中的岩块和节理。在等效岩体技术实施过程中,首先,通过室内力学试验,匹配获得黏结颗粒体模型和光滑节理模型的细观力学参数。其次,基于现场节理地质调查及统计,建立随机节理三维网络模型。再次,将节理三维网络模型嵌入黏结颗粒体模型中,构建能充分反映工程岩体节理分布特征的等效岩体模型。最后,对等效岩体模型进行一定应力路径的加卸载数值试验,便可从宏观和细观的角度同时研究节理岩体的尺寸效应、各向异性、破裂过程、峰后状态等力学特性;也可建立具有现场结构面分布特征的工程计算模型,探究边坡、隧道等工程在施工过程中的岩体变形与破坏规律。

总之,与传统的工程岩体分级等经验方法相比,采用等效岩体技术可较好地再现节理岩体承载过程中的全应力-应变曲线,从而获得节理岩体的强度特性、变形特性、尺寸效应、各向异性、破裂效应等量化特征。作为一种全新的研究方法,通过等效岩体技术获取的节理岩体各类宏观力学参数,最终可为现场岩体工程的设计、施工、管理等提供有益参考。

参 考 文 献

[1] 吴顺川,周喻,高利立,等. 等效岩体技术在岩体工程中的应用. 岩石力学与工程学报, 2010,29(7):1435-1441.

[2] Itasca Consulting Group. PFC2D (Particle Flow Code in 2 dimensions) theory and background. Minnesota,USA,2008.

[3] Ramamurthy T,Arora V K. Strength predictions for jointed rocks in confined and unconfined states. International Journal of Rock Mechanics and Mining Sciences & Geomechanics Abstracts,1994,31(1):9-22.

[4] Itasca Consulting Group. PFC3D (Particle Flow Code in 3 dimensions) FISH in PFC3D. Minnesota,USA,2008.

[5] 周喻,吴顺川,焦建津,等. 基于 BP 神经网络的岩土体细观力学参数研究. 岩土力学,2011, 32(12):3821-3826.

[6] Scholtès L,Donzé F. Modelling progressive failure in fractured rock masses using a 3D discrete element method. International Journal of Rock Mechanics and Mining Sciences,2012, 52:18-30.

[7] Zhou Y,Zhang G,Wu S C,et al. The effect of flaw on rock mechanical properties under the Brazilian test. Kuwait Journal of Science,2018,45(2):94-103.

[8] Jaeger J C. Shear failure of anisotropic rocks. Geological Magazine,1960,97(1):65-72.

[9] Yang Z Y,Chen J M,Huang T H. Effect of joint sets on the strength and deformation of rock mass models. International Journal of Rock Mechanics and Mining Sciences, 1998, 35(1):75-84.

[10] 吴顺川,周喻,高永涛,等. 等效岩体随机节理三维网络模型构建方法研究. 岩石力学与工程学报,2012,31(S1):3082-3090.

[11] 吴顺川,周喻,高永涛,等. 自适应连续体/非连续体周期边界单元耦合技术在等效岩体中的应用研究. 岩石力学与工程学报,2012,31(S1):3117-3122.

[12] Yoshinaka R,Osada M,Park H,et al. Practical determination of mechanical design parameters of intact rock considering scale effect. Engineering Geology,2008,96(3-4):173-186.

[13] 周喻,韩光,吴顺川,等. 断续节理岩体及岩质边坡破坏的细观机制. 岩石力学与工程学报,2016,35(S2):3878-3889.

[14] Brideau M,Yan M,Stead D. The role of tectonic damage and brittle rock fracture in the development of large rock slope failures. Geomorphology,2009,103(1):30-49.

第4章 岩石破裂过程声发射模拟技术

4.1 概 述

岩石破裂过程是岩石力学领域的热点研究课题之一。近几十年来,广泛采用声发射技术监测岩石破裂过程和失稳机制。岩石在外力、内力或温度的影响下,局部区域产生塑性变形或有裂纹形成和扩展时,伴随着应变能迅速释放而产生瞬态弹性波的现象,称为声发射(acoustic emission,AE)[1]。通过声发射监测可对岩石或岩体在荷载作用下内部微破裂的产生和扩展进行实时监测,而且还能对具有较高能量释放的破裂位置进行定位,这是其他无损监测方法所不具备的特点,现已广泛应用于岩石、混凝土等破裂失稳机理研究。

现代声发射技术起源于 1950 年 Kaiser[2] 进行的材料声发射特性研究。在岩石工程领域,研究者对此开展了大量研究工作,研究内容主要集中在岩石受载破坏过程中的声发射规律、Kaiser 效应等。Li 等[3] 通过 8 种岩石试验,发现除铁矿石外,大部分岩石具有 Kaiser 效应;赵兴东等[4,5] 应用声发射系统研究了单轴压缩荷载下花岗岩破裂失稳过程中内部微裂纹孕育、萌生、扩展、成核和贯通的三维空间演化模式,揭示了声发射活动随加载时间、应力变化的特征和规律;He 等[6] 采用深部岩爆过程模拟系统,研究了真三轴卸载条件下石灰岩岩爆过程中声发射波形和频率特性;纪洪广等[7] 通过花岗岩单轴压缩试验,分析了岩石破裂过程中不同阶段的声发射信号频率特性。

在工程应用研究方面,李曼等[8] 利用声发射 Kaiser 效应测定了深部巷道地应力;刘希灵等[9] 运用声发射监测技术,对三道庄露天矿台阶下伏空区的稳定性进行实时监测,为三道庄露天矿的作业安全提供预警保障。

由于声发射、微震、地震存在密不可分的联系,声发射技术的很多理论均源于开展研究更早的地震学理论[10~14]。在地震学中,一般假设地震发生时岩石破裂是由于力的作用,故在震源处引入了等效力的概念,即假设等效力在地球表面产生的位移与由震源区的实际物理过程在地球表面产生的位移相同。由于岩石的破裂是一种内源,因此既不宜用单力表示,也不宜用单力偶表示,曾有研究者用无矩双力偶表示震源,但是其假设震源是剪切破坏。

为了具体地表示震源,Gilbert[15] 于 1971 年首先引入了矩张量概念,定义为作用在一点上的等效体力的一阶矩;Feignier 等[16] 运用矩张量理论分析震源破裂机制,将矩张量分解为纯剪切破裂成分、各向同性成分和补偿线性矢量偶极成分,依据各向同性成分所占比例来量化其破裂类型;Ohtsu[17]在进行室内声发射量化分析时,根据矩张量特征值中纯剪切破裂成分所占比例,判断声发射事件破裂类型,分析了岩石破裂方位等相关信息;曹安业等[18]介绍了矩张量在判断岩石破裂类型中的应用,并基于相同最大主轴方向的矩张量分解结果,用理论方法模拟并探讨了矩张量在矿山采动煤岩破裂类型分析中的可靠性和适用性;吴顺川等[19]和柴金飞等[20]介绍了利用矩张量反演理论分析岩石破裂机理的方法及应用。目前在岩石力学领域,矩张量反演法已成为岩体内部破裂震源机制及时空演化机理等研究的重要工具。

开展岩石破裂过程及其机制的声发射模拟方面的研究具有如下理论价值:

(1)根据矩张量理论构建声发射模拟方法,可弥补声发射室内试验定位精度的不足,为岩石破裂机制和声发射特性的科学分类、判别与验证提供支撑。

(2)基于声发射技术研究岩石破裂机理有助于认识岩石的破裂全过程、破裂空间位置、破裂裂纹数和破裂能量、破裂类型和破裂演化规律等细观破裂特征,为岩石工程稳定性分析和防治措施的制定提供理论依据。

本章基于颗粒流理论和矩张量理论,介绍细观尺度的岩石声发射模拟方法,结合岩石声发射室内试验,通过计算结果与试验结果对比分析验证该方法的合理性;进而研究岩石破裂过程中的声发射事件数、空间位置、矩震级(能量)等细观破裂特征。

4.2　理 论 基 础

4.2.1　矩张量基本理论

1. 矩张量的定义

Gilbert[15]针对由地震震源引起的地球简正振型的激发问题,于1971年提出矩张量概念,将其定义为作用在一点上等效体力的一阶矩,矩张量包含了地震的辐射能量信息、有关剪切破裂成分和各向同性成分的节面方向信息。矩张量的引入使地震学分析中震源参数(方位角、倾角、滑移角等)的求解方程线性化,简化了分析和计算工作,通过矩张量反演,能够获取地震震源机制,从而为地震的预测预报研究提供重要依据。

当震源的尺度远小于观测距离和地震波波长时,震源可视为点源,此时震源的非弹性变形特征可用矩张量描述[21],基于地震震源的表示方法和点源假设,在监测端 k 接收到的波形位移振幅 u_k 为

$$\boldsymbol{u}_k(x,t)=\sum_{n=0}^{+\infty}\frac{1}{n!}\boldsymbol{G}_{ki,j_1,\cdots,j_n}(x,t;\xi,t')*\boldsymbol{M}_{ij}(\xi,t') \tag{4.2.1}$$

式中,$*$ 表示卷积运算;$\boldsymbol{G}_{ki,j_1,\cdots,j_n}(x,t;\xi,r,t')$ 为弹性动力学格林函数,是由单位脉冲集中力引起的位移场,即震源 (ξ,t') 和监测端 (x,t) 之间介质的脉冲响应,其物理意义为:震源 ξ 处、t' 时刻、j 方向的点力在监测点 x 处、t 时刻、i 方向所产生的位移。

$$\boldsymbol{M}_{ij}=\begin{bmatrix}m_{11} & m_{12} & m_{13}\\ m_{21} & m_{22} & m_{23}\\ m_{31} & m_{32} & m_{33}\end{bmatrix} \tag{4.2.2}$$

式中,$\boldsymbol{M}_{ij}$ 为震源的矩张量;m_{ij} 为常数,代表二阶矩张量 $\boldsymbol{M}_{ij}$ 的分量。若 $i=j$,表明力和力臂在同一方向,为无矩单力偶;若 $i\neq j$,表明力作用于 i 方向,力臂在 j 方向,为一个力矩为 m_{ij} 的单力偶。

如图 4.2.1 所示,由于点源角动量守恒,矩张量成为二阶对称张量,9 个分量中只有 6 个独立分量。再假设震源为同步震源(矩张量所有分量都具有相同的时

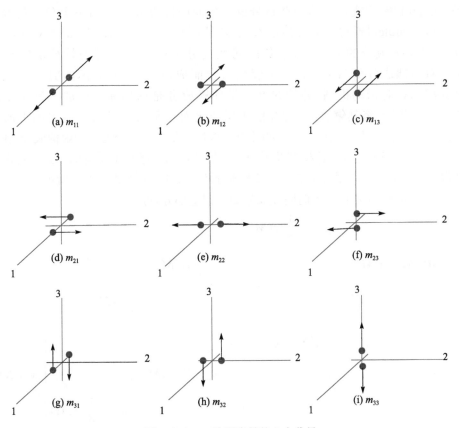

图 4.2.1 二阶矩张量的 9 个分量

间函数 $s(t')$)，此时式(4.2.1)可改写为

$$\boldsymbol{u}_k(x,t) = \boldsymbol{M}_{ij} * \left[\boldsymbol{G}_{ki,j}(x,t;\xi,r,t') * s(t') \right] \tag{4.2.3}$$

式中，$s(t')$ 为震源时间函数，表征了震源时间及强度信息。

若假设等效力作用时间短暂，为一个纯脉冲函数(如 δ 函数)，则 $\boldsymbol{G}_{ki,j}(x,t;\xi,r,t') * s(t') = \boldsymbol{G}_{ki,j}$，式(4.2.3)变为线性方程，即

$$\boldsymbol{u}_k(x,t) = \boldsymbol{M}_{ij} * \boldsymbol{G}_{ki,j} \tag{4.2.4}$$

2. 矩张量分解

将矩张量对角化后，在主轴坐标系中可简化表示为

$$\boldsymbol{M}_{ij} = \begin{bmatrix} m_1 & & \\ & m_2 & \\ & & m_3 \end{bmatrix} \tag{4.2.5}$$

式中，m_1、m_2、m_3 分别为矩张量的三个特征值。

矩张量有多种分解方法，但目前在矩张量震源机制研究领域广泛应用的是 Knopoff 等[10]提出的将矩张量分解为各向同性成分(isotropic, ISO)、双力偶(double-couple, DC)成分和补偿线性矢量偶极(compensated linear vector dipole, CLVD)成分的方法，其中各向同性成分可由三个相等的特征值矩阵表示。双力偶成分由两个线性矢量偶极组合而成，可以代表岩体的剪切破坏或者断层的相对错动机制，补偿线性矢量偶极成分是深部地震中的一种作用机制，Finck 等[22]将其解释为"为补偿体积变化而在平行于最大主应力的平面内产生的质点运动"。Cesca 等[23]指出补偿线性矢量偶极成分可能为虚构成分，在噪声干扰、不精确的速度结构模型及不理想的传感器布设条件下求解的矩张量均能分解得到该成分。矩张量分解的三种基本成分及其震源机制如图 4.2.2 所示。

矩张量 $\boldsymbol{M}$ 可分解为各向同性成分加上偏量部分，即

$$\boldsymbol{M} = \boldsymbol{M}^{\text{ISO}} + \boldsymbol{M}^{\text{dev}} = \begin{bmatrix} \frac{1}{3}\text{tr}(\boldsymbol{M}) & & \\ & \frac{1}{3}\text{tr}(\boldsymbol{M}) & \\ & & \frac{1}{3}\text{tr}(\boldsymbol{M}) \end{bmatrix} + \begin{bmatrix} m_1 - \frac{1}{3}\text{tr}(\boldsymbol{M}) & & \\ & m_2 - \frac{1}{3}\text{tr}(\boldsymbol{M}) & \\ & & m_3 - \frac{1}{3}\text{tr}(\boldsymbol{M}) \end{bmatrix} \tag{4.2.6}$$

式中，$\text{tr}(\boldsymbol{M})$ 为矩张量的三个特征值之和。

偏量部分可进一步分解为双力偶成分和补偿线性矢量偶极成分,即

$$\boldsymbol{M}^{\mathrm{dev}} = \begin{bmatrix} m_1^* & & \\ & m_2^* & \\ & & m_3^* \end{bmatrix} = \boldsymbol{M}^{\mathrm{DC}} + \boldsymbol{M}^{\mathrm{CLVD}} \quad (4.2.7)$$

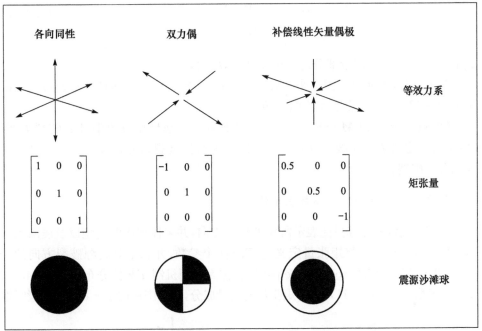

图 4.2.2　矩张量分解的三种基本成分及其震源机制

此时引入一个可以衡量补偿线性矢量偶极成分相对于双力偶成分大小的参数 $\varepsilon^{[24]}$:

$$\varepsilon = -\frac{m_{|\min|}^*}{|m_{|\max|}^*|} \quad (4.2.8)$$

式中,$m_{|\min|}^*$ 和 $m_{|\max|}^*$ 分别为矩张量偏量部分中绝对值最小和最大的特征值。

矩张量分解的最终结果为

$$\begin{cases} \boldsymbol{M}^{\mathrm{ISO}} = \dfrac{1}{3}\mathrm{tr}(\boldsymbol{M}) \begin{bmatrix} 1 & 0 & 0 \\ 0 & 1 & 0 \\ 0 & 0 & 1 \end{bmatrix} \\[4mm] \boldsymbol{M}^{\mathrm{CLVD}} = |\varepsilon| m_{|\max|}^* \begin{bmatrix} -1 & 0 & 0 \\ 0 & -1 & 0 \\ 0 & 0 & 2 \end{bmatrix} \\[4mm] \boldsymbol{M}^{\mathrm{DC}} = (1-2|\varepsilon|)m_{|\max|}^* \begin{bmatrix} -1 & 0 & 0 \\ 0 & 0 & 0 \\ 0 & 0 & 1 \end{bmatrix} \end{cases} \quad (4.2.9)$$

　　由式(4.2.8)及式(4.2.9)可知,$\varepsilon=0$ 表示纯双力偶,$\varepsilon=\pm0.5$ 表示纯补偿线性矢量偶极,且 ε 取正值时表示张拉破裂源,ε 取负值时表示压缩破裂源[25]。

　　Feignier 等[16]提出以表示体积成分与剪切成分的比值 R 来量化矩张量破裂类型:

$$R=\frac{100\mathrm{tr}(\boldsymbol{M})}{|\mathrm{tr}(\boldsymbol{M})|+\sum_{k=1}^{3}|m_k^*|} \tag{4.2.10}$$

式中,m_k^* 为矩张量偏量部分的三个特征值,$k=1,2,3$。

　　若 $R>30$,表明该震源以张拉破裂为主;若 $-30\leqslant R\leqslant30$,表明该震源以剪切破裂为主;若 $R<-30$,表明其为内缩源。

　　Ohtsu[17]提出以 $\boldsymbol{M}^{\mathrm{DC}}$ 分量占矩张量的比例 P_{DC} 来量化震源事件的破裂类型,$P_{\mathrm{DC}}\geqslant60\%$ 定义为剪切破裂,$P_{\mathrm{DC}}\leqslant40\%$ 定义为张拉破裂,$40\%<P_{\mathrm{DC}}<60\%$ 则定义为混合型破裂。

3. 矩张量反演的 T-k 参数表示法

　　传统的震源沙滩球只能表示震源的位错方向,并未体现震源类型以及震级大小等信息,Hudson 等[26]将矩张量定义为 T、k 两个参数,并忽略对震源破裂方向的研究,提出了震源类型图(source type plot),也称为震源机制 T-k 值分布图,如图4.2.3所示。参数 T(式(4.2.11))表示矩张量的偏量成分,其范围从位于 -1 的正补偿线性

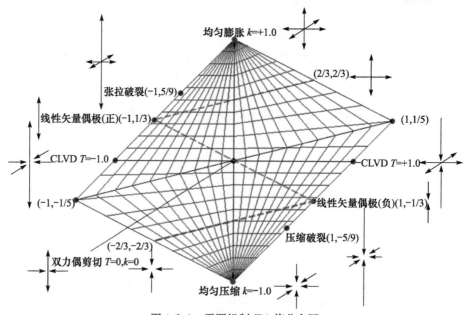

图 4.2.3　震源机制 T-k 值分布图

矢量偶极(＋CLVD)到位于＋1 的负补偿线性矢量偶极(－CLVD),并经过位于原点的双力偶(DC)。参数 k(式(4.2.12))表征震源体积的变化,衡量矩张量各向同性成分,其范围从位于底部－1 的均匀压缩类型到位于顶部＋1 的均匀膨胀类型。

假设 $M_1>M_2>M_3$ 为矩张量对应的三个特征值,根据文献[26]有

$$T=\frac{2M_2'}{\max(|M_1'|,|M_3'|)} \tag{4.2.11}$$

$$k=\frac{M_{\mathrm{ISO}}}{|M_{\mathrm{ISO}}|+\max(|M_1'|,|M_3'|)} \tag{4.2.12}$$

式中,$M_{\mathrm{ISO}}=\frac{1}{3}\operatorname{tr}(\boldsymbol{M})$;$M_1'$、$M_2'$、$M_3'$ 为矩张量偏量特征值。

Pearce 等[27]、Julian 等[13]、Bowers 等[28]将 T-k 值分布图用于各种实际震源破裂类型的研究中,如地震、冰川破裂、采矿微震、火山活动、水压致裂以及核爆等。虽然 T-k 值分布图未体现矩张量方向及地震矩大小信息,但参数 T 和 k 较为直观地展现了试样、工程岩体中震源事件的破裂类型,因此被广泛应用于矩张量震源机制分析和研究中。

4.2.2　声发射模拟方法

地震、微震和声发射的破裂强度一般服从指数分布形式。在颗粒流细观破裂模拟过程中,若将每次微破裂视为一次独立的声发射事件,则所有的声发射破裂强度几乎一致,这不符合室内试验和现场监测到的结论:地震、微震和岩石声发射的破裂强度一般服从指数分布[1,29]。因此,在 PFC 软件模拟声发射中,若多个黏结破裂发生的时空相近,则认为这些黏结破裂属于同一个声发射事件[30,31],即一个声发射事件可以是单一的微裂纹,也可以由多个微裂纹构成。在地震学中,通过记录震源释放出的动力波可反演获取震源信息,目前常采用矩张量理论研究震源信息。在颗粒离散单元法中,矩张量可以视为将作用在颗粒表面上所有接触力产生的相应位移等效为体力所产生的相同效果。颗粒流程序中,若根据记录的动力波转换成矩张量,计算过程将十分复杂。由于颗粒的受力及其产生的运动可以在模型中直接获取,根据黏结破坏时周围颗粒接触力的变化进行矩张量计算较易实现。

如果声发射事件只包含一个微裂纹,则声发射事件的中心即为微裂纹的中心;如果声发射事件包含多个微裂纹,则所有微裂纹的几何中心即为声发射事件的中心。矩张量为与破裂相关各单元上接触力的变化值与其至声发射事件中心的距离乘积的总和,计算表达式为

$$\boldsymbol{M}_{ij}=\sum_{k=1}^{s}\Delta F_i^k R_j^k \tag{4.2.13}$$

式中,ΔF_i^k 为接触力变化值的第 i 个分量;R_j^k 为接触点与声发射事件中心距离的第 j

个分量;S 表示与源颗粒接触的所有颗粒。

　　图 4.2.4 为仅含一条张拉裂纹的声发射事件。图 4.2.4(a)中,微破裂产生后,震源颗粒速度矢量表明震源颗粒垂直于微裂纹向两侧快速移动。图 4.2.4(b)中,矩张量通过式(4.2.13)计算得到,其两组箭头的长度和方向用矩张量矩阵的特征值计算和表示。图 4.2.4 表明,该微裂纹产生时,存在张拉分量和压缩分量,张拉分量导致震源颗粒向微破裂两侧分离,压缩分量导致周围颗粒向震源颗粒挤压。

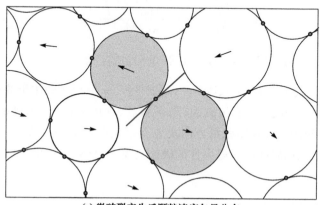

(a) 微破裂产生后颗粒速度矢量分布

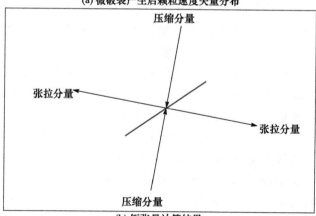

(b) 矩张量计算结果

图 4.2.4　仅含一条张拉裂纹的声发射事件

　　在 PFC 软件中,如果在整个声发射持续时间内,每一时步均计算矩张量,将得到一个与时间相关的完整矩张量。然而,存储与时间相关的完整矩张量需要大量内存,因此采用最大标量力矩值时刻的矩张量作为每个声发射事件的矩张量并存储。标量力矩的计算表达式为

$$M_0 = \sqrt{\sum_{j=1}^{3} \frac{m_j^2}{2}} \tag{4.2.14}$$

式中,m_j 为矩张量矩阵的第 j 个特征值,$j=1,2,3$。

声发射事件的震级 M 可根据标量力矩求得,计算公式为

$$M = \frac{2}{3} \lg M_0 - 6 \qquad (4.2.15)$$

在实际试验中,破裂以一定的速度向外扩展。为了确定声发射事件持续时间,一般假定岩石中破裂扩展速度为剪切波速度的一半[32]。对于声发射事件破裂范围,需根据持续时间和包含的破裂裂纹数确定。从微裂纹产生时刻起,至微破裂引起的剪切波传播至微破裂作用区域内边界,记为 t_{shear}^i,声发射事件持续时间 $t_{duration}^i$ 为 t_{shear}^i 的 2 倍。在声发射事件持续时间 $t_{duration}^i$ 内,每一时步均重新计算矩张量;若 $t_{duration}^i$ 内该微破裂作用区域内没有新的微裂纹产生,则此次声发射事件仅包含一条微裂纹;若 $t_{duration}^i$ 内有新的微破裂产生,且其作用区域与旧的微破裂作用区域重叠,则该微裂纹被认为属于同一声发射事件,此时声发射包含多条微裂纹,而震源颗粒区域被叠加,持续时间被重新计算并延长。

通过大量室内岩石力学试验发现,声发射事件产生的较大宏观裂纹均由许多较小的微裂纹贯通构成,因此可以采用前述方法实现包含多条微裂纹的单次声发射事件模拟。

图 4.2.5 给出了由 2 条张拉裂纹构成的单次声发射事件[33]。通过计算,第一条张拉裂纹作用的持续时间为 0.21μs。在该条微裂纹开始生成后的 0.12μs,所产生的矩张量以近水平张拉分量为主,伴随着较小的近垂直压缩分量,且震源颗粒在微裂纹产生后向两侧移动;在 0.16μs 时,第二条张拉裂纹在前次张拉裂纹的震源颗粒区域内生成,根据前述假设,2 条微裂纹属于同一声发射事件。采用矩张量理论计算得到 2 条微裂纹矩张量的张拉和压缩分量均增大,且方向发生偏转。第二条微破裂作用的持续时间为 0.23μs,在该段时间内无新的微裂纹产生,表明此次声发射事件结束,持续总时间为 0.39μs。根据该段时间内两条微裂纹产生的最大矩张量标量力矩,由式(4.2.15)计算该声发射事件的破裂强度。

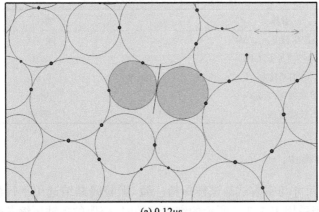

(a) 0.12μs

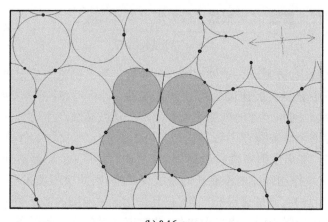

(b) 0.16μs

图 4.2.5　由 2 条张拉裂纹构成的单次声发射事件

4.3　应用案例

4.3.1　岩石破裂过程中声发射特性分析

1. 室内试验结果

赵兴东等[4]采用尺寸为 70mm×70mm×150mm(长×宽×高)的花岗岩试样开展岩石破裂全过程声发射特性试验研究,花岗岩物理力学性质如表 4.3.1 所示。试验所采用的声发射监测仪器是一套综合的、全波形数据采集处理系统,针对声发射事件发生时间、震源定位、静压力降等参数,可实现实时连续采集。

表 4.3.1　花岗岩物理力学性质

参数	数值
单轴抗压强度 σ_{ucs}/MPa	50~86
弹性模量 E/GPa	3.9
泊松比 ν	0.22
P 波波速/(m/s)	3815
S 波波速/(m/s)	2800

2. 颗粒流模拟

计算模型尺寸与室内试验试样保持一致,颗粒间黏结选用平行黏结模型。通过反复调试,当采用表 4.3.2 所示的细观参数时,获取的单轴压缩条件下颗粒流模型的抗压强度、弹性模量、泊松比分别为 57.76MPa、4.5GPa 和 0.23,与花岗岩试样的力学参数基本吻合。

表 4.3.2　黏结颗粒体模型的细观参数

参数	数值
最小颗粒半径 R_{min}/mm	0.6
最大与最小颗粒半径比 R_{max}/R_{min}	1.75
颗粒体密度 ρ/(kg/m³)	2810
粒间摩擦系数 μ	0.8
颗粒弹性模量 E_c/GPa	3.6
颗粒法向-切向刚度比 k_n/k_s	2.5
平行黏结半径系数 λ	1
平行黏结弹性模量 $\bar{E}_c$/GPa	3.6
平行黏结法向-切向刚度比 $\bar{k}_n/\bar{k}_s$	2.5
平行黏结法向强度平均值 $\sigma_{n\text{-mean}}$/MPa	40
平行黏结法向强度标准差 $\sigma_{n\text{-dev}}$/MPa	8
平行黏结切向强度平均值 $\tau_{s\text{-mean}}$/MPa	40
平行黏结切向强度标准差 $\tau_{s\text{-dev}}$/MPa	8

采用 4.2.2 节所述的声发射模拟方法及与赵兴东等[5]相同的试验过程,岩石试样破裂过程的全应力-应变曲线与声发射关系的试验结果、模拟结果如图 4.3.1 所示。图中监测点 O、A、B、C、D 分别对应的应力为 0、21MPa、31MPa、38MPa 和 44MPa,E 代表应力峰值点,F 代表残余应力点。

由图 4.3.1(a)可以看出,试样在达到峰值应力之前,弹性模量随应变的增加逐渐增大,峰值时刻应变约 1.5×10^{-2}。峰值强度后,应力迅速下降,试样表现出较强的脆性特征。在岩石全应力-应变曲线的各个阶段,其声发射随应变变化的试验结果具有如下特征:

(1) $O \sim A$ 点,试样处于压密阶段,基本没有声发射事件产生。

(2) $A \sim C$ 点,试样处于弹性变形阶段。其中,在 B 点处产生初始裂纹,表明起裂应力约 31MPa。该阶段声发射事件很少,振幅也较小。

(3) $C \sim D$ 点,声发射活动逐渐频繁,振幅和频率不断增大,表明试样内部裂纹开始稳定扩展。

(4) $D \sim E$ 点,声发射事件急剧增多,振幅加剧,释放能量较大,表明试样中裂纹处于非稳定扩展阶段。

(5) E 点之后,试样处于破坏阶段。声发射活动受压力机刚度限制较大,伴生裂纹无法被很好地捕捉。

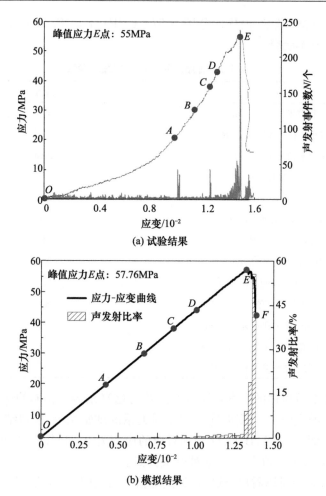

图 4.3.1　岩石试样破裂过程全应力-应变曲线与声发射的关系

由图 4.3.1(b)可以看出,试样达到峰值应力前,弹性模量基本不变,峰值时刻应变约 1.3×10^{-2},略小于试验结果。峰值强度后应力迅速下降,试样表现出较强的脆性特征。与室内试验不同,声发射模拟分析属于细观尺度模拟,采用声发射比率(声发射次数与总数之比)表征声发射特性较为合理。岩石全应力-应变曲线的各个阶段,其声发射随应变变化具有如下特征:

(1) $O \sim A$ 点,没有声发射事件产生。

(2) $A \sim B$ 点,声发射事件开始产生,但数量很少。计算结果显示,起裂应力约 28.44MPa,略低于试验结果。

(3) $B \sim D$ 点,声发射事件处于较低水平的稳定发展阶段。

(4) $D \sim E$ 点,声发射事件开始逐渐增加。尤其接近试样强度峰值时刻,声发射事件增加较为剧烈。

（5）$E\sim F$ 点，即试样强度峰后阶段，声发射事件较为强烈，声发射比率较高，与试验结果差别较大。

图 4.3.2 为岩石破裂声发射震源定位的试验结果。图 4.3.3 为岩石破裂声发射定位与破裂强度的模拟结果，其中，图 4.3.3(a)中声发射矩张量根据微裂纹产生时的震源信息由式(4.2.13)矩张量矩阵的特征值计算得到，图 4.3.3(b)中声发射破裂强度通过式(4.2.15)计算得到。

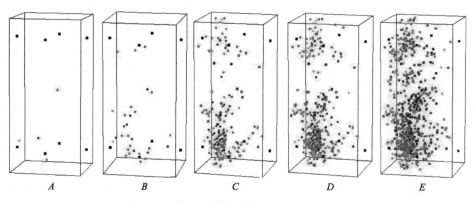

图 4.3.2　岩石破裂声发射震源定位试验结果

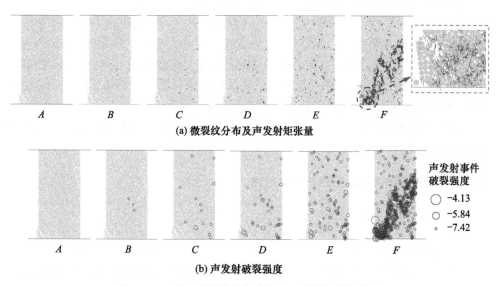

(a) 微裂纹分布及声发射矩张量

(b) 声发射破裂强度

图 4.3.3　岩石破裂声发射定位与破裂强度模拟结果

由图 4.3.2 的试验结果可以看出：①监测点 A、B，声发射事件较少，且在试样内部随机分布;②监测点 C、D,声发射事件逐渐增加,主要发生在试样左下部,呈局部集中化趋势,表明试样内部裂纹开始稳定扩展、逐渐成核,呈现出明显的裂纹扩展方向及空间演化形态;③监测点 E 即试样峰值强度时刻,声发射事件数已增长较多,主要沿试样中部左边界至底部中央分布,且破坏裂纹贯通形成宏观破裂带,试样发生宏观破坏。声发射事件的演化受模型非均质性的影响。

由图 4.3.3 的模拟结果可以看出:①监测点 A 之前,试样内部没有声发射事件发生;②监测点 B、C,声发射事件较少,在试样内部随机分布,且破裂强度均较低,为 $-7.54 \sim -5.0$;③监测点 D,声发射事件逐渐增多,破裂强度仍处于较低水平;部分声发射事件位置发生重叠现象,表明微裂纹局部成核;④监测点 E 即试样峰值强度时刻,声发射事件增长较多,破裂强度有所提高,微裂纹局部成核现象增加,但声发射产生位置在试样内部仍呈随机分布;⑤监测点 E 至 F 阶段,声发射事件迅速增加,破裂强度显著提高,且微裂纹迅速扩展、成核、形成宏观破坏。最终,形成了一条沿试样中部右侧至底部的宏观破裂带。

由图 4.3.1~图 4.3.3 可以看出,室内试验与模拟结果具有如下共同点:①岩石破裂过程全应力-应变以及声发射曲线虽然存在局部偏差,但是其发展规律基本一致;②在应力水平较低时,声发射事件数较少,且在试样内随机分布;③试样破坏后,形成沿模型中部至底部的宏观破裂带。

同时,模拟结果与试验结果分别具有各自特征:

(1) 声发射事件活动峰值点不同。试验结果显示,声发射事件数峰值主要集中在试样强度峰值阶段,并且试样中已形成较为明显的宏观破裂带;而模拟结果显示,声发射事件数峰值集中在试样峰值强度后,晚于试验结果,且宏观破裂带亦在该阶段形成。造成这种差异的原因主要是室内试验仪器监测精度问题,即试验过程中,峰值强度后由于试样破裂,声发射数据采集受限所致。

(2) 弹性模量不同。室内试验峰值强度之前试样弹性模量不断增大,数值模拟峰值强度之前的弹性模量基本不变。

4.3.2　基于矩张量的完整岩石破裂机理

1. 单轴压缩试验

1) 颗粒流模拟分析

本节采用颗粒流理论模拟岩石破裂过程,并通过矩张量反演岩石破裂机理及其演变规律。单轴压缩试验计算模型尺寸为 50mm×50mm×100mm,颗粒间黏结选用平行黏结模型。细观参数如表 4.3.3 所示。

表 4.3.3　黏结颗粒体模型的细观参数

参数	数值
最小颗粒半径 R_{min}/mm	0.7
最大与最小颗粒半径比 R_{max}/R_{min}	1.66
颗粒体密度 ρ/(kg/m³)	4109
粒间摩擦系数 μ	0.5
颗粒弹性模量 E_c/GPa	50
颗粒法向-切向刚度比 k_n/k_s	1
平行黏结半径系数 λ	1
平行黏结弹性模量 $\overline{E}_c$/GPa	30
平行黏结法向-切向刚度比 $\overline{k}_n/\overline{k}_s$	1
平行黏结法向强度平均值 $\sigma_{n\text{-mean}}$/MPa	30
平行黏结法向强度标准差 $\sigma_{n\text{-dev}}$/MPa	3
平行黏结切向强度平均值 $\tau_{s\text{-mean}}$/MPa	30
平行黏结切向强度标准差 $\tau_{s\text{-dev}}$/MPa	3

利用矩张量反演理论方法,岩石试样破裂过程全应力-应变曲线与声发射的关系模拟结果如图 4.3.4 所示。图中监测点 O、A、B、C 分别代表的应力值为 0、11.98MPa、23.21MPa 和 28.62MPa,D 代表应力峰值 37.57MPa,E 代表试验停止后残余应力值。模拟结果表明,试样在达到峰值应力前,弹性模量变化较小,峰值时刻应变值约为 10.72×10^{-4}。达到强度峰值后应力迅速下降,岩石试样表现出较强的脆性特征。

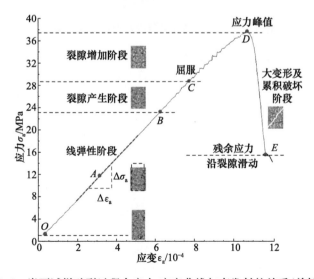

图 4.3.4　岩石试样破裂过程全应力-应变曲线与声发射的关系(单轴压缩)

　　根据震源机制 T-k 值分布图的不同区间,将声发射事件破裂类型分为线性张拉破裂($-1 \leqslant T \leqslant -0.4$ 且 $0.2 \leqslant k \leqslant 0.4$)、线性剪切破裂($0.4 \leqslant T \leqslant 1$ 且 $-0.4 \leqslant k \leqslant -0.2$)、双力偶剪切破裂($-0.2 \leqslant T \leqslant 0.2$ 且 $-0.2 \leqslant k \leqslant 0.2$)和中间主应力较大的混合破裂(区间剩余部分)。

　　图 4.3.5 为岩石试样破裂声发射定位模拟结果。图 4.3.6 为岩石试样破裂声发射定位与破裂强度的模拟结果,其中形状代表其破裂类型(圆形为线性张拉破裂、菱形为线性剪切破裂、正方形为双力偶剪切破裂、六角形为中间主应力较大的混合破裂),大小代表其矩震级大小。

图 4.3.5　岩石试样破裂声发射定位模拟结果

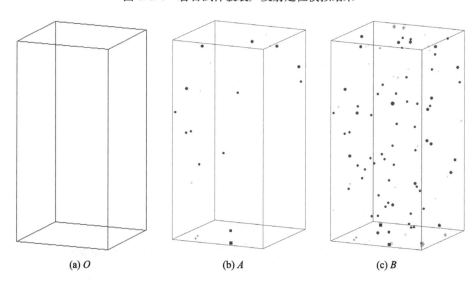

(a) O　　　　　　　　　　(b) A　　　　　　　　　　(c) B

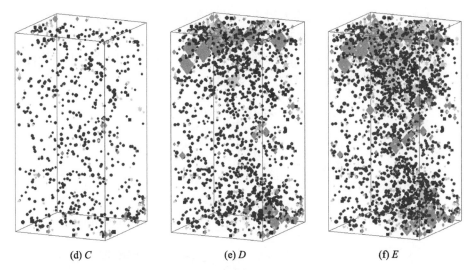

　　(d) C　　　　　　　　(e) D　　　　　　　　(f) E

图 4.3.6　岩石试样破裂声发射定位与破裂强度的模拟结果(单轴压缩)

2) 矩张量 T-k 参数分析

　　岩石单轴压缩破裂模拟结果中的各阶段破裂机理及其演变规律可通过 T-k 值分布图(图 4.3.7~图 4.3.12)、声发射事件各破裂类型裂纹的数量(图 4.3.13)和占比图(图 4.3.14)进行分析。

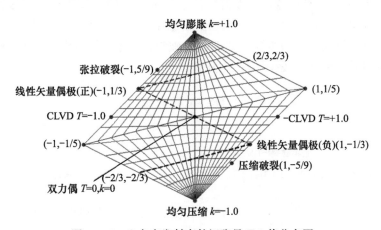

图 4.3.7　O 点声发射事件矩张量 T-k 值分布图

　　(1) 裂隙压密阶段(O 点):基本没有声发射事件产生。

　　(2) 线弹性阶段(A~B 点):如图 4.3.6(b)和(c)、图 4.3.8、图 4.3.9 所示,声发射事件开始少量出现,在试样内部随机分布,矩震级较小,为 -7.11~-6.70。初始裂纹产生于 A 点,初始破裂应力约为 11.98MPa。

　　图4.3.8中,A点位置的声发射事件矩张量T-k值主要分布于正线性矢量偶极点$(-1,1/3)$附近,零星分布于负线形矢量偶极点$(1,-1/3)$和双力偶点$(0,0)$附近。表明颗粒间初始破裂类型主要为线性张拉破裂,占比较高;伴随零星线性剪切破裂、双力偶剪切破裂和混合破裂,占比较低。

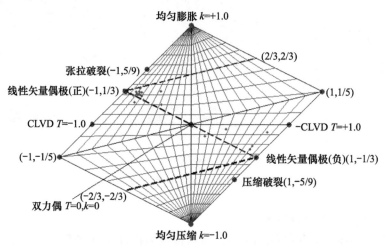

图4.3.8　A点声发射事件矩张量T-k值分布图

　　图4.3.9中,B点位置的声发射事件矩张量T-k值主要集中于正线性矢量偶极点$(-1,1/3)$周围,少量分布于负线形矢量偶极点$(1,-1/3)$和双力偶点$(0,0)$附近。表明声发射破裂类型主要为线性张拉破裂,占比升高;线性剪切破裂、双力偶剪切破裂和混合破裂仍较少,但占比升高。

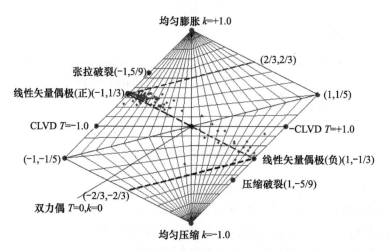

图4.3.9　B点声发射事件矩张量T-k值分布图

（3）微裂隙扩展阶段（C 点）：声发射事件逐渐增加，矩震级不断增大，少量声发射事件位置重叠，微裂纹局部成核并稳定扩展。

图 4.3.10 中，C 点位置的声发射事件矩张量 T-k 值主要集中于正线性矢量偶极点（$-1,1/3$）周围，负线性矢量偶极点（$1,-1/3$）附近的声发射事件开始集中，少量事件位于双力偶点（$0,0$）附近。表明声发射破裂类型主要为线性张拉破裂，占比升高；线性剪切破裂和双力偶破裂逐步增多，占比稳定；混合破裂明显增多，但占比有所降低。

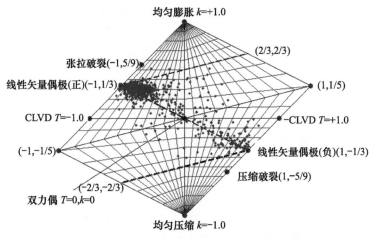

图 4.3.10　C 点声发射事件矩张量 T-k 值分布图

（4）微裂隙增加阶段（D 点）：声发射事件逐渐增加，矩震级增至最大，微裂纹局部成核现象增加并开始非稳定扩展。

图 4.3.11 中，D 点位置的声发射事件矩张量 T-k 值依然主要集中于正线性矢量偶极点（$-1,1/3$）周围，负线性矢量偶极点（$1,-1/3$）周围的声发射事件明显集中，而该区域的声发射事件占比较小，矩震级较大。表明声发射破裂类型主要为线性张拉破裂，但占比降低；线性剪切破裂和双力偶破裂逐步增多，占比较稳定；混合破裂明显增多，占比升高。

（5）大变形及累积破坏阶段（$D\sim E$ 点）：微裂纹迅速扩展、成核、逐渐形成宏观破坏。

图 4.3.12 中，E 点位置的声发射事件矩张量 T-k 值主要集中于正线性矢量偶极点（$-1,1/3$）周围；部分点在负线性矢量偶极点（$1,-1/3$）周围进一步集中，且矩震级较大。表明声发射破裂类型主要为线性张拉破裂，但占比降低；线性剪切破裂、双力偶破裂继续增多，占比稳定，混合破裂明显增多，占比持续升高。形成宏观破裂带，试样破坏。

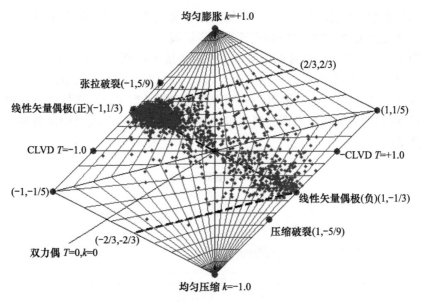

图 4.3.11　D 点声发射事件矩张量 T-k 值分布图

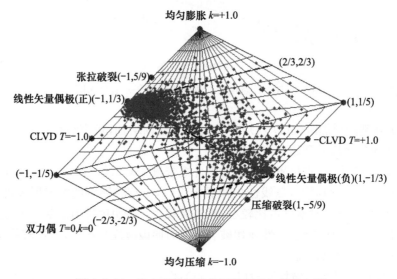

图 4.3.12　E 点声发射事件矩张量 T-k 值分布图

如图 4.3.13 和图 4.3.14 所示,岩石破裂过程中各阶段声发射事件数呈指数增长。结合图 4.3.6 可知,$O\sim A\sim B\sim C$ 阶段的破裂类型主要为线性张拉破裂,占比较高(50%以上),但矩震级较小;D 点破裂类型仍主要为张拉破裂(50%以上),各破裂类型的声发射事件数开始增多,且矩震级开始增大;E 点声发射破裂类型仍主要为线性张拉破裂(50%以上),但混合破裂裂纹的数量明显增多,线性剪切破裂和混合破裂的矩震级明显增大;应力峰值前后的线性剪切破裂和混合破裂的矩震级大于张拉破裂的矩震级。

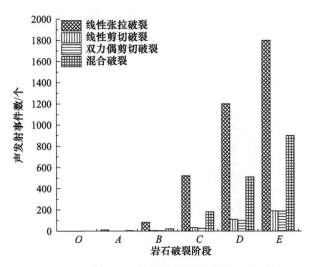

图 4.3.13　模拟过程中各阶段各破裂类型裂纹数量

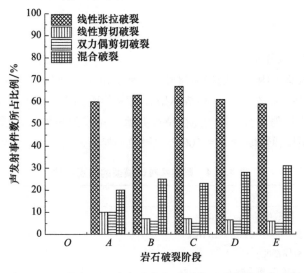

图 4.3.14　模拟过程中各阶段各破裂类型裂纹数量占比图

如图 4.3.15 所示,岩石试样破坏后的应力场分布规律为:主压应力分量(p 轴,＋表示)逐步向 z 轴(W 方向或 E 方向)附近±45°范围外扩展,分布于 x-y 平面方向(N-S 方向)附近的压应力分量(p 轴)逐步增多,主压应力分量(p 轴)在 z 轴(W 方向或 E 方向)附近±45°范围内沿 W-O、W-N、W-S 方向密度较大;主拉应力分量(t 轴,

• 表示)逐步在 x-y 平面±45°方向(O-N 和 O-S 中心)向 z 轴(W 方向或 E 方向)扩展,分布于 z 轴(W 方向或 E 方向)附近的拉应力分量(t 轴)明显呈现"8"字型分布,表明单轴压缩试验中试样的边界效应明显;主拉应力分量(t 轴)在 x 轴和 y 轴方向(N 方向、O 方向和 S 方向)的密度较大。

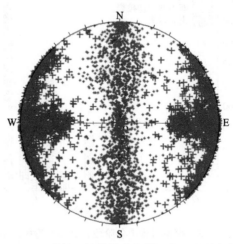

图 4.3.15　单轴压缩模拟声发射矩张量破裂方位图

2. 三轴压缩试验

1)颗粒流模拟分析

三轴压缩试验采用计算模型的尺寸为 $x=50\text{mm}$、$y=50\text{mm}$、$z=100\text{mm}$,加载方向为 z 轴,颗粒间黏结选用平行黏结模型。细观参数如表 4.3.4 所示。模拟试验围压为 10MPa。为加强岩石试样的脆性特征并增加声发射事件数,设置三轴压缩试验中岩石试样的颗粒弹性模量 $E_c=60\text{GPa}$,最小颗粒半径 $R_{\min}=0.3\text{mm}$。

表 4.3.4　黏结颗粒体模型的细观参数

参数	数值
最小颗粒半径 $R_{\min}/\text{mm}$	0.3
最大与最小颗粒半径比 $R_{\max}/R_{\min}$	1.66
颗粒体密度 $\rho/(\text{kg/m}^3)$	4109
粒间摩擦系数 μ	0.5
颗粒弹性模量 E_c/GPa	60
颗粒法向-切向刚度比 k_n/k_s	1
平行黏结半径系数 λ	1
平行黏结弹性模量 $\overline{E}_c/\text{GPa}$	30
平行黏结法向-切向刚度比 $\overline{k}_n/\overline{k}_s$	1
平行黏结法向强度平均值 $\sigma_{\text{n-mean}}/\text{MPa}$	30

续表

参数	数值
平行黏结法向强度标准差 $\sigma_{n\text{-}dev}$/MPa	3
平行黏结切向强度平均值 $\tau_{s\text{-}mean}$/MPa	30
平行黏结切向强度标准差 $\tau_{s\text{-}dev}$/MPa	3

图 4.3.16 为岩石试样破裂声发射定位与破裂强度模拟结果。其中,声发射事件的形状代表破裂类型(圆形为线性张拉破裂、菱形为线性剪切破裂、正方形为双力偶剪切破裂、六角形为中间主应力较大的混合破裂),事件大小代表其矩震级大小。

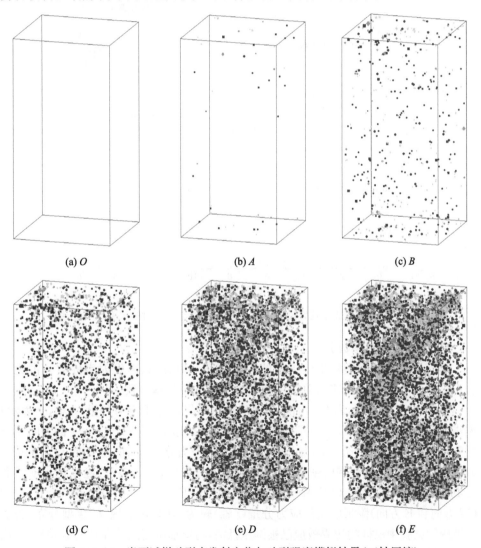

(a) O　　　　　　(b) A　　　　　　(c) B

(d) C　　　　　　(e) D　　　　　　(f) E

图 4.3.16　岩石试样破裂声发射定位与破裂强度模拟结果(三轴压缩)

　　利用矩张量反演理论,模拟岩石试样破裂过程的全应力-应变曲线与声发射的关系,如图 4.3.17 所示。图中监测点 O、A、B、C 分别代表的应力为 0、28.51MPa、41.26MPa 和 50.02MPa,D 代表应力峰值 65.62MPa,E 代表试验停止后的残余应力。

　　图 4.3.17 模拟结果表明,试样达到峰值应力之前,弹性模量变化较小,峰值时刻应变约为 13.52×10^{-4}。达到强度峰值后应力迅速下降,岩石试样表现出较强脆性特征。

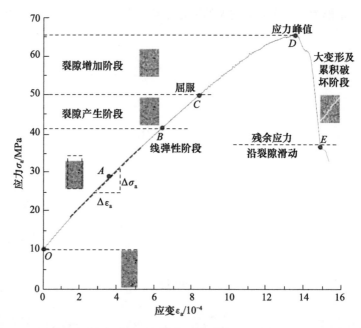

图 4.3.17　岩石试样破裂过程全应力-应变曲线与声发射的关系(三轴压缩)

2) 矩张量 $T\text{-}k$ 参数分析

　　岩石三轴压缩破裂模拟结果中的各阶段 $T\text{-}k$ 值分布、声发射事件数和占比等岩石破裂参数的演变规律与单轴压缩模拟分析结果基本一致。

　　如图 4.3.18 所示,岩石三轴压缩破裂模拟结果的主压应力分量(p 轴,十表示)逐步向 z 轴(W 方向或 E 方向)附近±45°范围外均匀扩展,分布于 $x\text{-}y$ 平面方向(N-S方向)附近的主压应力分量(p 轴)逐步增多,主压应力分量(p 轴)在 z 轴(W 方向或 E方向)附近±45°方向范围内密度较大;主拉应力分量(t 轴,·表示)逐步在 $x\text{-}y$ 平面±45°方向(O-N 和 O-S 中心)向 z 轴(W-E 方向)扩展,分布于 z 轴(W 方向和 E 方向)附近的主拉应力分量(t 轴)较为集中,未呈现"8"字型分布,表明三轴压缩试验中试样的边界效应已被围压抵消,与单轴压缩试验存在明显差异;主拉应力分量(t 轴)在 x 轴和 y 轴方向(N 方向、O 方向和 S 方向)的密度较大。

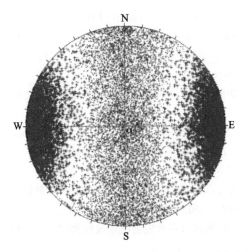

图 4.3.18　三轴压缩试验声发射矩张量破裂方位图

4.4　本章小结

本章以矩张量理论为基础,结合颗粒流理论探讨了细观尺度的岩石声发射模拟方法,研究了完整岩石在单轴和三轴压缩试验条件下的破裂机理,主要结论如下:

(1) 基于矩张量理论的声发射细观模拟方法,可同时获取声发射事件发生的时间、空间、破裂强度等特征,再现岩石裂纹孕育、扩展和贯通过程,揭示岩石的破坏机理。

(2) 基于矩张量理论和 $T\text{-}k$ 参数表示法对 PFC 软件模拟单轴压缩、三轴压缩岩石试样进行了破裂机理及其演变规律分析,计算了岩石破裂过程中所产生的声发射事件空间位置、矩震级、矩张量、破裂类型、破裂方位、$T\text{-}k$ 参数值等,为分析岩体稳定性及其发展趋势提供一种新的技术手段,是传统分析方法的有效补充。

(3) 以颗粒流法和 PFC 软件为平台,根据矩张量理论构建的声发射模拟方法及所得结论,可弥补室内声发射试验研究的不足,为岩石破裂机制和声发射特性的科学分类、判别与验证提供有力支撑。

参 考 文 献

[1]　Lockner D. The role of acoustic emission in the study of rock fracture. International Journal of Rock Mechanics and Mining Sciences & Geomechanics Abstracts,1993,30(7):883-899.

[2]　Kaiser J. Erkenntnisse und Folgerungen aus der Messung von Geräuschen bei Zugbeanspruchung von metallischen Werkstoffen. Archiv für das Eisenhüttenwesen,1953,24(1):43-45.

[3] Li C, Nordlund E. Experimental verification of the Kaiser effect in rocks. Rock Mechanics and Rock Engineering, 1993, 26(4):333-351.

[4] 赵兴东, 唐春安, 李元辉, 等. 花岗岩破裂全过程的声发射特性研究. 岩石力学与工程学报, 2006, 25(S2):3673-3678.

[5] 赵兴东, 李元辉, 袁瑞甫, 等. 基于声发射定位的岩石裂纹动态演化过程研究. 岩石力学与工程学报, 2007, 26(5):944-950.

[6] He M C, Miao J L, Feng J L. Rock burst process of limestone and its acoustic emission characteristics under true-triaxial unloading conditions. International Journal of Rock Mechanics and Mining Sciences, 2010, 47(2):286-298.

[7] 纪洪广, 王宏伟, 曹善忠, 等. 花岗岩单轴受压条件下声发射信号频率特征试验研究. 岩石力学与工程学报, 2012, 31(S1):2900-2905.

[8] 李曼, 秦四清, 马平, 等. 利用岩石声发射凯塞效应测定岩体地应力. 工程地质学报, 2008, 16(6):833-838.

[9] 刘希灵, 李夕兵, 宫凤强, 等. 露天开采台阶面下伏空区安全隔离层厚度及声发射监测. 岩石力学与工程学报, 2012, 31(S1):3357-3362.

[10] Knopoff L, Randall M J. The compensated linear-vector dipole: A possible mechanism for deep earthquakes. Journal of Geophysical Research, 1970, 75(26):4957-4963.

[11] Walter W R, Brune J N. Spectra of seismic radiation from a tensile crack. Journal of Geophysical Research: Solid Earth, 1993, 98(B3):4449-4459.

[12] Zang A, Wagner F C, Stanchits S, et al. Source analysis of acoustic emissions in Aue granite cores under symmetric and asymmetric compressive loads. Geophysical Journal International, 1998, 135(3):1113-1130.

[13] Julian B R, Miller A D, Foulger G R. Non-double-couple earthquakes 1. Theory. Reviews of Geophysics, 1998, 36(4):525-549.

[14] Yu H Z, Zhu Q Y, Yin X C, et al. Moment tensor analysis of the acoustic emission source in the rock damage process. Progress in Natural Science, 2005, 15(7):609-613.

[15] Gilbert F. Excitation of the normal modes of the Earth by earthquake sources. Geophysical Journal International, 1971, 22(2):223-226.

[16] Feignier B, Young R P. Moment tensor inversion of induced microseisnmic events: Evidence of non-shear failures in the $-4 < M < -2$ moment magnitude range. Geophysical Research Letters, 1992, 19(14):1503-1506.

[17] Ohtsu M. Acoustic emission theory for moment tensor analysis. Research in Nondestructive Evaluation, 1995, 6(3):169-184.

[18] 曹安业, 窦林名, 江衡, 等. 采动煤岩不同破裂模式下的能量辐射与应力降特征. 采矿与安全工程学报, 2011, 28(3):350-355.

[19] 吴顺川, 黄小庆, 陈钒, 等. 岩体破裂矩张量反演方法及其应用. 岩土力学, 2016, 37(S1):1-18.

[20] 柴金飞, 吴顺川, 高永涛, 等. 基于矩张量 PT 图的岩石单轴压缩破裂机理研究. 中国矿业

大学学报,2016,45(3):500-506.

[21]　Richards P G,Aki K. Quantitative Seismology:Theory and Methods. New York:Freeman, 1980.

[22]　Finck F,Kurz J H,Grosse C U,et al. Advances in moment tensor inversion for civil engineering//International Symposium on Non-Destructive Testing in Civil Engineering. Berlin,2003.

[23]　Cesca S,Rohr A,Dahm T. Discrimination of induced seismicity by full moment tensor inversion and decomposition. Journal of Seismology,2013,17(1):147-163.

[24]　Sipkin S A. Interpretation of non-double-couple earthquake mechanisms derived from moment tensor inversion. Journal of Geophysical Research:Solid Earth,1986,91(B1):531-547.

[25]　Dziewonski A M,Chou T A,Woodhouse J H. Determination of earthquake source parameters from waveform data for studies of global and regional seismicity. Journal of Geophysical Research:Solid Earth,1981,86(B4):2825-2852.

[26]　Hudson J A,Pearce R G,Rogers R M. Source type plot for inversion of the moment tensor. Journal of Geophysical Research:Solid Earth,1989,94(B1):765-774.

[27]　Pearce R G,Rogers R M. Determination of earthquake moment tensors from teleseismic relative amplitude observations. Journal of Geophysical Research:Solid Earth, 1989, 94(B1):775-786.

[28]　Bowers D,Hudson J A. Defining the scalar moment of a seismic source with a general moment tensor. Bulletin of the Seismological Society of America,1999,89(5):1390-1394.

[29]　Main I G,Meredith P G. Classification of earthquake precursors from a fracture mechanics model. Tectonophysics,1989,167(2-4):273-283.

[30]　Hazzard J F,Young R P. Moment tensors and micromechanical models. Tectonophysics, 2002,356(1-3):181-197.

[31]　Hazzard J F,Young R P. Dynamic modelling of induced seismicity. International Journal of Rock Mechanics and Mining Sciences,2004,41(8):1365-1376.

[32]　Madariaga R. Dynamics of an expanding circular fault. Bulletin of the Seismological Society of America,1976,66:639-666.

[33]　周喻,吴顺川,许学良,等. 岩石破裂过程中声发射特性的颗粒流分析. 岩石力学与工程学报,2013,32(5):951-959.

第5章 脆性岩石力学特性模拟方法

5.1 脆性岩石力学特性和现象

1. 脆性岩石的三个特征

对岩石变形规律和破裂机理的研究是岩石力学界的持久难题之一。岩石因形成过程、组成成分、赋存地质环境的复杂性,呈现出不连续性、非均匀性、各向异性和峰后脆延性等特征,进而增加了准确获取岩石力学性质的不确定性。一般通过室内试验或原位试验得到岩石力学性质,包括单轴抗拉强度、单轴抗压强度、三轴抗压强度、黏聚力和内摩擦角等强度参数,弹性模量、泊松比等变形参数,Ⅰ类脆性、Ⅱ类脆性和塑性、延性等峰后行为。试验表明,岩石试验结果具有很大的离散性,即使在同一区域的同一种类岩石,也会表现出不同的变形特征和强度参数[1,2]。

通常,完整脆性岩石的室内试验结果呈现三个显著特征(图 5.1.1):①高压拉比,表现为单轴抗压强度(uniaxial compressive strength, UCS)大,而抗拉强度(tensile strength, TS)非常小,压拉比一般介于 10~20[3];②大内摩擦角,以至于破碎块体在破裂面上难以自由滑动[4];③非线性强度包络线采用 HB 强度参数 m_i 表示,m_i 比较大,根据统计结果,m_i 一般介于 2~35[5,6]。

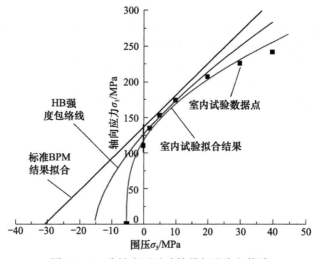

图 5.1.1　脆性岩石试验结果与强度包络线

2. 深地脆性岩石的三个力学现象

在深地条件下,受"三高一扰动"作用,深部工程围岩的地质力学环境较浅部发生了很大变化,从而使深部岩体表现出特有的力学特征现象[7]:

(1) 深部岩体的脆-延性转化。试验研究表明[8~11],岩石在不同围压条件下表现出不同的峰后特性,最终破坏时应变值也不相同。在浅部(低围压)开采中,岩石破坏以脆性为主,通常没有或仅有少量的永久变形或塑性变形;而进入深部开采以后,在"三高一扰动"作用下,岩石表现出的实际就是其峰后强度特性,在高围压作用下可能转化为延性,破坏时其永久变形量大于浅部。

(2) 围岩分区破裂化现象。按照传统的连续介质弹塑性力学理论,浅部巷道开挖后围岩从内到外依次为破裂区、塑性区和弹性区,而在深部岩体工程中开挖硐室或坑道时,在其硐室围岩中会产生交替的破裂区和非破裂区的现象,这种现象称为分区破裂化现象[12~14]。分区破裂化现象的存在体现了深部巷道围岩应力场的复杂性。

(3) 岩爆现象。岩爆是深部硬岩开挖过程中,由开挖卸荷作用导致围岩中的应力重分布产生应力集中,在能量积聚过程中,当荷载超过围岩体的承受能力或受外界扰动时而发生的围岩动力弹射现象[15,16]。随着埋深和地应力的增加,岩爆发生的频率和强度均增大。

5.2 经典黏结颗粒体模型及其不足

1. 经典黏结颗粒体模型模拟脆性岩石存在的问题

颗粒离散单元法在模拟岩石或类岩石问题上发挥着越来越重要的作用,但在模拟脆性岩石时存在一些显著缺陷。研究者在运用最早提出的黏结颗粒体模型(为区别于改进的黏结颗粒体模型,后文称之为标准 BPM)进行室内试验研究时发现如下三个显著缺陷[3,17~20],如图 5.2.1 所示。

(1) 压拉比过低,一般介于 3~7,而实际脆性岩石的压拉比介于 10~20[11],即当模型匹配了单轴抗压强度时,单轴抗拉强度偏大。

(2) 细观模型计算得到的宏观内摩擦角过小。

(3) 强度包络线呈线性,而室内试验结果表明,岩石强度包络线是非线性的,即 HB 强度参数 m_i 偏小。

2. 标准 BPM

Cundall 等[21,22]将不规则散体简化为圆盘(2D)或球形(3D)颗粒,大幅减少了描述单个颗粒的尺寸参数,对于成千上万个颗粒组成的集合体,显著提高了模型计算效率。标准 BPM 将颗粒视为刚性圆盘或球体,颗粒之间通过一定厚度的平行黏结进行胶结,黏结可视为两组相互垂直的弹簧:一组平行于颗粒接触面,限制颗粒间相对剪切作用;另一组垂直于颗粒接触面,限制颗粒间压缩或拉伸作用。每组弹簧均有一定的刚度和强度。因此,BPM 可以传递和承受合力和合力矩,如图 5.2.2 所示[18]。

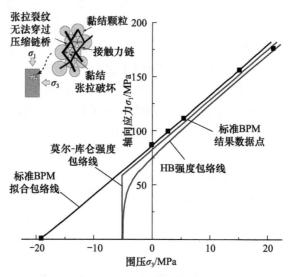

图 5.2.1　脆性岩石三种强度包络线

标准 BPM 拟合结果为直线,莫尔-库仑强度包络线和 HB 强度包络线来源于文献[3]、[17]

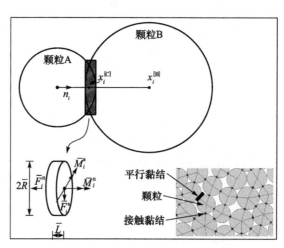

图 5.2.2　经典黏结颗粒体模型力-位移关系(修改自文献[18])

1) 最大张拉应力和剪切应力

在三维条件下,当平行黏结上的应力超过相应的强度时,黏结破裂消失或半径退化为 0。作用在平行黏结上的最大张拉应力和剪切应力为

$$
\begin{cases}
\sigma_{\max} = \dfrac{-\bar{F}_i^{\mathrm{n}}}{A} + \dfrac{|\bar{M}_i^{\mathrm{s}}|}{I}\bar{R} \\
\tau_{\max} = \dfrac{\bar{F}_i^{\mathrm{s}}}{A} + \dfrac{|\bar{M}_i^{\mathrm{n}}|}{J}\bar{R}
\end{cases}
\tag{5.2.1}
$$

式中,$\bar{F}_i^{\mathrm{n}}$、$\bar{F}_i^{\mathrm{s}}$ 分别表示颗粒作用在接触上的法向和切向应力;$\bar{M}_i^{\mathrm{n}}$、$\bar{M}_i^{\mathrm{s}}$ 分别表示平行黏结上的扭矩和弯矩;$\bar{R}$ 代表颗粒 A 和颗粒 B 的平均半径;A、I 和 J 分别表示平行黏结横截面面积、惯性矩和极惯性矩,即

$$
\begin{cases}
A = \pi \bar{R}^2 \\
I = \dfrac{1}{4}\pi \bar{R}^4 \\
J = \dfrac{1}{2}\pi \bar{R}^4
\end{cases}
\tag{5.2.2}
$$

2) 平行黏结破裂准则

平行黏结通过动态松弛法迭代更新应力大小,同时与黏结强度比较,判断黏结是否破裂。平行黏结包括两种破裂准则:一个是抗拉强度破裂准则,当最大张拉应力 $\sigma_{\max}$ 大于平行黏结抗拉强度 σ_{b} 时,产生张拉破裂,同时在接触中心位置显示张拉裂纹,如图 5.2.3(a)所示;另一个是剪切强度破裂准则,当最大剪切应力 $\tau_{\max}$ 大于平行黏结剪切强度 τ_{b} 时,产生剪切破裂,同时在接触中心位置显示剪切裂纹,如图 5.2.3(b)所示。

3. 标准 BPM 的不足

通过对标准 BPM 颗粒形状及本构关系的分析,认为导致标准 BPM 模拟脆性岩石存在显著缺陷的主要原因包括:

(1) 标准 BPM 中的颗粒为圆盘或球形规则颗粒,无法提供足够的自锁效应。

(2) 平行黏结和圆盘或球形颗粒不能提供合适的旋转阻抗。

(3) 黏结剪切强度与法向应力无关。图 5.2.3(b)平行黏结的剪切强度破裂准则表明平行黏结上的剪切强度与法向正应力无关,与实际物理行为不符。

(4) 大量试验结果表明,完整岩石本身存在裂纹,如节理、纹理、颗粒交界面等天然缺陷,而标准 BPM 中缺少预制裂纹。

由于标准 BPM 存在上述不足,本章后续章节将以等效晶质模型和平节理模型为代表,开展脆性岩石力学行为的分析探讨。

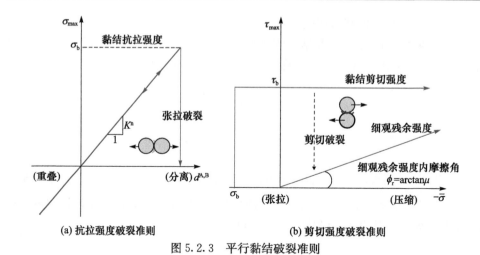

(a) 抗拉强度破裂准则　　　　　　　　(b) 剪切强度破裂准则

图 5.2.3　平行黏结破裂准则

5.3　等效晶质模型及其应用

根据上述分析,造成标准 BPM 模拟脆性岩石存在三个显著缺陷的原因主要集中在两个方面:一是采用球形颗粒代表不规则颗粒;二是本构关系,集中体现在接触本构模型上。针对第一方面,Potyondy[23]、Kazerani 等[24] 提出了能分别描述颗粒和颗粒之间相互作用的等效晶质模型。等效晶质模型修改球形颗粒为不规则形状,增加了颗粒的自锁效应,有效表达了岩石颗粒的性质和颗粒之间相互作用关系。

5.3.1　等效晶质模型构建

等效晶质模型由颗粒体模型和光滑节理模型共同构建,颗粒体模型和光滑节理模型分别表征岩石中的晶质体和晶质网络结构面。晶质网络结构由覆盖整个计算区域的不规则多边形网格组成,网格之间没有间隙。网格的边界可以在计算区域内部(毗邻两个网格),也可以在计算区域边界上(毗邻单个网格)。因此,每个多边形网格及其边缘分别对应于晶质体及其之间的网络结构面。

等效晶质模型所表征岩石材料的力学性质与晶质体及网络结构面的性质相关,在受力作用下,两者均可发生变形和破坏。表征晶质体的颗粒体模型类似于胶结的岩石颗粒体材料;而表征晶质网络结构面的光滑节理模型类似于岩石颗粒体材料之间的黏结面。晶质体破裂时,由其内部的颗粒体模型破坏表示;晶质网络结构面破裂时,由其通过处的光滑节理模型破坏表示。

1. 试验数据来源

张帆等[25] 采用 MTS815 电液伺服岩石试验系统开展了花岗岩试样单轴拉伸、单轴压缩及三轴压缩试验,获取了试样应力-应变全过程曲线,研究了花岗岩力学特性与本构关系。试验所用花岗岩样品取自三峡水利枢纽坝址,经 X 射线衍射分析,试样主要矿物成分及其含量分别为黑云母 20%、石英 25%、长石 45%。其中,长石、石英等矿物自身强度较高,且具有较强的抗风化能力,而云母等矿物自身强度相对较低。研究指出,花岗岩微观结构类型可划分为呈不规则多边形的全晶质结构(图 5.3.1(a))、半自形结构(图 5.3.1(b))与半晶质结构(图 5.3.1(c)),其反映了岩浆在地壳浅部缓慢冷却结晶的环境及矿物的正常析出顺序。花岗岩矿物按颗粒直径 d 可分为粗粒($d \geqslant 5$mm)、中粒(1mm$\leqslant d < 5$mm)、细粒(0.1mm$\leqslant d < 1$mm)、微粒($d < 0.1$mm)等结构;按矿物颗粒度相对大小可划分为等粒(图 5.3.1(d))、不等粒和似斑状花岗岩结构。

(a) 全晶质结构　　　　　　　　　　(b) 半自形结构

(c) 半晶质结构　　　　　　　　　　(d) 等粒结构

图 5.3.1　花岗岩微观结构电子显微镜照片[25]

以下结合张帆等[25]的室内岩石力学试验数据及结果,通过计算结果与试验结果的对比分析,验证等效晶质模型在脆性岩石力学特征研究中的适宜性与可靠性。

2. 晶质网络结构

晶质网络结构的构建过程主要包含四个步骤[26]:①建立不包含墙体的颗粒压缩

体,每个颗粒至少有两个接触,如图5.3.2(a)所示,其中接触采用直线段表示;②通过闭合接触链将整个体系划分为一个外部空间及由外部空间包围的许多内部空间,内部空间由图5.3.2(b)中的圆点表征,每个接触与两个空间相邻;③将不与外部空间相邻的颗粒定义为内部颗粒,每个内部颗粒对应一个晶质网格,其晶质网格边界线为两个内部空间中心的连线,如图5.3.2(c)所示;④生成晶质网络结构,并保存其空间几何信息,如图5.3.2(d)所示。

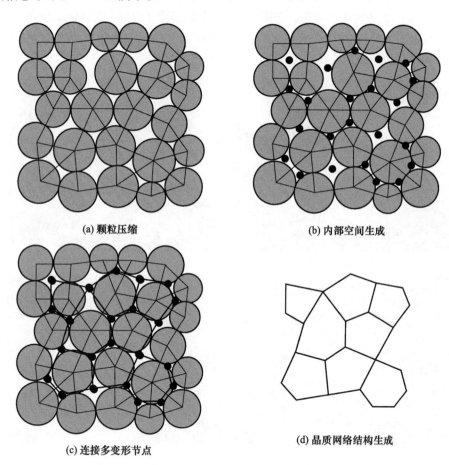

(a) 颗粒压缩　　　　　　　　　　(b) 内部空间生成

(c) 连接多变形节点　　　　　　　　(d) 晶质网络结构生成

图5.3.2　晶质网络结构的构建过程[26]

　　结合试样主要矿物成分及其含量,采用上述晶质网络结构的生成步骤,同时按均匀分布函数随机选取晶质网格表征不同的矿物成分,便可建立与试验花岗岩试样细观结构具有统计相似性的晶质网络结构,如图5.3.3(a)所示。图中三类不规则多边形分别代表黑云母、石英、长石等花岗岩矿物。黑云母、石英、长石等矿物颗粒直径均值分别为4mm、5mm和6mm,成分占比分别为23%、28%、49%。

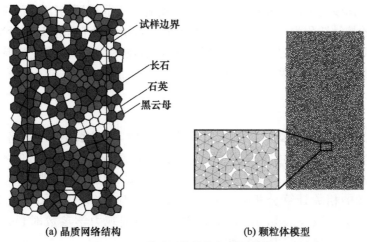

| (a) 晶质网络结构 | (b) 颗粒体模型 |

图 5.3.3　晶质网络结构与颗粒体模型

3. 颗粒体模型

颗粒体模型尺寸为 $100\text{mm} \times 50\text{mm}$,由一系列圆盘颗粒组成,如图 5.3.3(b)所示。模型中颗粒总数为 5173 个。颗粒最小半径 $R_{\min} = 0.40\text{mm}$,最大半径 $R_{\max} = 0.66\text{mm}$,颗粒半径 $R_{\min} \sim R_{\max}$ 符合高斯分布。通过循环计算,生成密实挤压的颗粒体模型,确保每个颗粒均有三个以上颗粒与之接触。

4. 等效晶质模型

首先,确保晶质网络结构与颗粒体模型几何中心对应,将晶质网络结构叠加于颗粒体模型之上,根据晶质网络结构的空间几何信息,颗粒体模型被晶质网络结构划分为紧密相邻的晶质体;然后,在晶质网络结构面通过处,将原颗粒体模型中颗粒接触模型更换为光滑节理模型,即可构建表征实际花岗岩细观结构特征的等效晶质模型,如图 5.3.4 所示。

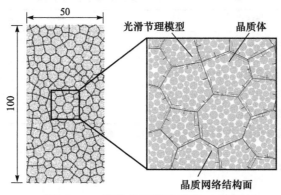

图 5.3.4　等效晶质模型(单位:mm)

当颗粒体模型中嵌入光滑节理模型后,所有位于晶质网络结构面两侧相邻颗粒间的原始接触转化为光滑节理模型,相邻颗粒可沿光滑节理模型进行平行滑动,而非沿着颗粒表面滑动,从而消除采用传统颗粒流法模拟时产生的"颠簸"效应,光滑节理模型具体介绍详见 3.2.2 节。

5. 细观力学参数

计算分析前,赋予模型假定的细观力学参数,通过数值试验,将计算获取的宏观力学参数与试样室内试验结果对比,通过对细观力学参数的不断调试,当计算结果与试验结果基本一致时,便可将调试后获取的细观力学参数应用于模型后续的相关计算分析中。经反复调试匹配,当采用表 5.3.1 的颗粒体模型细观力学参数及表 5.3.2 的光滑节理模型细观力学参数时,可较为准确地描述试验岩石材料的力学特性。

表 5.3.1 颗粒体模型的细观力学参数

参数	黑云母	石英	长石
粒间摩擦系数 μ	0.5	0.5	0.5
颗粒弹性模量 E_c/GPa	30	70	50
颗粒法向-切向刚度比 k_n/k_s	2.5	2.5	2.5
平行黏结半径系数 $\bar{\lambda}$	1	1	1
平行黏结弹性模量 $\bar{E}_c$/GPa	30	70	50
平行黏结法向-切向刚度比 $\bar{k}_n/\bar{k}_s$	2.5	2.5	2.5
平行黏结抗拉强度 $\bar{\sigma}_c$/MPa	350	550	450
平行黏结黏聚力 $\bar{C}$/MPa	700	1100	900
平行黏结摩擦角 $\bar{\phi}$/(°)	20	40	30

表 5.3.2 光滑节理模型的细观力学参数

参数	数值
法向刚度 sj_kn/(N/m)	$0.55I_n$
切向刚度 sj_ks/(N/m)	$0.55I_s$
抗拉强度 σ_b/MPa	11
黏结黏聚力 C_b/MPa	110
黏结摩擦角 ϕ_i/(°)	23

注:I_n、I_s 分别为光滑节理法向刚度、切向刚度的相关系数。

5.3.2 试验验证

开展花岗岩等效晶质模型单轴拉伸、单轴压缩、三轴压缩数值试验,通过与室内试验数据的对比分析,验证其在岩石力学特征研究中的适宜性与可靠性,并从细观角度分析岩石在加载过程中的破裂机理和强度特性。

1. 破裂机理

在单轴拉伸、单轴压缩、三轴压缩(围压 5MPa、35MPa)条件下,花岗岩等效晶质模型破坏时的裂纹分布如图 5.3.5 所示。其中,晶质体边界上的张拉裂纹与剪切裂纹由光滑节理模型破坏产生,晶质体内部的张拉裂纹由颗粒体模型内部平行黏结破坏产生。图 5.3.6 为岩石试样在单轴压缩、三轴压缩(围压 35MPa)加载破坏后的宏观破裂分布情况。以下结合图 5.3.5 与图 5.3.6,对岩石的破裂机理进行初步分析。

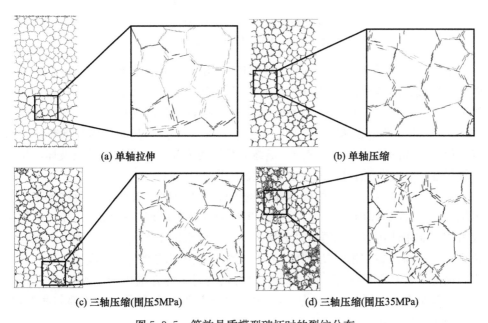

(a) 单轴拉伸　　　　　　　　　　　(b) 单轴压缩

(c) 三轴压缩(围压5MPa)　　　　　　(d) 三轴压缩(围压35MPa)

图 5.3.5　等效晶质模型破坏时的裂纹分布

由图 5.3.5(a)所示,在单轴拉伸条件下,等效晶质模型破坏时,裂纹全为光滑节理模型破裂产生的张拉裂纹,且近似沿与轴向加载垂直的方向孕育扩展。表明岩石在单轴拉伸条件下产生的与轴向加载方向垂直的宏观断裂主要由相邻晶质体边界上的黏结破坏形成,且宏观断裂面凹凸不平。

图 5.3.5(b)为等效晶质模型在单轴压缩加载破坏时的裂纹分布,等效晶质模型破坏以相邻晶质体边界上光滑节理模型破裂产生的张拉裂纹为主,同时伴随少量的剪切裂纹。另外,由于局部晶质体中颗粒体模型强度相对较低,晶质体内部产生了少量拉伸裂纹。最终加载轴线方向上光滑节理模型破裂产生的

裂纹贯通,导致岩石沿轴向的宏观劈裂破坏。图5.3.6(a)为花岗岩试样单轴压缩破坏试验结果,其宏观断裂面主要与加载轴向平行,与模拟计算结果较为一致。

(a) 单轴压缩　　　　　(b) 三轴压缩

图5.3.6　室内试验试样破坏情况

　　图5.3.5(c)为等效晶质模型在低围压(5MPa)加载破坏时的裂纹分布。与单轴压缩加载破坏类似,在低围压加载时,等效晶质模型破坏以相邻晶质体边界上光滑节理模型破裂产生的张拉裂纹为主,同时伴随着少量的剪切裂纹。与单轴压缩相比,光滑节理模型破坏产生的剪切裂纹相对增加;另外,晶质体内部颗粒体模型发生拉伸破坏的区域也相对增加。最终加载轴线方向上光滑节理模型破坏产生的裂纹贯通,导致岩石沿轴向发生宏观劈裂破坏。

　　图5.3.5(d)为等效晶质模型在高围压(35MPa)加载破坏时的裂纹分布。随着围压增大,晶质体内部颗粒体模型发生拉伸破坏的区域显著增加;同时,剪切裂纹占相邻晶质体边界上光滑节理破裂裂纹的比例也逐步增大。晶质体内部颗粒体模型发生拉伸破裂与相邻晶质体边界上光滑节理模型破裂共同形成了贯通岩石顶部与底部的宏观剪切破坏。图5.3.6(b)为花岗岩试样在围压为35MPa时的三轴压缩试验结果,与计算结果较为一致,其宏观断裂面主要贯通岩石顶部与底部,且与加载轴向成一定夹角。

　　上述等效晶质模型计算与试样破坏模式的对比分析结果表明,采用等效晶质模型研究脆性岩石的力学特征是可行的。

　　2. 强度特性

　　图5.3.7为等效晶质模型在单轴拉伸试验过程中的应力-应变曲线。当拉伸应变达到0.0182×10^{-2}时,轴向应力达到峰值抗拉强度,约7.5MPa,之后等效晶质模型表现出较强的脆性拉伸破坏特征。

　　图5.3.8为等效晶质模型在单轴压缩、三轴压缩试验过程中的应力-应变曲线。随着围压的增大,等效晶质模型峰值抗压强度不断增大,峰值强度对应的应变值亦不

断增大。在单轴压缩条件下,等效晶质模型应力-应变曲线达到峰值强度后迅速降低,试样表现出较强的脆性特征;在低围压条件下,应力-应变曲线逐渐呈现应变软化现象,试样脆性特征逐渐减弱;随围压的继续增大,试样破坏特征由脆性转变为延性。

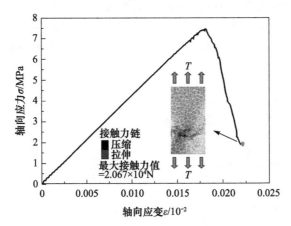

图 5.3.7　等效晶质模型单轴拉伸试验应力-应变曲线

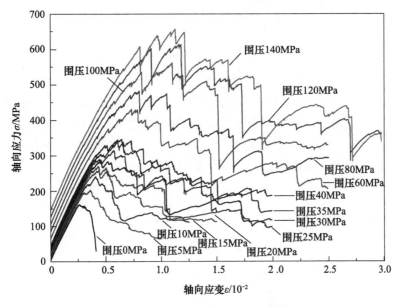

图 5.3.8　等效晶质模型压缩试验应力-应变曲线

Hoek 等[27,28]在分析和修正格里菲斯(Griffith)理论时,通过对大量岩石单轴、三轴试验资料和现场试验成果的统计分析,用试错法导出了岩块和岩体破坏时极限主应力之间的关系,即 HB 强度准则。

根据等效晶质模型单轴拉伸、单轴压缩、三轴压缩试验结果,在 σ_1-σ_3 直角坐标

系中按 HB 强度准则进行拟合,拟合曲线如图 5.3.9 所示。拟合函数为

$$\sigma_1 = \sigma_3 + 161 \times \left(18.7 \frac{\sigma_3}{161} + 0.8725\right)^{0.4045} \tag{5.3.1}$$

其中,拟合函数的相关系数为 0.9963,表明等效晶质模型计算强度的非线性特征能较好地采用 HB 强度准则描述。由图 5.3.9 可知,等效晶质模型的单轴抗压强度与单轴抗拉强度比值为 161MPa/7.5MPa＝21.47,表明等效晶质模型可用于岩石脆性特性分析。

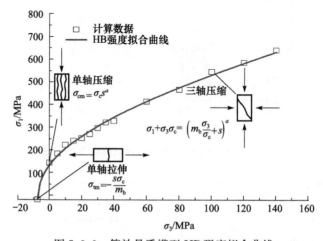

图 5.3.9　等效晶质模型 HB 强度拟合曲线

图 5.3.10 为多组脆性岩石(花岗岩)试样单轴拉伸、单轴压缩、三轴压缩试验结果。试验数据的分布规律同样近似符合 HB 强度准则,花岗岩试样的单轴抗拉强度约为 8MPa,单轴抗压强度为 150~177MPa,压拉比为 18.75~22.125。花岗岩等效晶质模型的压拉比为 21.47,与试验结果较为一致。

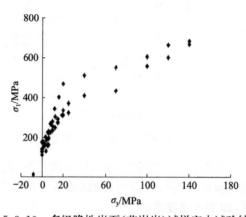

图 5.3.10　多组脆性岩石(花岗岩)试样室内试验结果

如果采用传统颗粒体模型,在图 5.3.3 所示颗粒体模型的基础上,匹配试验试样宏观力学参数,计算所得压拉比为 168.7MPa/44.8MPa = 3.766,明显低于试验结果及等效晶质模型计算结果。因此,通过等效晶质模型计算结果与室内试验结果的对比分析,再次验证了采用等效晶质模型研究脆性岩石力学特征的合理性。

5.4　平节理模型及其应用

5.4.1　平节理模型的特点

为了解决标准 BPM 模拟脆性岩石的不足,Potyondy[29] 提出了平节理模型。平节理模型由刚性颗粒构成,颗粒之间通过平节理接触(flat-joint contact,FJC)黏结,如图 5.4.1 所示。在平节理模型中,颗粒由球形或圆盘形颗粒与抽象面组成,一个颗粒表面可以有多个抽象面,抽象面与对应颗粒刚性连接,因此颗粒之间的有效接触变为抽象面之间的接触。平节理接触描述的是抽象面之间的中间接触面行为。在二维模型中,平节理接触是一条直线段,该直线段可被离散为多个等长的小单元;在三维模型中,平节理接触是具有一定厚度的圆盘,该圆盘可从径向和圆周两个方向离散为多个等体积的单元。每个单元可以是黏结的、非黏结带有摩擦的,因此中间接触面的机理行为可以是全黏结的、非黏结带有摩擦的或者是沿着接触表面变化的。

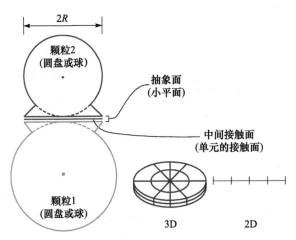

图 5.4.1　典型平节理模型结构示意图(修改自文献[29])

以下依次从引起标准 BPM 不足的四个原因介绍三维平节理模型(FJM3D)。二维平节理模型(FJM2D)与三维平节理模型基本相似,不再一一介绍。

1. 增加颗粒自锁效应

为保持模型的高计算效率，FJM3D 依然定义颗粒为球形，但引入了新参数"安装间距(installation gap)g"，增加颗粒的自锁效应。首先生成球形颗粒集合体，通过比较两球形颗粒真实间距与定义的安装间距的大小关系，判断是否赋予平节理接触到两颗粒之间。标准 BPM 中，安装间距比(installation gap ratio)为一定值即 $g_{ratio}=1\times10^{-6}$，也就是当两颗粒之间的真实间距 g 小于或等于 g_{ratio} 与两颗粒平均半径的乘积，即 $g\leqslant1\times10^{-6}\mathrm{mean}(R_A,R_B)$ 时，颗粒之间赋予平行黏结接触。由于安装间距比 $g_{ratio}=1\times10^{-6}\approx0$，造成颗粒的平均配位数(coordination number, CN)极低，也就造成了颗粒之间的自锁效应不足。Potyondy[30]采用定值安装间距 g 判断是否将平节理接触安装到颗粒之间。本章中通过编写程序代码，将 g 定义为安装间距比 g_{ratio} 与连接的两颗粒中最小半径的乘积，即 $g=g_{ratio}\min(R_A,R_B)$。需要注意的是，安装间距比 g_{ratio} 应在 $(0,R_{min}/R_{max})$ 内取值，以防止颗粒相互作用范围超过相邻颗粒。

安装间距比 g_{ratio} 的作用原理示意图如图 5.4.2 所示。颗粒 1 和颗粒 2 之间没有赋予平节理接触，是因为两颗粒之间的有效距离 $D_{1,2}-(R_1+R_2)$ 大于颗粒 2 的半径 R_2(最小颗粒)与安装间距比 g_{ratio} 的乘积，即 $D_{1,2}-(R_1+R_2)>g_{ratio}R_2$。其他环绕颗粒 1 的颗粒与颗粒 1 之间均成功赋予了平节理接触。

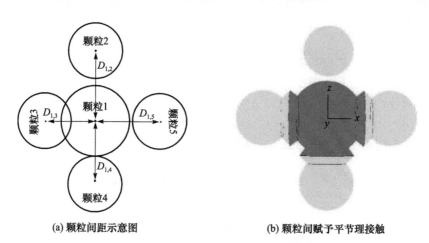

(a) 颗粒间距示意图　　　　　　　　(b) 颗粒间赋予平节理接触

图 5.4.2　平节理接触安装间距比作用原理示意图

采用安装间距比 g_{ratio} 生成的模型，其平节理接触数目相比采用定值安装间距 g(该定值安装间距 g 等于安装间距比 g_{ratio} 乘以模型平均颗粒半径)增加约 8%，即增加了颗粒间自锁效应。

2. 提供合适的旋转阻抗

颗粒之间赋予平节理接触之后,形成颗粒之间的作用关系。平节理接触可被离散为多个单元,每个单元上的应力状态初始化为零,然后根据单元黏结状态和抽象面之间的相对运动,采用力-位移法则更新单元应力状态。法向力采用直接方式计算(即法向力等于法向位移乘以法向刚度),切向力采用增量的方式计算(即切向力等于原切向力加上切向刚度与切向位移增量的乘积)。

单元上的最大法向应力 $\sigma_{max}^{(e)}$ 和切向应力 $\tau_{max}^{(e)}$ 计算公式为

$$\begin{cases} \sigma_{max}^{(e)} = \dfrac{-\bar{F}_e^n}{A^{(e)}} \\[3mm] \tau_{max}^{(e)} = \dfrac{\bar{F}_e^s}{A^{(e)}} \end{cases} \tag{5.4.1}$$

式中,$\bar{F}_e^n$、$\bar{F}_e^s$ 分别为单元上的法向力和切向力;$A^{(e)}$ 为单元面积。

在标准 BPM 中,Potyondy[31] 设置力矩贡献因子 $\bar{\beta}=0$,Ding 等[32] 赋予 $\bar{\beta}=0.1$,可见力矩对应力的贡献非常小,可以忽略不计,因此在 FJM3D 的单元最大应力计算公式(5.4.1)中忽略了力矩对应力的作用,然而,单元仍然能够提供合适的旋转阻抗,归功于平节理模型特殊的结构:抽象面在接触面破裂后仍存在,能提供类似实际情况的旋转阻抗。标准 BPM 和 FJM3D 结构及受力对比示意图如图 5.4.3 所示。

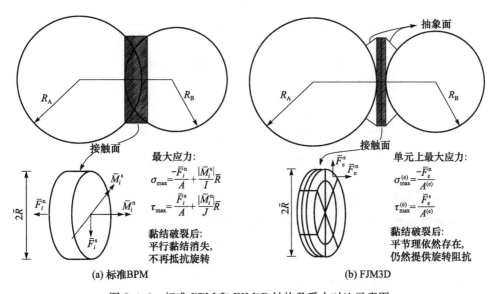

图 5.4.3 标准 BPM 和 FJM3D 结构及受力对比示意图

3. 植入与应力相关的剪切强度

平节理接触的单元类型分为两种:黏结单元和非黏结单元。两种类型单元的动力学机理表述如下。

1) 黏结单元强度包络线

黏结单元的抗拉强度为 σ_b。当法向应力 $\sigma_{max}^{(e)} > \sigma_b$ 时,单元破裂,显示为张拉裂纹,同时单元的黏结状态变为非黏结状态。

黏结单元的剪切强度 τ_c 遵循带有张拉截止的库仑准则(Coulomb criterion with a tension cut-off),即

$$\tau_c = c_b - \overline{\sigma}\tan\phi_b \qquad (5.4.2)$$

式中,c_b 为黏结单元黏聚力;ϕ_b 为局部内摩擦角;$\overline{\sigma}$ 为作用在单元上的法向正应力。

当切向应力 $\tau_{max}^{(e)} \leqslant \tau_c$ 时,切向应力保持不变;当切向应力 $\tau_{max}^{(e)} > \tau_c$ 时,单元破裂,显示为剪切裂纹,同时单元的状态变为非黏结状态(图 5.4.4)。此后,残余摩擦强度开始发挥作用,即

$$\tau_r = -\overline{\sigma}\tan\phi_r \qquad (5.4.3)$$

式中,τ_r 为残余摩擦强度;ϕ_r 为残余内摩擦角。

仅仅只有此类单元才能破裂,显示为张拉裂纹或者剪切裂纹。

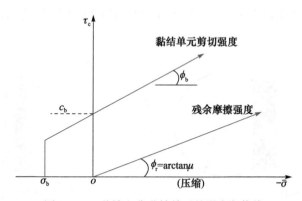

图 5.4.4　黏结和非黏结单元的强度包络线

2) 非黏结单元强度包络线

非黏结单元的抗拉强度为 0,因此法向应力为

$$\overline{\sigma} = \begin{cases} 0, & \overline{g} \geqslant 0 \\ -k_n\overline{g}, & \overline{g} < 0 \end{cases} \qquad (5.4.4)$$

式中,k_n 为法向刚度;$\overline{g}$ 为颗粒间距。

非黏结单元的剪切强度遵循库仑滑移准则(Coulomb sliding criterion),即

$$\tau_r = \begin{cases} -\overline{\sigma}\tan\phi_r, & \overline{\sigma} < 0 \\ 0, & \overline{\sigma} = 0 \end{cases} \qquad (5.4.5)$$

式中，ϕ_r 为残余内摩擦角。

当切向应力 $\tau_{max}^{(e)} \leqslant \tau_r$ 时，切向应力维持不变，取 $\tau_{max}^{(e)}$；否则，切向应力取 τ_r，颗粒将沿接触面滑动。

4. 引入预制裂纹

根据黏结状态和颗粒间距，平节理接触单元分为三种类型（图 5.4.5）：类型 B 表示接触单元为黏结状态，且间距为 0；类型 G 表示接触单元为非黏结状态，间距大于 0；类型 S 表示接触单元为非黏结状态，间距等于 0。因此，根据接触黏结状态，平节理接触单元主要分为两类：黏结单元（类型 B）和非黏结单元（类型 G 和类型 S）。类型 G 可视为多孔岩石中的开孔或孔隙，而类型 S 可视为致密岩石中已经存在的裂缝或节理，作为模型中的预制裂纹。这三类单元接触类型以一种空间随机方式，按照类型 B、类型 G 和类型 S 所占比例依次赋予到各颗粒间的中间接触面上，类型 G 具有初始间距，该间距数值取决于赋予的间距平均值和标准差的正态分布。

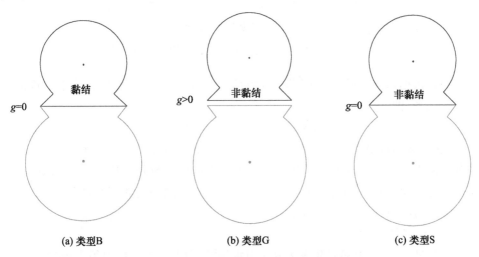

图 5.4.5　平节理接触单元三种类型结构示意图

5.4.2　单轴拉伸和三轴压缩试验

1. 锦屏大理岩室内试验

锦屏大理岩是一种典型的脆性岩石。Wawersik 等[9] 依据应力-应变曲线峰后行为将脆性岩石分为Ⅰ类脆性和Ⅱ类脆性，根据该分类标准，锦屏大理岩属于Ⅰ类脆性。针对锦屏大理岩,国内研究者开展了大量室内试验研究。

1) 抗拉强度试验

周辉等[33]利用锦屏Ⅱ级水电站引水隧洞的大理岩 T_{2b} 岩样(ϕ50mm×h50mm),在 RMT-150C 电液伺服刚性试验机上对五组岩样开展了应力加载速率分别为 0.000255MPa/s、0.00255MPa/s、0.0255MPa/s、0.255MPa/s 和 2.55MPa/s 的巴西试验研究,结果如图 5.4.6 所示。

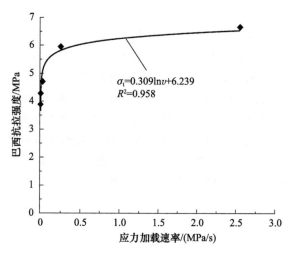

图 5.4.6　巴西抗拉强度与应力加载速率的关系曲线[33]

通过数据拟合,锦屏大理岩 T_{2b} 的巴西抗拉强度 σ_t 与应力加载速率 v 近似呈正对数关系,即

$$\sigma_t = 0.309\ln v + 6.239, \quad R^2 = 0.958 \tag{5.4.6}$$

根据《水利水电工程岩石试验规程》(SL/T 264—2020)[34],巴西试验常规应力加载速率为 0.1～0.3MPa/s。因此锦屏大理岩的巴西抗拉强度约为 5.8MPa。变质岩的直接拉伸强度约为巴西抗拉强度的 90%,而大理岩属于变质岩,因此估算锦屏大理岩的直接拉伸强度约为 5.2MPa。

2) 抗压强度试验

王建良等[11]采用锦屏Ⅱ级水电站引水隧洞深埋 2200m 白山组大理岩制作 22 个标准岩样(ϕ50mm×h100mm),其中 10 个岩样分成 A、B 两组用于单轴压缩声发射试验,试验结果如表 5.4.1 所示。锦屏大理岩单轴抗压强度平均值约为 114MPa,起裂应力介于单轴抗压强度的 49%～63%,弹性模量和泊松比波动较大,平均值分别为 42.8GPa 和 0.26;另外 12 个岩样分成 C、D 两组进行室内常规三轴压缩试验,试验结果如表 5.4.2 所示。除在 20MPa 围压下由试验机故障造成的试验结果存在较大偏差外,随着围压的增加,抗压强度(峰值强度)和残余强度均增加,且二者之差越来越小,峰后延性特征也越来越明显。

表 5.4.1　锦屏大理岩单轴压缩试验结果汇总表[11]

岩样编号	单轴抗压强度 σ_c/MPa	起裂应力 σ_{ci}/MPa	弹性模量 E/GPa	泊松比 ν
A1	121	71	47.9	0.240
A2	123	78	47.6	0.295
A3	142	81	64.4	0.279
A4	105	61	40.1	0.241
A5	122	63	41.7	0.265
B1	99	58	33.8	0.245
B2	101	56	27.2	0.176
B3	105	58	34.6	0.198
B4	98	61	35.1	0.326
B5	124	61	55.7	0.336
平均值	114	64.8	42.8	0.26

表 5.4.2　锦屏大理岩三轴压缩试验结果汇总表[11]

岩样编号	围压/MPa	峰值强度 σ_p/MPa	残余强度 σ_r/MPa	差值
C1	2	139	41	98
C2	5	165	67	98
C3	10	171	89	82
C4	20	160	121	39
C5	30	220	180	40
C6	40	245	210	35
D1	2	125	23	102
D2	5	131	47	84
D3	10	141	78	63
D4	20	169	119	50
D5	30	241	203	38
D6	40	250	220	30

　　图 5.4.7 为巴西试验后破坏试样。巴西圆盘试样沿一上下贯通的主破裂破坏,主破裂与加载轴向成一定夹角,在主破裂沿线上可以发现一些雁阵裂纹。锦屏大理岩的室内试验结果统计如表 5.4.3 所示,其中,黏聚力和内摩擦角为根据莫尔-库仑强度准则拟合的结果分别为 34.47MPa 和 31.22°,HB 强度参数 m_i 是通过 HB 强度准则拟合的,结果为 7.34。

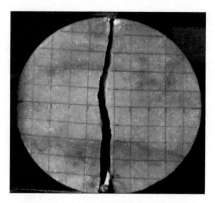

图 5.4.7　巴西试验后破坏试样

表 5.4.3　锦屏大理岩室内试验和 FJC 细观模型数值试验结果统计表

属性	室内试验结果	数值试验结果
抗拉强度 TS/MPa	$5.2\pm1.35(n=5)$	$5.183\pm0.243(n=10)$
单轴抗压强度 UCS/MPa	$114\pm23(n=10)$	$113.9\pm5.223(n=10)$
弹性模量 E/GPa	$42.8\pm18.6(n=10)$	$42.286\pm0.337(n=10)$
泊松比 ν	$0.26\pm0.06(n=10)$	$0.255\pm0.09(n=10)$
黏聚力/MPa	$34.47\pm4.94(n=2)$	$39.14(n=1)$
内摩擦角/(°)	$31.22\pm3.24(n=2)$	$29.90(n=1)$
HB 强度参数 m_i	7.34	7.89

2. FJM3D 细观参数校核匹配

为便于与室内试验比较,FJC 细观模型尺寸与室内试验试样一致:直径 $D=$ 50mm,高径比为 2:1。颗粒最小直径为 2.2mm,最大与最小颗粒直径比为 1.66,颗粒尺寸服从正态分布。因此,模型分辨率(试样的最小尺寸与颗粒平均直径比值)约为 17.3,依据 Ding 等[35]的研究结论,此模型分辨率对数值计算结果影响非常小。

用于压缩试验和直接拉伸试验的细观模型分别如图 5.4.8(a)、(b)所示,模型包含 8748 个颗粒。压缩试验通过相向移动上、下两墙压缩细观模型试样,同时采用伺服原理保持侧边墙围压不变。当伺服机围压为零时,此时压缩试验即为单轴压缩试验。采用直接拉伸试验测试细观模型的抗拉强度,在直接拉伸试验中,将模型上、下两端 3~5 层厚的颗粒作为抓柄部分,通过抓柄施加拉伸荷载实现细观模型试样拉断分离。

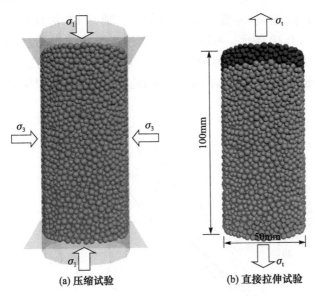

(a) 压缩试验　　　　　　　　(b) 直接拉伸试验

图 5.4.8　细观模型

　　加载或张拉速率控制在较低水平,以保证在每一时步中模型都处于准静态平衡。考虑到锦屏大理岩属于致密岩石,孔隙率低,存在少许裂纹,细观模型赋予了118626 个平节理接触,其中类型 B 接触单元占 90%、类型 S 接触单元占 10%。模型细观参数如表 5.4.4 所示。每个 FJC 细观模型采用 10 个随机种子数生成 10 种不同颗粒排列的模型试样,再进行单轴压缩试验。数值试验结果见表 5.4.3。

表 5.4.4　用于模拟锦屏大理岩宏观力学性质的细观参数

参数	数值
最小颗粒直径 d_{min}/mm	2.2
最大与最小颗粒直径比 d_{max}/d_{min}	1.66
安装间距比 g_{ratio}	0.3
类型 B 接触单元比例 φ_B	0.9
类型 S 接触单元比例 φ_S	0.1
径向单元个数 N_r	1
圆周方向单元个数 N_a	3
颗粒和黏结的有效模量 $E_c=\bar{E}_c$/GPa	46
颗粒和黏结的法向与切向刚度比 $k_n/k_s=\bar{k}_n/\bar{k}_s$	1.9
黏结抗拉强度平均值 σ_b 和标准差/MPa	(7.6, 0)
黏结黏聚力平均值 c_b 和标准差/MPa	(112, 0)
局部内摩擦角 ϕ_b/(°)	5
残余内摩擦角 ϕ_r/(°)	16.7

FJC 细观模型的典型单轴压缩和三轴压缩应力-应变曲线分别如图 5.4.9 和图 5.4.10 所示。可以看出,随着围压增加,应力-应变曲线峰后行为由脆性过渡到延性,最终显现理想塑性特征。其中在 20MPa 围压下,细观模型计算结果和室内试验结果存在较大不同,其原因是室内试验中此围压下试验结果异常。

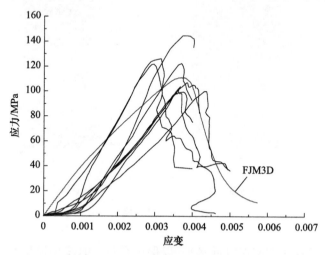

图 5.4.9　单轴压缩试验应力-应变曲线

标记为 FJM3D 的曲线来自数值模型,其余曲线来自室内试验

室内试验和 FJC 细观模型计算结果的非线性强度包络线拟合结果如图 5.4.11所示。可以看出,HB 强度准则较好地拟合了抗压部分,但拟合结果中抗拉强度均高于室内试验结果和细观模型计算结果。

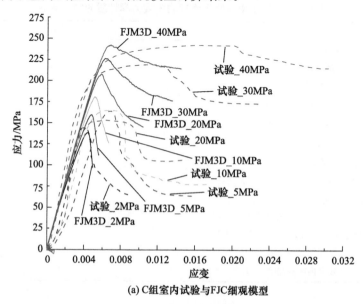

(a) C组室内试验与FJC细观模型

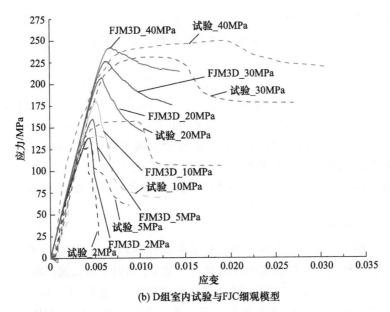

(b) D组室内试验与FJC细观模型

图 5.4.10　室内试验与 FJC 细观模型三轴压缩试验应力-应变曲线

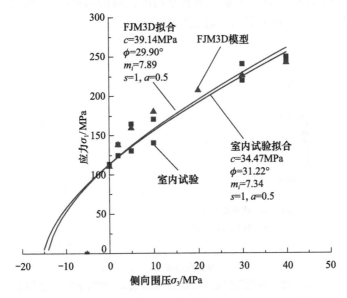

图 5.4.11　采用 HB 强度准则拟合的锦屏大理岩非线性强度包络线

3. 细观参数对脆性岩石三个特征的影响分析

为深入研究 FJC 细观模型的细观力学参数对三个特征——压拉比（UCS/TS）、HB 强度参数 m_i 和内摩擦角的影响,进行了参数敏感性分析。

FJC 细观模型的主要细观力学参数见表 5.4.4。根据已有的标准 BPM 参数敏感性分析结论[3,36~38]，可知主要细观力学参数包括安装间距比(g_{ratio})、类型 S 接触单元比例(φ_S)、黏结抗拉强度(σ_b)、黏结黏聚力(c_b)、局部内摩擦角(ϕ_b)和残余内摩擦角(ϕ_r)。实际上，g_{ratio} 与 CN 紧密相关，g_{ratio} 值越大，单个颗粒周围的黏结数越多，即 CN 越大。为了与无量纲压拉比一致，黏结黏聚力与黏结抗拉强度可合并为一个参数 c_b/σ_b。类型 S 接触单元比例 φ_S 可视为裂纹密度(crack density, CD)的量化指标。因此，参数敏感性分析集中在五个细观参数：CN、CD、c_b/σ_b、ϕ_b 和 ϕ_r。考虑到颗粒排列对模拟结果的影响，所有模型只采用一种排列方式。参数敏感性分析采用单因素控制变量法，即一次只变化一个细观力学参数，同时保持其他参数不变。

1) 平均配位数

Oda[39]指出，各向同性、两种混合和多种混合颗粒体中，颗粒的平均配位数为 6~10，因此为研究 CN 对压拉比、HB 强度参数 m_i 和内摩擦角的影响，平均配位数分别采用 4.3、8.6 和 10.3 进行单轴拉伸、单轴压缩、三轴压缩试验。三种平均配位数分别对应的安装间距比为 0、0.3 和 0.6。图 5.4.12 给出了 HB 强度参数 m_i 和内摩擦角与平均配位数的关系。随着平均配位数的增加，内摩擦角变化不大，但 HB 强度参数 m_i 迅速减小至 7.9 后保持不变。

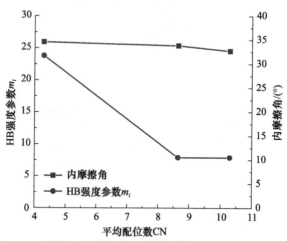

图 5.4.12　平均配位数对 HB 强度参数 m_i 和内摩擦角的影响

细粒岩石通常被认为是致密、低孔隙率的，平均配位数较大，而粗糙岩石是多孔、高孔隙率的，平均配位数较小。由于平均配位数越大，颗粒周围的接触数越多，模型可被视为细粒岩石，而平均配位数较小的模型可被视为粗糙岩石。

三种不同平均配位数的细观模型强度包络线如图 5.4.13 所示，HB 强度参数 m_i 是根据式(5.3.1)通过拟合围压在(0, 0.5UCS)范围内获得的。随着平均配位数从 4.3 增加到 10.3,HB 强度参数 m_i 从 23.79 下降到 7.897,与 Marinos 等[6]获得的结论一致:从粗糙岩石到细粒岩石,HB 强度参数 m_i 呈递减趋势。

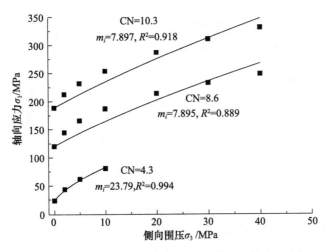

图 5.4.13　三种不同平均配位数的细观模型强度包络线

　　压拉比随平均配位数的增加而增大。较大的平均配位数意味着颗粒的自锁效应增强,增加了模型强度,即单轴抗压强度、抗拉强度均随平均配位数的增加而升高,如图 5.4.14 所示。由于单轴抗压强度的上升速率比抗拉强度快,压拉比也随着平均配位数的增加而增大。与 Scholtès 等[38]的研究结论一致:平均配位数与压拉比呈正相关。

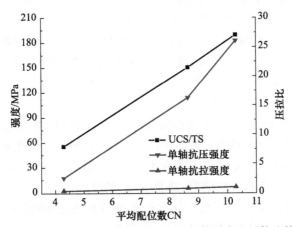

图 5.4.14　平均配位数对单轴抗压强度、抗拉强度和压拉比的影响

2) 裂纹密度

图 5.4.15 给出了裂纹密度对压拉比、HB 强度参数 m_i 和内摩擦角的影响,7

种不同的裂纹密度对应 FJC 细观模型中类型 S 接触单元比例 φ_S 分别为 0%、10%、20%、30%、50%、60%和70%。

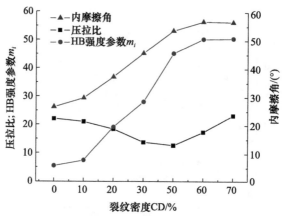

图 5.4.15　裂纹密度对压拉比、HB 强度参数 m_i 和内摩擦角的影响

随裂纹密度增加,压拉比先减小后增大,这有别于一些研究者(Schöpfer 等[19]、Ding 等[40])得出的结论:压拉比随裂纹密度增加而增大。造成这种不同结果的原因是这些学者采用的是标准 BPM,其安装间距比固定为 1×10^{-6},近似等于 0,而本节研究中采用的安装间距比为 0.3,对应平均配位数也较大(CN=8.3)。在低裂纹密度(CD≤50%)下,压拉比随裂纹密度的增加而减小;在高裂纹密度(CD≥50%)下,压拉比随裂纹密度的增加而增加。这种趋势与 Mahmutoglu[41]的室内试验结果一致:压拉比随着给试样加热循环次数的增加呈先减小后增加趋势。显然从裂纹密度角度,FJM3D 在模拟岩石力学行为上优于标准 BPM。

内摩擦角和 HB 强度参数 m_i 在低裂纹密度(CD≤50%)时增长较快,在高裂纹密度(CD≥50%)时趋于一固定值。与 Hoek 等[27]的研究结论一致:岩石材料解理发育越充分,内摩擦角和 HB 强度参数 m_i 也越大。

3) 黏结黏聚力与黏结抗拉强度比

Scholtès 等[38]、Ding 等[32]认为黏结黏聚力与黏结抗拉强度比决定模型破裂方式:c_b/σ_b 较大的模型以脆性方式破坏,而 c_b/σ_b 较小的模型以延性方式破坏。本节研究重点关注脆性岩石,c_b/σ_b 初选范围介于 1~20。图 5.4.16 显示了 c_b/σ_b 对 HB 强度参数 m_i 和内摩擦角的影响结果,随着 c_b/σ_b 的增大,HB 强度参数 m_i 也增大,与 Zhang 等[20]的研究结果一致。当 $c_b/\sigma_b<5$ 时,内摩擦角增加较快;当 $c_b/\sigma_b≥5$ 时,内摩擦角增加较慢。

c_b/σ_b 对单轴抗压强度、抗拉强度和压拉比的影响如图 5.4.17 所示。值得注意的是,抗拉强度仅仅由黏结抗拉强度 σ_b 决定,当 σ_b 保持不变时,随着 c_b/σ_b 的增加,抗拉强度保持不变,而单轴抗压强度呈对数增长,因此压拉比也呈对数增长,从

3.64 增加到 26,涵盖了脆性岩石压拉比范围 10～20。同时,也给校核模型强度参数提供了一条基本准则。与此相对,Cho 等[3] 指出在标准 BPM 中,黏结剪切强度与黏结抗拉强度比对压拉比影响很小或基本没有。因此,在匹配脆性岩石材料压拉比时,FJM3D 具有明显优势,能再现合理的压拉比。

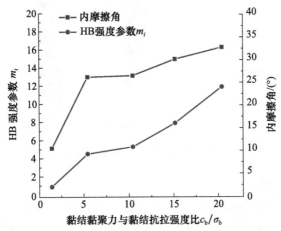

图 5.4.16　c_b/σ_b 对 HB 强度参数 m_i 和内摩擦角的影响

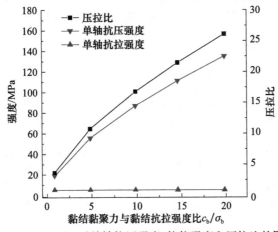

图 5.4.17　c_b/σ_b 对单轴抗压强度、抗拉强度和压拉比的影响

　　具有较大 c_b/σ_b 的 FJC 细观模型可呈现较大的压拉比、HB 强度参数 m_i 和内摩擦角。然而,在压缩试验中,c_b/σ_b 改变会导致不同的破裂模式。当 c_b/σ_b 较小时,模型会以延性方式破坏,在应力峰值点剪切裂纹居多;而当 c_b/σ_b 较大时,模型会以脆性方式破坏,在应力峰值点张拉裂纹居多,如图 5.4.18 所示。当模型的 c_b/σ_b 分别设置为 1、5 和 10,张拉裂纹与剪切裂纹比例分别为 0.25、36 和 108。因此,在赋予模型 c_b/σ_b 值之前,首先确定岩石破裂模式是必要的。

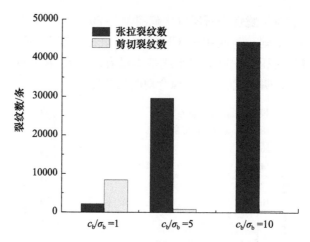

图 5.4.18　不同 c_b/σ_b 下单轴压缩试验的裂纹数

4）局部内摩擦角

根据黏结单元强度包络线，局部内摩擦角对黏结剪切强度有一定的贡献，黏结剪切强度与作用在黏结接触上的正应力呈正相关。局部内摩擦角对压拉比、HB强度参数 m_i 和内摩擦角的影响如图 5.4.19 所示。当局部内摩擦角从 0°增加到 40°时，压拉比变化不大，HB强度参数 m_i 从 6.8 增加到 19.3，内摩擦角从 26.8°增加到 44.8°。

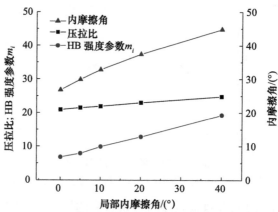

图 5.4.19　局部内摩擦角对压拉比、HB 强度参数 m_i 和内摩擦角的影响

不同局部内摩擦角条件下的强度包络线如图 5.4.20 所示，所有的强度包络线均为非线性。在低围压（≤5MPa）下，模型的抗压强度相差较小；在高围压（≥5MPa）下，模型的抗压强度随着局部内摩擦角的增加而增大，这也表明模型内摩擦角与局部内摩擦角呈正相关关系。

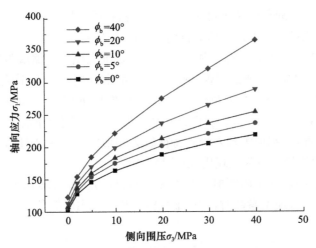

图 5.4.20　不同局部内摩擦角的强度包络线

　　综上所述,局部内摩擦角与 HB 强度参数 m_i 和内摩擦角正相关,对压拉比影响很小,可以忽略。因此,通过调试局部内摩擦角可以匹配岩石材料 HB 强度参数 m_i 和内摩擦角,而不用考虑压拉比,可作为细观参数校核匹配过程中的另一条准则。

　　5) 残余内摩擦角

　　残余内摩擦角主要在黏结破裂后发挥作用,即其主要影响模型的峰后行为。较大的残余内摩擦角会使压缩试验峰后行为变为延性。图 5.4.21 呈现了残余内摩擦角对压拉比、HB 强度参数 m_i 和内摩擦角的影响,随着残余内摩擦角从 0° 增加到 45°,三个宏观力学参数均呈现一定程度的增加。

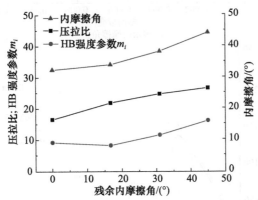

图 5.4.21　残余内摩擦角对压拉比、HB 强度参数 m_i 和内摩擦角的影响

　　4. 细观模型试验结果探讨

　　1) 峰后脆延性转化

　　FJM3D 中,黏结单元破裂后,无论是张拉破裂还是剪切破裂后,黏结抗拉强度

σ_b、黏结黏聚力 c_b、局部内摩擦角 ϕ_b 都会同时被移除，此时，残余内摩擦角 ϕ_r 将发挥主要作用。因此，FJM3D 的峰后行为主要取决于 ϕ_r。

图 5.4.22 为三种不同残余内摩擦角的 FJC 细观模型压缩试验的应力-应变曲线，随着围压的增加，三种细观模型峰后行为都由高脆性变为低脆性或延性。其中，残余内摩擦角 $\phi_r = 0°$ 的细观模型在 40MPa 围压下应力-应变曲线峰后行为仍呈现部分脆性特征，而 $\phi_r = 16.7°$ 的细观模型在 40MPa 围压下应力-应变曲线峰后行为已呈现延性，与锦屏大理岩峰后特征较为相似。当 $\phi_r = 31°$时，40MPa 围压下的应力-应变曲线峰后行为表现出"双线性"特征。

综上所述，随着残余内摩擦角的增加，峰后行为从脆性转化为延性甚至"双线性"。因此，在设置模型参数时，需仔细校核调整残余内摩擦角。

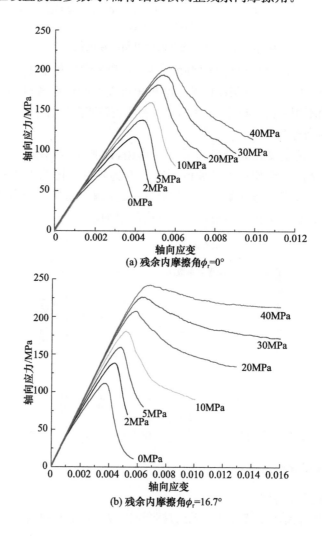

(a) 残余内摩擦角ϕ_r=0°

(b) 残余内摩擦角ϕ_r=16.7°

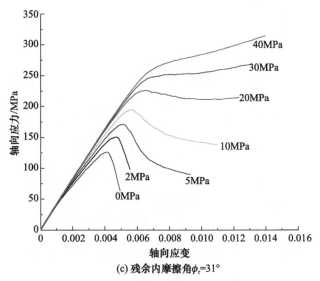

(c) 残余内摩擦角ϕ_r=31°

图 5.4.22 不同残余内摩擦角条件下压缩试验的应力-应变曲线

2) 细观破裂模式

目前普遍认为,脆性岩石压缩试验中,张拉裂纹主导着破裂机制,剪切裂纹在后期连接张拉裂纹、贯通试样形成大破裂时发挥作用。图 5.4.23 为锦屏大理岩单轴压缩试验中总裂纹数、张拉裂纹数和剪切裂纹数与应变的关系曲线。初始时,裂纹很少,随轴向应力的增加而增加。当轴向应力约 60MPa 时,裂纹数增加变缓,对应着起裂应力阶段;随轴向应力增加到 95MPa,裂纹数加速增长,根据 Martin 等[42]的划分标准,此时应力为裂纹损伤强度。起裂应力和损伤强度分别为峰值强度(114MPa)的 53% 和 83%。峰值后,裂纹数目持续增加,最终停止,模型黏结强度丧失,残余摩擦强度发挥作用。大多数的裂纹均平行于或近似平行于最大轴向应力方向,如图 5.4.24所示,与 Fairhurst 等[43]的试验结果基本一致。

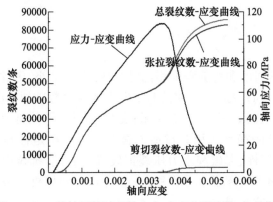

图 5.4.23 单轴压缩试验的应力-应变和裂纹数-应变曲线

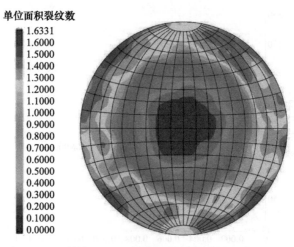

单位面积裂纹数

图 5.4.24　单轴压缩试验峰值时刻裂纹赤平极射投影图

试验结果表明,张拉裂纹占明显优势,剪切裂纹只是在轴向应力达到峰值强度时才出现,而且数量很少。而 Potyondy 等[18]报道了在围压为 0.1MPa、10MPa 和 70MPa 下张拉裂纹与剪切裂纹数比值分别为 5.5、4.99 和 2.46。Lockner 等[44]的声发射试验和 Diederichs 等[17]的数值试验都显示,张拉裂纹与剪切裂纹数的比值在 20MPa 围压下大于 50。Scholtès 等[38]采用开源离散单元软件 YADE 研究得出,在围压为 5MPa 下,宏观破裂都是由张拉裂纹组成的。Potyondy 等[18]所获得的张拉裂纹与剪切裂纹数比值偏小,可能与采用标准 BPM 造成不真实的高抗拉强度有关。

张拉裂纹与剪切裂纹数比值与黏结黏聚力与抗拉强度比(c_b/σ_b)有直接关系。较高 c_b/σ_b 的细观模型能产生较大的张拉裂纹与剪切裂纹数比值,同时对应着高压拉比、大内摩擦角和较大 HB 强度参数 m_i,这些均为脆性岩石的重要特征。因此,高张拉裂纹与剪切裂纹数比值是岩石脆性破坏过程中的又一特征。

5.4.3　巴西试验

1. 试验思路

与岩石的抗压强度和抗剪强度相比,抗拉强度非常小,因此岩石易发生张拉破裂。文献[45]~[47]指出,压缩试验中发生的大多数破裂为张拉裂纹,即压致张拉裂纹,其破裂机制如图 5.4.25 所示;文献[48]~[50]将剪切裂纹的发展归结于前期张拉裂纹的相互作用和贯通。岩石工程的稳定性高度依赖于抗拉强度,如地下巷道稳定性、爆破和水力压裂扩展等。因此,抗拉强度在岩石或类岩石材料的破裂机制中发挥了主导作用,在分析岩石破坏机理或进行岩石工程设计时需要引起足够的重视。

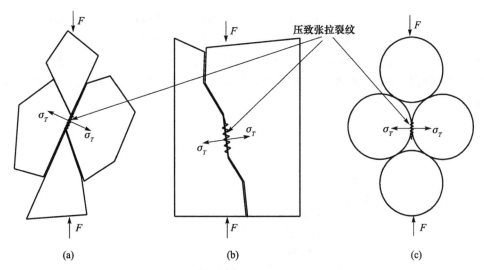

图 5.4.25　压致张拉裂纹的破裂机制及概念化圆盘颗粒的集合体(修改自文献[18])

获取抗拉强度的方法主要有两类:直接法和间接法。直接法以直接拉伸试验为典型代表,由于试样制备精度要求高、试验过程中操作要求严格,一般采用间接法测定岩石材料的抗拉强度,巴西试验是一种典型的间接方法,且该方法得到了广泛应用。然而,巴西圆盘试样尺寸仍无统一的标准,而且巴西抗拉强度受多种因素影响,如加载速率、加载板宽度、试样尺寸等。

目前大多数参数敏感性分析集中在压缩试验,关于巴西试验系统分析的报道相对较少。连续方法不能有效再现巴西圆盘试样的破裂过程,二维离散单元模型不能真实反映三维巴西圆盘试样的破裂过程,并且标准 BPM 在模拟岩石材料上存在三个显著缺陷。

本节采用 FJM3D 研究细观结构和细观参数对巴西抗拉强度的影响。细观结构包括模型尺寸、模型分辨率和颗粒尺寸非均匀性。细观参数包括平均配位数、裂纹密度、细观强度。根据参数敏感性分析结果,通过巴西试验和单轴压缩试验校核匹配 Brisbane 凝灰岩的宏观力学性质,进一步从细观上深入研究巴西试验过程。

2. 已知圆盘模型构建方法与位移加载速率

Nakashima 等[51]采用二维标准 BPM 进行巴西试验加载模拟时指出,采用点加载而不是墙加载匹配静态巴西抗拉强度,并且点加载的宽度不宜小于两倍颗粒直径。采用点加载的巴西试验能再现典型室内试验的应力-位移曲线:加载应力随着位移单调增加到峰值点,峰值点后垂直下降到低应力水平,如图 5.4.26(a)所示。当使用墙加载时,巴西试验应力-位移曲线上出现两个局部峰值点,如图 5.4.26(b)所示。在三维标准

BPM中也存在类似问题。从图5.4.26(b)右上角特写图可以看出,使用墙加载时,大约有7个颗粒与加载板接触,而使用点加载时,只有2个颗粒与加载板接触。用于巴西试验的标准BPM细观模型是从一颗粒密集排列的矩形或长方体中截取的圆盘,由于颗粒不能再打磨,圆盘圆周比较粗糙,达不到Bieniawshi等[52]建议的试样光滑程度。

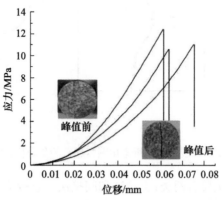

(a) Oshima 花岗岩的巴西试验应力-位移曲线

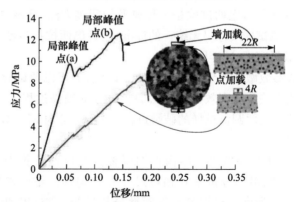

(b)点加载和墙加载条件下巴西试验数值模拟的应力-位移曲线

图5.4.26　巴西试验应力-位移曲线(修改自文献[51])

R. 颗粒半径

在巴西静态加载试验中,Bieniawski等[52]建议采用弧形加载夹与巴西圆盘试样接触,弧形加载夹的半径一般为试样半径的1.5倍。据此推算,在试样破坏时,两端的弧形加载夹与圆盘试样接触弧度均约为10°。按照Bieniawski等[52]建议的标准圆盘直径50mm推算,弧形加载夹与圆盘试样最大接触弧长可根据式(5.4.7)计算,约为4.36mm。

$$l = \frac{10°}{360°}\pi D = \frac{\pi D}{36} = 0.0872D \approx 4.36(\text{mm}) \tag{5.4.7}$$

对于岩石数值试样,根据其平均颗粒尺寸,试样破坏时有 1~3 个颗粒与弧形加载夹接触。因此,在进行数值模拟分析时,要求与加载板接触的颗粒数最多为 3 个。为保证该试验条件,常用的改进方法有以下两种:

(1) 减小加载板宽度。通过减小加载板宽度来减少与加载板接触的颗粒个数,Nakashima 等[51]采用该方法匹配了室内试验结果。但圆周表面仍然粗糙,不满足光滑度要求。

(2) 采用较小直径颗粒。由于圆盘试样是从矩形或长方体中截取,减小颗粒尺寸,可以相对改善圆盘试样表面光滑度。

上述两种方法仍采用传统的圆盘建模方法,圆周仍不光滑或模型较大。本节研究借鉴多边形近似求圆周长的原理,通过编写程序,采用多边形直接生成 FJC 细观模型,圆盘的圆周光滑度可以通过圆周分辨率控制[53]。图 5.4.27 展示了正 12 边形和正 48 边形接近外围圆的效果图,正 12 边形外围轮廓仍然可见,而正 48 边形外围轮廓基本趋近圆。图 5.4.28 为采用前述方法生成的 78 条边围合的 FJC 细观模型。

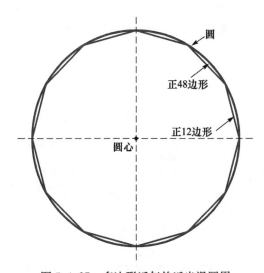

图 5.4.27　多边形近似趋近光滑圆周

不同加载板宽度下巴西试验应力-应变曲线如图 5.4.29 所示。绝大多数巴西试验结果中应力均随应变增加到峰值。当加载板宽度小于颗粒平均直径 D_{avg} 时,应力-应变曲线不仅峰前部分表现出低弹性模量,峰值应力相对较小,而且出现了局部峰值点,这是因为加载板宽度小于 D_{avg},使加载板与颗粒之间产生不充分接触;当加载板宽度大于 D_{avg} 时,应力-应变曲线峰值前无局部峰值点,峰值应力基本相等,但应力-应变曲线峰值后却在应力降至峰值应力约 1/3 处表现为延性特征;

当加载板宽度等于D_{avg}时,应力-应变曲线峰值前无局部峰值点,且峰值后应力垂直下降到一个较低值。对比室内典型巴西试验结果(图5.4.26(a)),加载板宽度设为D_{avg}的数值试验结果更符合室内试验结果。因此,为获取准确的巴西试验结果,圆周分辨率应该控制在低水平,加载板宽度应设为试样颗粒直径的平均值D_{avg}。

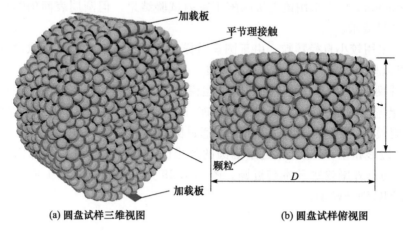

(a) 圆盘试样三维视图　　　　　　　　　(b) 圆盘试样俯视图

图 5.4.28　巴西试验的 FJC 细观模型

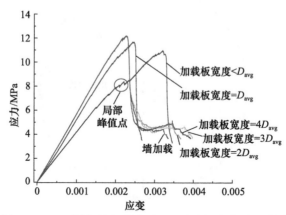

图 5.4.29　不同加载板宽度下巴西试验的应力-应变曲线

巴西抗拉强度随着位移加载速率的增加而增加,巴西抗拉强度可分为静态巴西抗拉强度和动态巴西抗拉强度。图 5.4.30 为位移加载速率介于 0.00255～0.05m/s 时巴西试验的应力-应变曲线。当位移加载速率小于等于 0.0125m/s 时,巴西抗拉强度基本相同;当位移加载速率大于 0.0125m/s 时,巴西抗拉强度随着位移加载速率的增加而增加。此外,随着位移加载速率的增加,应力-应变曲线峰后部分越来越偏离垂直线。综合考虑计算结果和计算效率,建议采用 0.0075m/s 作为静态巴西抗拉强度的位移加载速率。需要注意的是,数值模型的位移加载速率不同于室内试验的位移加载速率。

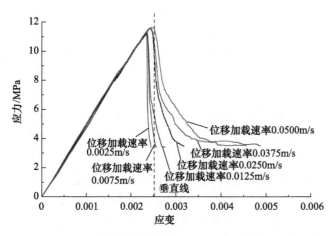

图 5.4.30　不同位移加载速率下巴西试验的应力-应变曲线

3. 巴西抗拉强度细观影响因素

为系统研究巴西抗拉强度的影响因素,以下采用 FJM3D 从细观结构和细观参数两个方面对巴西抗拉强度进行参数敏感性分析。用于敏感性分析的细观参数如表 5.4.5 所示,采用单因素变量控制法探讨各细观参数对巴西抗拉强度的影响,即某一细观参数在最小值和最大值之间取值,其他细观参数保持基本值不变。

表 5.4.5　用于敏感性分析的 FJM3D 的细观参数

参数	基本值	最小值	最大值
最小颗粒直径 d_{min}/mm	2.25	1	5
最大与最小颗粒直径比 d_{max}/d_{min}	1.67	1	2
巴西圆盘直径 D/mm	50	25	125
巴西圆盘厚度 t/mm	25	12.5	100
安装间距比 g_{ratio}	0.3	0	0.5
类型 S 接触单元比例 φ_S	0.2	0	0.5
径向单元个数 N_r	2	—	—
圆周方向单元个数 N_α	4	—	—
颗粒和黏结的有效模量 $E_c=\bar{E}_c$/GPa	45		
颗粒和黏结的法向与切向刚度比 $k_n/k_s=\bar{k}_n/\bar{k}_s$	2		
黏结抗拉强度 σ_b/MPa（平均值±标准差）	20±2	10±1	40±4
黏结黏聚力 c_b/MPa（平均值±标准差）	80±8	40±4	100±10
局部内摩擦角 ϕ_b/(°)	10	0	50
残余内摩擦角 ϕ_r/(°)	45	0	76

1) 细观结构

为研究细观结构对巴西抗拉强度的影响,主要影响因素包括圆盘试样的厚度、直径、颗粒平均直径和颗粒尺寸比,即模型尺寸比、模型分辨率和颗粒尺寸非均匀性。为比较模型计算结果,采用变异系数(coefficient of variation,COV)作为衡量标准。变异系数是概率分布离散程度的一个归一化量度,其定义为标准差与平均值之比。

(1) 模型尺寸比。

推导巴西抗拉强度的理论基础是:根据弹性理论,径向相对荷载在圆盘受压直径上产生近似相等的最大张拉应力,该张拉应力使圆盘试样劈裂为两半。该理论的前提是巴西抗拉强度仅与材料的固有强度相关。然而,岩石或类岩石材料是不连续的,室内试验和数值试验均表明巴西抗拉强度受模型尺寸影响较大。Chen等[54]和 Bazant 等[55]发现巴西抗拉强度随着模型尺寸比的增加而增加,而 Rocco等[56]却发现相反的结果,即巴西抗拉强度随着模型尺寸比的增加而减小。因此,模型尺寸比对巴西抗拉强度的影响规律需要深入分析。

图 5.4.31 展示了两种类型的巴西圆盘模型,类型I:圆盘厚度恒定为 25mm,圆盘直径从 125mm 变化到 25mm,即厚径比(t/D)介于 1:5~1:1;类型Ⅱ:圆盘直径恒定

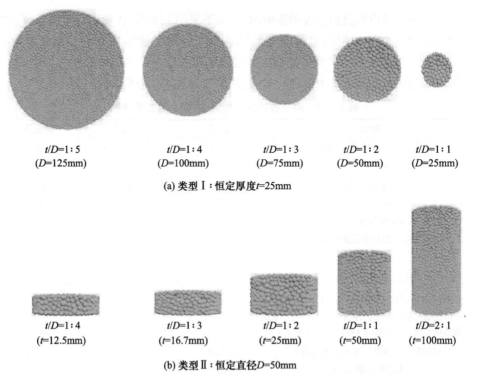

t/D=1:5　　　t/D=1:4　　　t/D=1:3　　　t/D=1:2　　　t/D=1:1
(D=125mm)　　(D=100mm)　　(D=75mm)　　(D=50mm)　　(D=25mm)

(a) 类型 I:恒定厚度 t=25mm

t/D=1:4　　　t/D=1:3　　　t/D=1:2　　　t/D=1:1　　　t/D=2:1
(t=12.5mm)　　(t=16.7mm)　　(t=25mm)　　(t=50mm)　　(t=100mm)

(b) 类型Ⅱ:恒定直径 D=50mm

图 5.4.31　不同模型尺寸比巴西圆盘模型

类型 I 为前视图,类型Ⅱ为俯视图

为 50mm,圆盘厚度从 12.5mm 增加到 100mm,即厚径比(t/D)介于 1:4～2:1。两类模型中颗粒的尺寸分布和其他细观参数均相同,详见表 5.4.5。为减小颗粒尺寸随机排列对结果的影响,每个模型生成 10 种随机排列,并对计算结果取平均值。

图 5.4.32 给出了模型尺寸比对巴西抗拉强度的影响,巴西抗拉强度随模型尺寸比变化的分散程度如图 5.4.33 所示。随模型尺寸的变化,巴西抗拉强度呈现两种不同的变化趋势。在类型I中,圆盘直径从 25mm 增加到 125mm,巴西抗拉强度从 12.3MPa 下降到 9.3MPa,而且,巴西抗拉强度的变异系数随圆盘直径的增加下降到较低水平。这与 Martin 等[42]、Rocco 等[56]的室内试验结果一致。直径较大的模型在加载直径方向上存在较多的已有裂纹或缺陷,这将减小巴西抗拉强度到一恒定值且

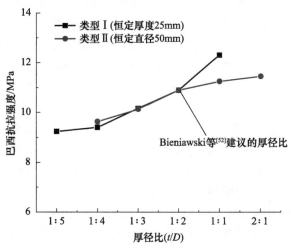

图 5.4.32　模型尺寸比对巴西抗拉强度的影响

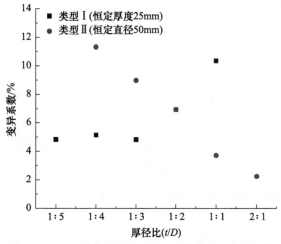

图 5.4.33　不同模型尺寸比的巴西抗拉强度变异系数

变异系数越来越小,与单轴抗压强度的尺寸效应相似。在类型Ⅱ中,当厚径比 t/D 较小($t/D \leqslant 1:3$)时,巴西抗拉强度随厚度的增加而增加,当厚径比超过 $1:2$($t/D \geqslant 1:2$)时,巴西抗拉强度变化不大,而且,变异系数随着厚度的增加不断减小。如果变异系数要求在 7% 左右,Bieniawski 等[52]将巴西圆盘的厚径比设定为 $1:2$ 是合理的。但是,建议厚径比 t/D 应大于 $1:2$,巴西抗拉强度的变异系数将小于 5%。

(2) 模型分辨率。

Ulusay[57]建议巴西圆盘分辨率为圆盘直径与平均颗粒尺寸比,且比值至少为 $10:1$。以下模型分辨率定义为圆盘试样的直径与颗粒平均直径的比值。

为研究模型分辨率对巴西抗拉强度的影响,设计了三大类型,即类型Ⅰ:$D_{avg}=$ 1mm、类型Ⅱ:3mm、类型Ⅲ:5mm,每个大类又包含四种不同的模型分辨率即 $6:1$、$10:1$、$16.7:1$ 和 $20:1$ 的数值模型。每个模型采用 10 种不同颗粒排列计算并对结果取平均值。三大类模型的俯视图如图 5.4.34 所示。根据模型尺寸比的分析结果,厚径比(t/D)保持 $1:2$。圆盘的厚度取决于圆盘的直径,而圆盘的直径等于模型分辨率与颗粒平均直径的乘积。其他细观参数均相同,详见表 5.4.5 中的基本值。

图 5.4.35 为模型分辨率对巴西抗拉强度的影响。随模型分辨率的增加,巴西抗拉强度先减小然后保持在某一恒定值。此外,当三大类模型分辨率等于 $20:1$ 时,计算结果基本相等。图 5.4.36 给出了不同模型分辨率下巴西抗拉强度的变异系数。随着模型分辨率的增加,变异系数均减小到较低水平。当模型分辨率等于 $10:1$ 时,三大类模型的变异系数均小于 10%。因此,如果计算结果的变异系数等于 10% 可允许,Ulusay[57]建议的模型分辨率 $10:1$ 可以接受。然而,为了获得波动较小的巴西抗拉强度,推荐模型分辨率至少取 $16.7:1$,计算结果的变异系数水平将控制在 5% 以内。

(a1) 类型Ⅰ,D=6mm,t=3mm (a2) 类型Ⅱ,D=18mm,t=9mm (a3) 类型Ⅲ,D=30mm,t=15mm

(a) 模型分辨率=6:1

(b1) 类型Ⅰ,D=10mm,t=5mm (b2) 类型Ⅱ,D=30mm,t=15mm (b3) 类型Ⅲ,D=50mm,t=25mm

(b) 模型分辨率=10:1

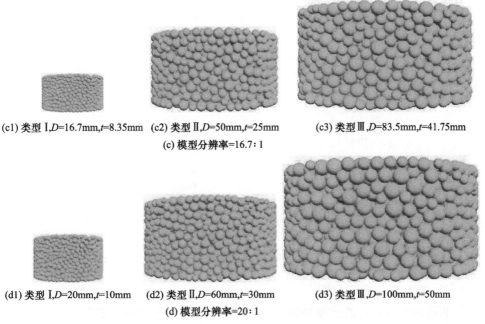

(c1) 类型 I,D=16.7mm,t=8.35mm (c2) 类型 II,D=50mm,t=25mm   (c3) 类型 III,D=83.5mm,t=41.75mm

(c) 模型分辨率=16.7:1

(d1) 类型 I,D=20mm,t=10mm   (d2) 类型 II,D=60mm,t=30mm   (d3) 类型 III,D=100mm,t=50mm

(d) 模型分辨率=20:1

图 5.4.34 不同参数的 FJC 细观模型俯视图

类型 I:D_{avg}=1mm;类型 II:D_{avg}=3mm;类型 III:D_{avg}=5mm

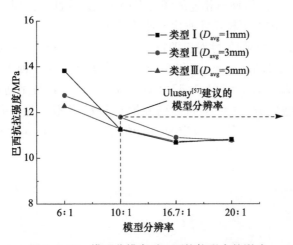

图 5.4.35 模型分辨率对巴西抗拉强度的影响

在图 5.4.35 中,同一模型分辨率下,巴西抗拉强度与颗粒平均直径之间无确切关系,这是因为虽然模型分辨率相同,但模型尺寸比随着颗粒平均直径的变化而变化。

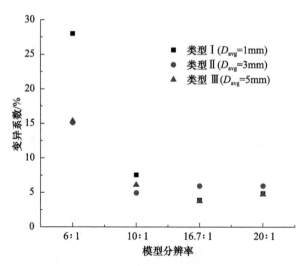

图 5.4.36　不同模型分辨率下巴西抗拉强度的变异系数

（3）颗粒尺寸非均匀性。

非均匀性是岩石的重要特征，与岩石形成过程和组成成分有关。Steen 等[58] 和 Cho 等[59] 认为非均匀性在岩石破裂过程中起着重要作用，因此岩石强度对颗粒尺寸非均匀性非常敏感。FJC 细观模型是由不同直径的颗粒随机排列形成的集合体，颗粒间的接触变形属性与相连的颗粒直径相关。因此，可以将最大与最小颗粒直径比（d_{max}/d_{min}）作为颗粒尺寸非均匀性的量化指标。

为研究颗粒尺寸非均匀性对巴西抗拉强度的影响，设计了三大类模型，颗粒平均直径 D_{avg} 分别为 1.5mm、3mm 和 5mm。每个大类包含三种不同的最大与最小颗粒直径比，即 $d_{max}/d_{min}=1:1$、1.67:1 和 2:1。为减小颗粒排列对模型计算结果的影响，每个模型生成 10 种不同排列并取计算结果平均值。各模型前视图如图 5.4.37 所示。所有模型尺寸设定为标准值：直径 $D=50$mm，厚径比 1:2，其他细观参数参照表 5.4.5 的基本值。

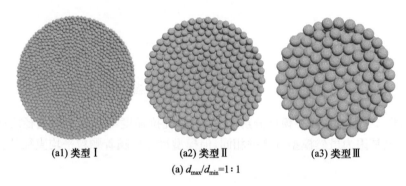

(a1) 类型 Ⅰ　　　　(a2) 类型 Ⅱ　　　　(a3) 类型 Ⅲ

(a) $d_{max}/d_{min}=1:1$

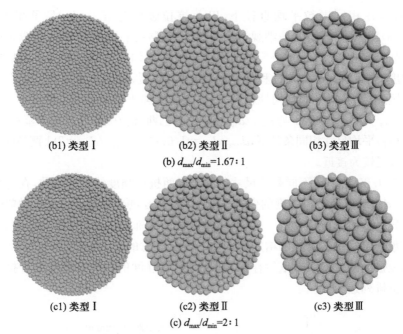

(b1) 类型 I　　　　　　　(b2) 类型 II　　　　　　　(b3) 类型 III

(b) d_{max}/d_{min}=1.67∶1

(c1) 类型 I　　　　　　　(c2) 类型 II　　　　　　　(c3) 类型 III

(c) d_{max}/d_{min}=2∶1

图 5.4.37　不同颗粒尺寸条件下的模型前视图

类型 I∶D_{avg}=1.5mm；类型 II∶D_{avg}=3mm；类型 III∶D_{avg}=5mm

Potyondy 等[18]认为巴西抗拉强度与颗粒尺寸正相关，即

$$\sigma_{BTS} \propto \bar{\sigma}_t \sqrt{\frac{R}{D}} \tag{5.4.8}$$

式中，σ_{BTS}、$\bar{\sigma}_t$ 分别为巴西抗拉强度和黏结抗拉强度；D 为试样的直径；R 为平均颗粒半径。

计算结果表明，在给定的 d_{max}/d_{min} 下，当颗粒平均直径从 1.5mm 增加到 5mm 时，巴西抗拉强度随之增加，如图 5.4.38 所示。

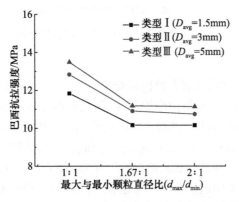

图 5.4.38　颗粒尺寸非均匀性对巴西抗拉强度的影响

　　然而,在相同颗粒平均直径下,巴西抗拉强度与$d_{\max}/d_{\min}$呈负相关,这与式(5.4.8)相矛盾:假设其他细观参数不变,只要颗粒平均直径相等,圆盘试样的巴西抗拉强度应相等。Blair等[60]的研究指出了非均匀性会增加局部应力集中的范围和程度,岩石材料非均匀性程度越高,裂纹的起裂、发展和贯通将发生在很低的应力。因此,颗粒尺寸非均匀性越大,巴西圆盘劈裂所需的应力也就越小。在每个大类中,$d_{\max}/d_{\min}=1.67\!:\!1$与$d_{\max}/d_{\min}=2\!:\!1$的巴西抗拉强度计算结果基本相近,这是因为颗粒平均尺寸相同条件下,$d_{\max}/d_{\min}=1.67\!:\!1$和$d_{\max}/d_{\min}=2\!:\!1$两类模型的最小颗粒直径较为接近。

　　图5.4.39给出了不同颗粒尺寸条件下巴西抗拉强度的变异系数,在每个大类中,$d_{\max}/d_{\min}$对巴西抗拉强度的变异系数没有明显影响,这与$d_{\max}/d_{\min}$对单轴抗压强度变异系数的影响相似[35]。在相同的颗粒尺寸非均匀性下,即$d_{\max}/d_{\min}$相等,变异系数随平均颗粒直径的增加而增加。需要注意的是,当$d_{\max}/d_{\min}=1$时,模型巴西抗拉强度的变异系数依然存在,这是由黏结强度的标准差和类型S接触单元空间随机排列造成的。

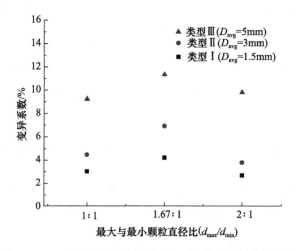

图5.4.39　不同颗粒尺寸条件下巴西抗拉强度的变异系数

2) 细观参数

FJM3D中影响强度的细观参数包括安装间距比g_{ratio}、S类型单元比例φ_S、黏结抗拉强度σ_b、黏结黏聚力c_b、局部内摩擦角ϕ_b和残余内摩擦角ϕ_r。g_{ratio}与平均配位数CN紧密相关,φ_S可以视为裂纹密度CD的量化指标。因此,用于巴西抗拉强度参数敏感性分析的细观参数包括CN、CD、σ_b、c_b、ϕ_b和ϕ_r。与此同时,与直接拉伸数值试验进行对比分析。用于直接拉伸试验的试样尺寸为:直径$D=50\text{mm}$,高径比$2\!:\!1$[52],其他细观参数同表5.4.5中的基本值。考虑颗粒随机排列对计算结果的影响,每个模型生成10种颗粒排列,计算结果取平均值。

（1）平均配位数。

Oda[39]发现在均匀、两种混合和多种混合的颗粒集合体中，颗粒平均配位数在 6~10 内。为研究平均配位数对抗拉强度的影响，设置 FJM3D 的 $g_{ratio}＝0$、0.1、0.3 和 0.5，对应平均配位数为 4.8、7.1、8.6 和 9.6 四种情况，同时运行巴西试验和直接拉伸试验。其中，$g_{ratio}＝0$ 时 FJM3D 的平均配位数与标准 BPM 相等。

图 5.4.40 为平均配位数对巴西抗拉强度和直接拉伸强度的影响。巴西抗拉强度和直接拉伸均随着平均配位数的增加而增加。较大的平均配位数意味着每个颗粒周围有更多的平节理接触，增强了颗粒自锁效应，因而需要更大的应力去破坏颗粒间的接触。因此，两种抗拉强度与平均配位数呈正相关。多数情况下，巴西抗拉强度大于直接拉伸强度。Martin 等[42]指出脆性岩石的直接拉伸强度约为巴西抗拉强度的 80%。这也是 FJM3D 优于标准 BPM 的特点之一。

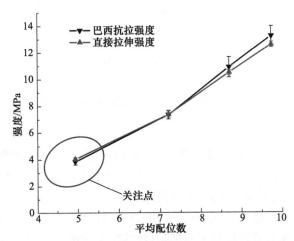

图 5.4.40　平均配位数对巴西抗拉强度和直接拉伸强度的影响

（2）裂纹密度。

裂纹密度的量化指标是类型 S 接触单元比例 φ_S。在 0~50% 范围内，每间隔 10% 取值，作为 FJM3D 的 φ_S 值，分别运行巴西试验和直接拉伸试验计算巴西抗拉强度和直接拉伸强度，结果如图 5.4.41 所示。巴西抗拉强度和直接拉伸强度均与裂纹密度负相关，这与 Schöpfer 等[19]的研究结论一致。裂纹的存在破坏了黏结力链的完整性，另外，Inglis[61]和 Griffith[62]指出裂纹尖端的张拉应力远远大于施加的加载应力，因此随着平均配位数的增加，模型破坏所需的应力也就越来越小。

在低裂纹密度（CD≤15%）下，巴西抗拉强度小于直接拉伸强度；在高裂纹密度(CD≥15%)下,巴西抗拉强度大于直接拉伸强度。随着裂纹密度的增加,巴西抗拉强度的减小速率小于直接拉伸强度。这归结于两种试验不同的破裂机制。直接拉伸试验中,模型直接被拉应力拉断,而在巴西试验中,模型受径向压应力作用,而该压应力诱发水平张拉应力劈裂圆盘。

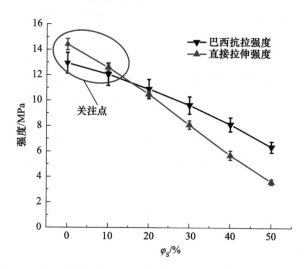

图 5.4.41　裂纹密度对巴西抗拉强度和直接拉伸强度的影响

(3) 细观强度。

FJM3D 包括 4 种细观强度参数:黏结抗拉强度(σ_b)、黏结黏聚力(c_b)、局部内摩擦角(ϕ_b)和残余内摩擦角(ϕ_r)。在拉伸状态下,仅 σ_b 起作用;在压缩、剪切或者混合状态下,所有细观强度参数均发挥作用。

针对每个细观强度参数,巴西试验和直接拉伸试验均运行 4~6 个模型探究其对巴西抗拉强度和直接拉伸强度的影响,计算结果如图 5.4.42 所示。直接拉伸强

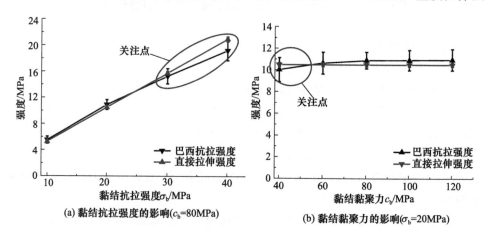

(a) 黏结抗拉强度的影响(c_b=80MPa)　　　　(b) 黏结黏聚力的影响(σ_b=20MPa)

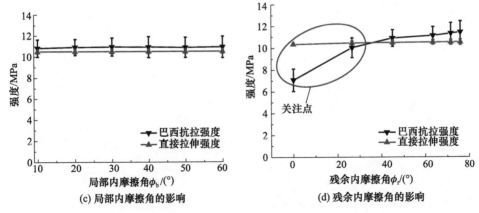

图 5.4.42　不同细观强度参数对巴西抗拉强度和直接拉伸强度的影响

度只与 σ_b 呈正线性关系。巴西抗拉强度也与 σ_b 呈正相关关系，c_b 对巴西抗拉强度影响很小，这是因为在巴西试验峰值前所有的裂纹均为张拉裂纹。当 $c_b/\sigma_b \leqslant$ 2.67：1(80/30)或 3：1(60/20)时，巴西抗拉强度小于直接拉伸强度(图 5.4.42(a)和(b))，然而，这与室内试验的总体结果相矛盾。因此，为了获得比较合理的模拟结果，采用 FJM3D 匹配脆性岩石时，建议 $c_b/\sigma_b \geqslant 3$。

　　ϕ_b 的提出是为了解决离散单元模型的内摩擦角偏小问题，ϕ_r 控制着压缩试验的应力-应变曲线峰后行为。图 5.4.42(c)和(d)分别展示了 ϕ_b 和 ϕ_r 对巴西抗拉强度和直接拉伸强度的影响。无论 ϕ_b 和 ϕ_r 如何变化，直接拉伸强度保持不变。巴西抗拉强度基本上不受 ϕ_b 影响，而随着 ϕ_r 的增加，巴西抗拉强度先增加后保持在一定的范围内。

4. 脆性岩石张拉细观破裂机理

　　巴西试验已广泛应用于测试岩石或类岩石材料的抗拉强度。Erarslan 等[63,64]以 Brisbane 凝灰岩作为研究对象，开展了一系列单轴压缩试验和巴西试验。单轴压缩试样直径 $D=52\text{mm}$、高径比为 2：1，采用 Bieniawski 等[52]的建议方法进行加载。巴西圆盘试样直径 $D=52\text{mm}$、厚度 $t=26\text{mm}$，满足厚径比 1：2。压力荷载采用英斯特朗液压刚性加载框架施加，力加载速率为 200N/s。用于巴西试验的凝灰岩试样如图 5.4.43(a)所示，试验装置如图 5.4.43(b)所示，试样两垂直面都贴有轴向和侧向应变片，分别用于测量轴向应变和侧向应变[64]。

　　Brisbane 凝灰岩的单轴压缩和巴西试验结果如表 5.4.6 所示。

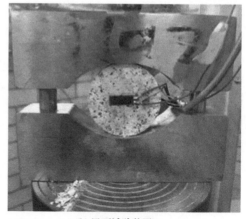

(a) 用于巴西试验的凝灰岩试样　　　　　　　　(b) 巴西试验装置

图 5.4.43　巴西试样和试验装置[64]

表 5.4.6　Brisbane 凝灰岩室内试验结果

力学性质	最大值	最小值	平均值
弹性模量 E/GPa	25	19	22
泊松比 ν	0.26	0.22	0.24
单轴抗压强度/MPa	190	97	143.5
巴西抗拉强度/MPa	15	8.0	11.5

FJC 细观模型与室内试验试样尺寸相同，设置颗粒平均直径 $D_{avg}=2.5$mm，模型分辨率为 20.8，计算结果变异系数非常小。颗粒尺寸在 1.87～3.13mm 内取值，服从均匀分布。巴西试验加载板宽度设为颗粒平均直径值即 2.5mm，位移加载速率为0.075mm/s 以保持准静态平衡过程。最终确定的细观参数见表 5.4.7。

表 5.4.7　用于模拟 Brisbane 凝灰岩宏观力学性质的细观参数

参数	数值
最小颗粒直径 d_{min}/mm	1.87
最大与最小颗粒直径比 d_{max}/d_{min}	1.67
安装间距比 g_{ratio}	0.4
类型 S 接触单元比例 φ_S	0.15
径向单元个数 N_r	2
圆周方向单元个数 N_α	4
颗粒和黏结的有效模量 $E_c=\bar{E}_c$/GPa	24
颗粒和黏结的法向与切向刚度比 $k_n/k_s=\bar{k}_n/\bar{k}_s$	3
黏结抗拉强度 σ_b/MPa（平均值±标准差）	24±2.4
黏结黏聚力 c_b/MPa（平均值±标准差）	72±7.2
局部内摩擦角 ϕ_b/(°)	10
残余内摩擦角 ϕ_r/(°)	45

图 5.4.44 给出了 FJC 细观模型和室内巴西试验的应力-应变曲线。虚线

表示 Brisbane 凝灰岩巴西抗拉强度的平均值。FJC 细观模型再现了 Brisbane 凝灰岩的大部分机理行为,包括变形特征、峰值强度和峰后行为。室内巴西试验应力-应变曲线初始非线性段归结于试样已有孔隙的压密。图 5.4.45(a)表明 FJC 细观模型的破坏特征与室内巴西试验一致,均为突发的粉碎性破坏,在直径加载方向上有多条宏观破裂。

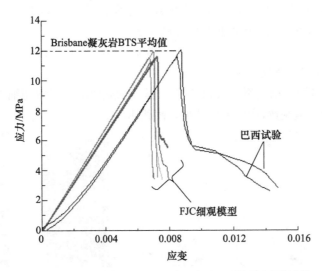

图 5.4.44　FJC 细观模型和室内巴西试验的应力-应变曲线

(a) FJC 细观模型破坏试样　　　(b) 室内巴西试验破坏试样

图 5.4.45　破坏的巴西圆盘试样

1) 细观破裂过程

巴西试验裂纹发展过程如图 5.4.46 所示。上部的 5 个加载断面剖面图为巴西圆盘试样裂纹发展的侧视图,分别对应应力-应变曲线上的 5 个点。破坏过程可分为以下 5 个阶段。

（1）起裂阶段。起裂阶段所有裂纹均为张拉裂纹，约为峰值裂纹总数的 2％，初始裂纹出现在加载板附近。该阶段应力为 6.55MPa，约为巴西抗拉强度的 56％。

（2）裂纹发展阶段。细观裂纹仍集中在加载板附近，均为张拉裂纹，约为峰值裂纹总数的 10％。

（3）中心裂纹起裂阶段。该阶段与起裂阶段和裂纹发展阶段最大的不同是中心裂纹的出现，意味着破裂开始贯通。裂纹数约为峰值裂纹总数的 30％。该阶段结束时应力为 11.08MPa，约为巴西抗拉强度的 95％。

（4）裂纹贯通阶段。细观裂纹沿着试样加载直径方向贯通形成破裂带，应力达到最大值，所有细观裂纹均为张拉裂纹。

（5）峰后阶段。细观裂纹数急剧增加，试样加载两端出现剪切细观裂纹，沿加载直径的破裂带迅速变宽，产生突发的粉碎性破坏。

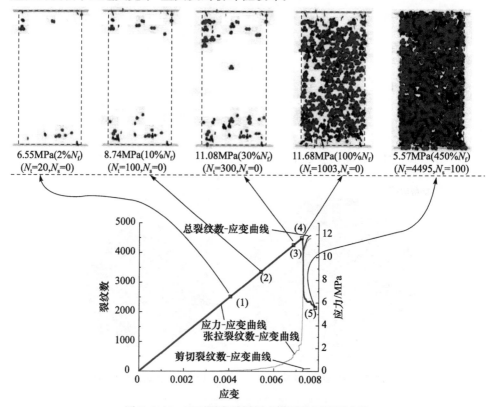

图 5.4.46　巴西圆盘试样细观模型破坏发展过程

N_f. 峰值应力时细观裂纹总数；N_s. 每个阶段细观剪切裂纹数；N_t. 每个阶段细观张拉裂纹数

计算结果表明，张拉裂纹主导破坏过程，峰值时刻裂纹的赤平极射投影图如图 5.4.47 所示。裂纹集中在半球面的边界处。因此，所有的裂纹平行于或者近似平行于加载直径方向。与脆性岩石的压缩试验结果[43,65]非常相似。

单位面积裂纹数/条

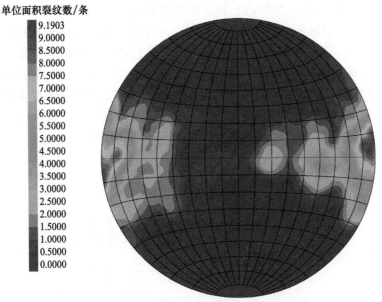

图 5.4.47　巴西试验峰值时刻裂纹赤平极射投影图

2) 径向水平应力分析

　　根据巴西试验的基本假定,岩石或类岩石材料在脆性破坏之前视为均匀的、各向同性的线弹性介质。依据格里菲斯强度理论,裂纹在巴西圆盘试样中心起裂,然后沿加载直径方向扩展到试样两端。为研究巴西试验破坏过程,加入 51 个监测球,用于记录水平应力分布,如图 5.4.48 所示。监测球分为 3 列,每列 17 个布置在加载直径的半平面内,每个监测球包含 2~4 个颗粒。

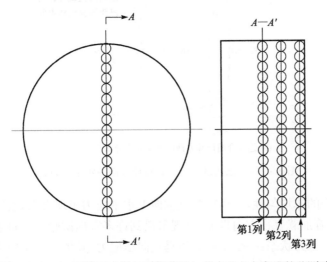

图 5.4.48　巴西圆盘试样细观模型沿加载直径方向布置的监测球

当加载板应力达 9.2MPa 时,终止细观模型计算,此时裂纹较少,全为张拉裂纹。图 5.4.49(a)展示了各监测球的水平应力,在加载板附近的监测球承受水平压应力,而其他大多数监测球处于受拉状态。3 列监测球的水平应力分布与连续介质计算方法的计算结果[66](图 5.4.49(b))相似,FJM3D 与连续方法相比优势在于:①沿着加载直径方向的水平应力分布非对称;②在加载板和圆盘轴线中间出现一些奇点,这些奇点的水平拉应力大于 24MPa(黏结抗拉强度数值);③在圆盘轴线附近一些监测球处于受压状态,反映了试样的非均匀性。

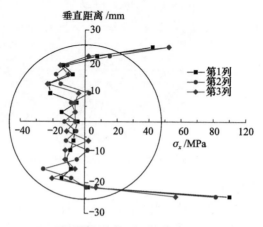

(a) FJC细观模型的水平应力分布

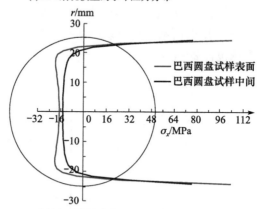

(b) 连续介质计算方法的水平应力分布[66]

图 5.4.49　巴西试验沿加载直径方向的水平应力分布

由于试样的非均匀性,在远离圆盘轴向上水平应力出现奇点,裂纹在加载板附近起裂,并沿着加载直径方向贯通,该现象得到许多室内试验[67,68]证实。巴西圆盘试样处于三向应力状态:一个主应力为垂直向压应力,其他两个主应力为压缩诱导的拉应力。因此,巴西试验中大部分裂纹为压致张拉裂纹,其形成机理如

图 5.4.25 所示。与此相反,直接拉伸试验试样为纯张拉状态。因此,对于同一岩样,总体上巴西抗拉强度大于直接拉伸强度。

在实际工程中,纯张拉状态是很少存在的。大部分岩石材料处于三向受力状态,如开挖隧道附近的围岩、地下矿山的矿柱和钻头冲击作用下的岩石等,所处的三向应力状态类似于巴西圆盘试样所处的应力状态。因此,巴西抗拉强度可作为岩石材料三向受力状态下的一个重要抗拉指标。

5.4.4　岩芯饼化试验(标准 BPM)

1. 研究现状及试验方法

岩芯饼化、岩爆、分区破裂等是高应力区岩石破坏的常见现象。在高地应力地区进行钻孔或勘探时常见硬岩的岩芯饼化现象,该现象与地应力、岩石性质、钻头形状、钻孔直径、流体压力、温度等因素有关。其中,地应力是最主要的影响因素,岩芯饼化现象用于地应力的研究自 1963 年起逐渐开展[69]。

关于岩芯断裂成饼的破坏机制,包括剪切破坏、张拉破坏以及剪切破坏和张拉破坏共同作用等理论。Obert 等[70]认为,无论室内试验还是现场观测,都表明岩芯饼化现象破裂起始于岩芯外表面。Stacey[71]认为,岩芯饼化现象可以起裂于岩芯表面,亦可起裂于岩芯轴心,主要受岩芯头的有效长度及钻头形状等因素影响。Li 等[72]指出,岩芯饼化易发生于岩芯轴处,可作为逆冲断层应力环境的判据。李树森等[73]认为,岩芯饼化现象主要受地应力平均值的控制。Matsuki 等[74]认为,当最小拉主应力方向与岩芯轴向一致时易发生岩芯饼化。Lim 等[75]提出了平均最大拉应力准则作为岩芯饼化准则,并基于试验结果推算,当最大主应力达到抗拉强度的 6.5 倍时,岩石将产生岩芯饼化现象。马天辉等[76]研究发现径向应力对岩芯饼化现象至关重要,轴向应力影响较小。对于岩芯饼化的起裂位置,不同应力条件下,裂纹起裂于岩芯表面或岩芯轴处。Huang 等[77]通过三轴卸载试验,认为岩芯饼化是一个与时间有关的张拉破坏现象,且当最大主应力接近抗拉强度的 5~6 倍时易产生岩芯饼化。

除实地观测、经验总结、室内试验、公式拟合等研究方法外,研究者通过数值模拟方法对岩芯饼化现象开展研究[78,79]。然而,目前大部分岩芯饼化研究集中于岩芯钻取过程中应力集中与分布问题,极少涉及岩芯饼化过程中裂纹发展的全过程。因此,通过三维颗粒流软件对岩芯饼化现象进行数值模拟,从细观角度研究岩芯饼化过程和力学机理,对岩芯饼化起裂应力、岩芯饼化起裂位置、岩饼形状、岩饼厚度及其与三向主应力的关系等开展研究是十分必要的。

2. 计算模型与细观参数匹配

1965 年 Obert 等[70]开发了岩芯饼化的室内试验装置,并完成了 6 种不同类型岩石的 150 组岩芯饼化试验。本节选取其中的 Indiana 石灰岩试验结果作为岩芯饼化数值模拟的参照。考虑到岩芯饼化现象并非是脆性岩石独有的力学特征,因此模型选用平行黏结模型。数值模型参数满足巴西试验中试样直径 50mm、试样直径与颗粒直径比大于 10 等要求[57]。经反复匹配试算,室内试验与数值模拟试验结果对比如表 5.4.8 所示、平行黏结模型细观参数如表 5.4.9 所示。

表 5.4.8　室内试验与数值模拟试验结果对比

岩石性质	室内试验结果	数值模拟结果	误差率/%
单轴抗压强度	60.67MPa	60.0MPa	1.1
直接抗拉强度	4.69MPa	4.62 MPa	1.5
巴西抗拉强度	6.01MPa	5.8 MPa	2.8
内摩擦角	24°	23.1°	3.7

表 5.4.9　模拟 Indiana 石灰岩的平行黏结模型细观参数

细观参数	定义	数值
cm_Dlo	最小颗粒半径/mm	1.4
cm_Dup	最大颗粒半径/mm	1.7
pbm_igap	安装间距/mm	0.5
pbm_mcf	弯矩贡献值	1
pbm_ten_m	抗拉强度/MPa	5
pbm_coh_m	黏聚力/MPa	35
pbm_bkrat	法向与切向刚度比	1.5
pbm_emod	弹性模量/GPa	30

在开展岩芯饼化模拟试验之前,先进行试样几何尺寸、钻孔尺寸、钻进方案、边界条件等问题的确定。与 Obert 室内试验中岩芯饼化柱形试样不同,采用 60mm×60mm×60mm 试样进行岩芯饼化的数值模拟试验,岩芯直径 26mm,钻孔切口 4mm,钻孔外径 34mm,每次钻进深度 10mm。钻取岩芯的过程通过删除颗粒来实现。三维主应力方向分别设置为水平 x、y 方向,竖直 z 方向,且钻孔沿 z 方向。对应模型应力边界条件设置垂直应力 σ_v、最大水平应力 σ_H,最小水平应力 σ_h。另外,为简化分析,钻取应力、钻头形状、钻取速度、流体压力、岩体原生微裂纹等岩芯饼化现象的次要影响因素暂不考虑。

3. 静水压力下岩芯饼化模拟

为探究岩芯饼化现象的起始应力大小,选取四种静水压力分别为 10MPa、20MPa、30MPa 和 40MPa,应力边界通过 PFC 内置墙伺服机制施加。

将 PFC3D 软件模拟岩芯钻孔分为三个阶段。首先,删除顶层直径为 34mm、高度为 3mm 的颗粒,模拟钻孔过程中垂直应力的释放;然后,删除直径为 26mm、厚度为 4mm、高度为 10mm 的圆环范围内颗粒;最后,按照第二层颗粒尺寸删除第三层颗粒。图 5.4.50 为 PFC3D 软件模拟岩芯饼化现象的模型三维视图。

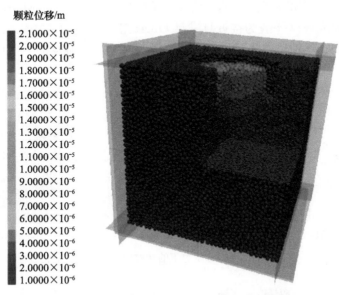

颗粒位移/m

图 5.4.50　PFC3D 软件模拟岩芯饼化现象的模型三维视图

图 5.4.51~图 5.4.54 分别给出了四种静水压力下三个钻取阶段颗粒位移和微裂纹演化过程。模拟开挖过程中引发的微裂纹由接触之间的黏结断开表示。其中黑色短线段表示微观拉裂纹,图中标注椭圆突出显示。

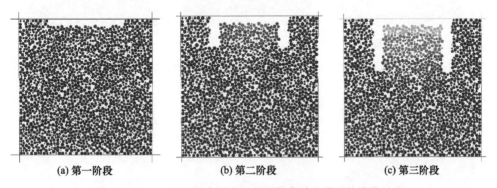

(a) 第一阶段　　　　　(b) 第二阶段　　　　　(c) 第三阶段

图 5.4.51　10MPa 静水压力下的颗粒位移和微裂纹演化过程

由图 5.4.51~图 5.4.54 可以看出,所有微裂纹均始于岩芯外表面。围压为 10MPa 时,三个钻取阶段无明显微裂纹;围压为 20MPa 时,第三阶段有极少微裂纹起始于岩芯外围;围压为 30MPa 时,第二阶段出现明显微裂纹,第三阶段微裂纹增多,颗粒位移也明显增大。以上三种应力条件下微裂纹均没有贯通整个岩芯。当静水压力为 40MPa 时,微裂纹基本贯通岩芯,岩芯饼化现象形成。基于以上结果,可认为岩芯饼化现象的起始静水应力条件约为 40MPa,为模拟对象 Indiana 石灰岩巴西抗拉强度(6MPa)的 6.7 倍,且大于单轴抗压强度(60.67MPa)的一半。该结论与既有研究规律[72]较为接近且满足 Obert 等[70]室内岩芯饼化试验中岩芯饼化现象与岩石力学性质的关系(水平压力不小于单轴抗压强度的一半)。

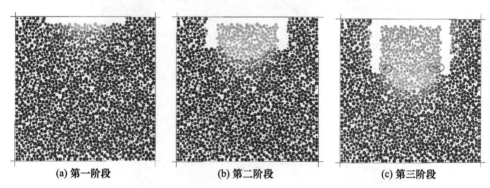

(a) 第一阶段　　　　(b) 第二阶段　　　　(c) 第三阶段

图 5.4.52　20MPa 静水压力下的颗粒位移和微裂纹演化过程

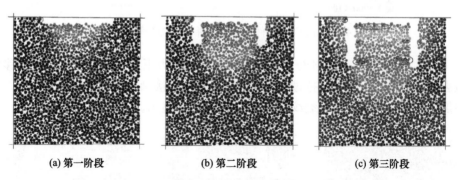

(a) 第一阶段　　　　(b) 第二阶段　　　　(c) 第三阶段

图 5.4.53　30MPa 静水压力下的颗粒位移和微裂纹演化过程

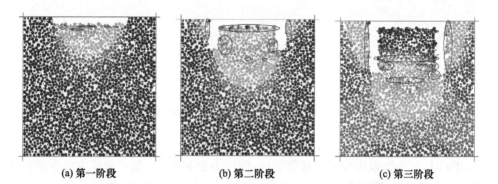

(a) 第一阶段　　　　(b) 第二阶段　　　　(c) 第三阶段

图 5.4.54　40MPa 静水压力下的颗粒位移和微裂纹演化过程

4. 相同水平主应力下岩芯饼化模拟

根据静水压力下岩芯饼化现象数值模拟结果,选取 40MPa 围压作为 Indiana 石灰岩岩芯饼化现象起始应力。取 x 和 y 两向水平主应力 40MPa 不变,研究 z 向垂直主应力(轴向应力)对岩芯饼化现象的影响。四种不同应力状态下,轴向应力分别取 10MPa、20MPa、30MPa 和 40MPa,模拟结果如图 5.4.55～图 5.4.58 所示。

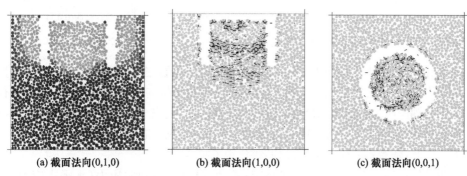

(a) 截面法向(0,1,0)　　　　(b) 截面法向(1,0,0)　　　　(c) 截面法向(0,0,1)

图 5.4.55　颗粒位移与微裂纹演化过程(应力状态 $\sigma_x=40\text{MPa}$、$\sigma_y=40\text{MPa}$、$\sigma_z=10\text{MPa}$)

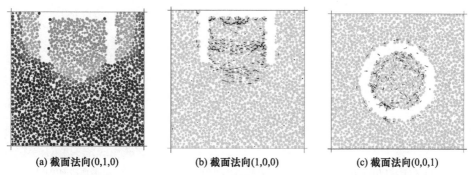

(a) 截面法向(0,1,0)　　　　(b) 截面法向(1,0,0)　　　　(c) 截面法向(0,0,1)

图 5.4.56　颗粒位移与微裂纹演化过程(应力状态 $\sigma_x=40\text{MPa}$、$\sigma_y=40\text{MPa}$、$\sigma_z=20\text{MPa}$)

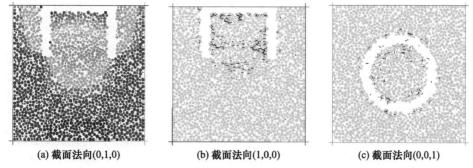

(a) 截面法向(0,1,0)　　　　(b) 截面法向(1,0,0)　　　　(c) 截面法向(0,0,1)

图 5.4.57　颗粒位移与微裂纹演化过程(应力状态 $\sigma_x=40\text{MPa}$、$\sigma_y=40\text{MPa}$、$\sigma_z=30\text{MPa}$)

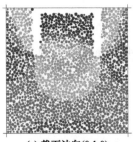 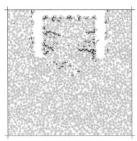 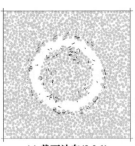

(a) 截面法向(0,1,0)　　　　　(b) 截面法向(1,0,0)　　　　　(c) 截面法向(0,0,1)

图 5.4.58　颗粒位移与微裂纹演化过程(应力状态 $\sigma_x=40\text{MPa}$、$\sigma_y=40\text{MPa}$、$\sigma_z=40\text{MPa}$)

　　当径向应力(水平主应力)保持不变,轴向应力(垂直主应力)逐渐增大时,岩芯位移逐渐增大,但岩芯饼化现象更加不明显,岩饼厚度随轴向应力的增大而减小。当径向应力与轴向应力差值(比值)增大时,岩芯中微裂纹呈完全贯通状态,岩芯饼化现象明显。由此可见,与钻取方向同向的轴向应力可以抑制岩芯饼化现象的发生,当径向应力一定时,随着轴向应力增大,岩芯饼化现象减弱。

　　保持轴向应力(垂直主应力)20MPa 不变,分别选取径向应力(水平主应力)为10MPa、20MPa、30MPa、40MPa,模拟计算结果如图 5.4.59～图 5.4.62 所示。

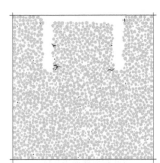 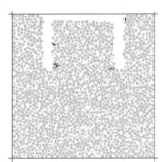 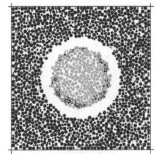

(a) 截面法向(0,1,0)　　　　　(b) 截面法向(1,0,0)　　　　　(c) 截面法向(0,0,1)

图 5.4.59　颗粒位移与微裂纹演化过程(应力状态 $\sigma_x=10\text{MPa}$、$\sigma_y=10\text{MPa}$、$\sigma_z=20\text{MPa}$)

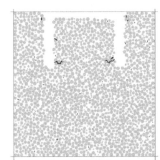 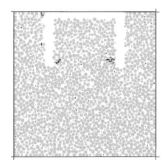 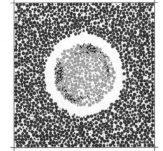

(a) 截面法向(0,1,0)　　　　　(b) 截面法向(1,0,0)　　　　　(c) 截面法向(0,0,1)

图 5.4.60　颗粒位移与微裂纹演化过程(应力状态 $\sigma_x=20\text{MPa}$、$\sigma_y=20\text{MPa}$、$\sigma_z=20\text{MPa}$)

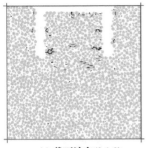 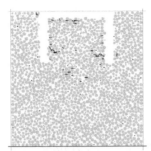 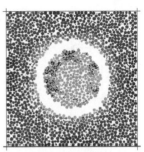

(a) 截面法向(0,1,0)　　　　　(b) 截面法向(1,0,0)　　　　　(c) 截面法向(0,0,1)

图 5.4.61　颗粒位移与微裂纹演化过程(应力状态 $\sigma_x=30\text{MPa}$、$\sigma_y=30\text{MPa}$、$\sigma_z=20\text{MPa}$)

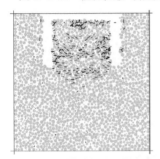 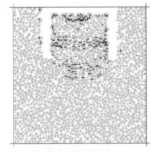 

(a) 截面法向(0,1,0)　　　　　(b) 截面法向(1,0,0)　　　　　(c) 截面法向(0,0,1)

图 5.4.62　颗粒位移与微裂纹演化过程(应力状态 $\sigma_x=40\text{MPa}$、$\sigma_y=40\text{MPa}$、$\sigma_z=20\text{MPa}$)

计算结果表明,当轴向应力保持不变,径向应力由 10MPa 逐渐增大至 40MPa 时,岩芯位移逐渐增大,且岩芯饼化现象逐渐增强。微裂纹分布从集中于岩芯外围到贯通整个岩芯。岩芯根部中心位置也逐渐生成微裂纹。因此,垂直于钻取方向的径向应力可促进岩芯饼化现象的发生。

5. 三向不等主应力下岩芯饼化模拟

为探讨三向不等主应力条件下的岩芯饼化情况,重点研究第二钻取阶段的微裂纹产生与演化过程。选择三向主应力大小分别为 10MPa、20MPa、40MPa,对应 x、y、z 三个不同方向组合成三种断层应力状态。Anderson[80] 将覆岩应力 σ_v、水平最大压主应力 σ_H、水平最小压主应力 σ_h 与三种主要的断层形式相联系。第一种应力条件为 $\sigma_H>\sigma_h>\sigma_v$,即逆冲断层应力状态;第二种应力条件为 $\sigma_H>\sigma_v>\sigma_h$,即走滑断层应力状态;第三种应力条件为 $\sigma_v>\sigma_H>\sigma_h$,即正断层应力状态。三种断层应力状态如图 5.4.63 所示。

对于三种不同应力状态下的岩芯饼化现象,图 5.4.64～图 5.4.68 为五个代表性计算阶段的微裂纹萌生与扩展过程。其中,图(a)表示逆冲断层应力状态($\sigma_H=40\text{MPa}$、$\sigma_h=20\text{MPa}$、$\sigma_v=10\text{MPa}$);图(b)表示走滑断层应力状态($\sigma_H=40\text{MPa}$、$\sigma_h=10\text{MPa}$、$\sigma_v=20\text{MPa}$);图(c)表示正断层应力状态($\sigma_H=20\text{MPa}$、$\sigma_h=10\text{MPa}$、$\sigma_v=40\text{MPa}$)。

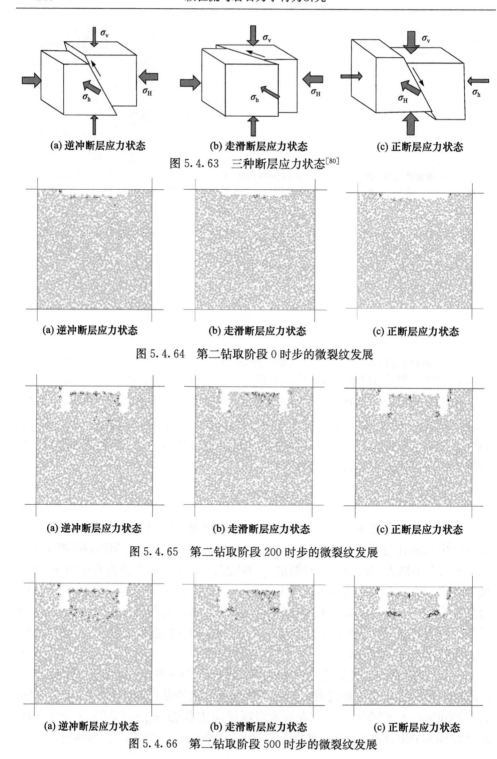

(a) 逆冲断层应力状态　　　　　(b) 走滑断层应力状态　　　　　(c) 正断层应力状态

图 5.4.63　三种断层应力状态[80]

(a) 逆冲断层应力状态　　　　　(b) 走滑断层应力状态　　　　　(c) 正断层应力状态

图 5.4.64　第二钻取阶段 0 时步的微裂纹发展

(a) 逆冲断层应力状态　　　　　(b) 走滑断层应力状态　　　　　(c) 正断层应力状态

图 5.4.65　第二钻取阶段 200 时步的微裂纹发展

(a) 逆冲断层应力状态　　　　　(b) 走滑断层应力状态　　　　　(c) 正断层应力状态

图 5.4.66　第二钻取阶段 500 时步的微裂纹发展

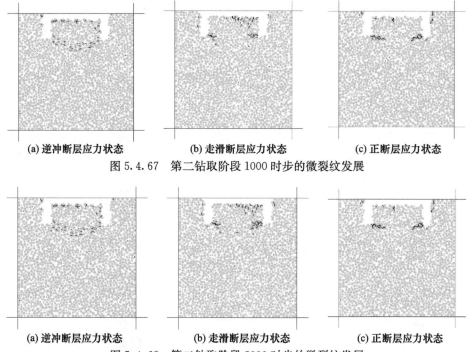

(a) 逆冲断层应力状态　　　　(b) 走滑断层应力状态　　　　(c) 正断层应力状态

图 5.4.67　第二钻取阶段 1000 时步的微裂纹发展

(a) 逆冲断层应力状态　　　　(b) 走滑断层应力状态　　　　(c) 正断层应力状态

图 5.4.68　第二钻取阶段 3000 时步的微裂纹发展

在第二钻取阶段开始前,岩芯顶部和钻孔外径壁均有应力释放引起的微裂纹。在第二钻取阶段初期,仅在走滑断层应力状态下,岩芯顶部出现竖向微裂纹。Hakala[81]在对岩芯饼化现象的模拟中也发现了竖向微裂纹的存在。

运行至 200 时步时,岩芯饼化的微裂纹开始萌生。在逆冲断层应力状态($\sigma_H > \sigma_h > \sigma_v$)下,微裂纹起始于岩芯轴部。在走滑断层应力状态($\sigma_H > \sigma_v > \sigma_h$)和正断层应力状态($\sigma_v > \sigma_H > \sigma_h$)下,微裂纹起始于岩芯外围,与姜谱男等[79]的研究结果较为一致,认为当竖向应力远小于水平应力时,破坏始于潜在破坏面中心,该结论对根据岩芯试样推算应力状态具有一定的参考价值。

综合各计算时步的结果,仅当三向主应力呈逆冲断层应力状态时,岩芯饼化现象从岩芯轴开始破裂。因此在实地岩芯钻取中,即使没有完全岩芯饼化现象发生,也可借助局部岩芯饼化对原岩应力条件进行初步判断。当岩芯外部有饼化现象时,表明三向主应力大小关系为走滑断层应力条件($\sigma_H > \sigma_v > \sigma_h$)或正断层应力条件($\sigma_v > \sigma_H > \sigma_h$)。当岩芯表面看似完好,在进行岩石试样切割或扫描时发现岩芯内部有饼化迹象时,表明三向主应力关系为逆冲断层应力条件($\sigma_H > \sigma_h > \sigma_v$)。

逆冲断层应力条件是唯一一种岩芯饼化微裂纹起始于岩芯轴部的应力状态,选择该应力条件对第三钻取阶段开展进一步模拟分析。保持 y 方向为最大主应力方向,x 方向为中间主应力方向,z 方向为最小主应力方向,沿 z 方向钻孔。保持最小主应力 10MPa 和最大主应力 40MPa 不变,中间主应力分别为 10MPa、20MPa、30MPa、40MPa,图 5.4.69～图 5.4.72 为不同应力条件下的模拟结果,(a)、(b)、(c)分别表示模型不同状态的截面。

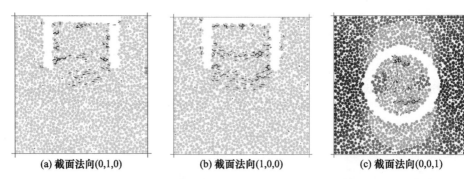

(a) 截面法向(0,1,0)　　　　　(b) 截面法向(1,0,0)　　　　　(c) 截面法向(0,0,1)

图 5.4.69　颗粒位移与微裂纹演化过程($\sigma_x=10\text{MPa}$、$\sigma_y=40\text{MPa}$、$\sigma_z=10\text{MPa}$)

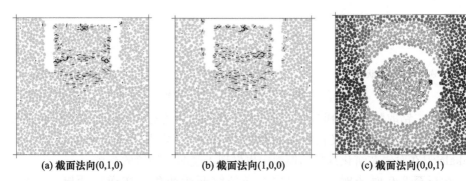

(a) 截面法向(0,1,0)　　　　　(b) 截面法向(1,0,0)　　　　　(c) 截面法向(0,0,1)

图 5.4.70　颗粒位移与微裂纹演化过程($\sigma_x=20\text{MPa}$、$\sigma_y=40\text{MPa}$、$\sigma_z=10\text{MPa}$)

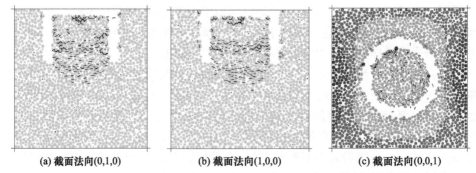

(a) 截面法向(0,1,0)　　　　　(b) 截面法向(1,0,0)　　　　　(c) 截面法向(0,0,1)

图 5.4.71　颗粒位移与微裂纹演化过程($\sigma_x=30\text{MPa}$、$\sigma_y=40\text{MPa}$、$\sigma_z=10\text{MPa}$)

图 5.4.69 和图 5.4.70 显示,当水平方向两个主应力差值较大(差值分别为 30MPa 和 20MPa)时,x 轴截面微裂纹分布形态与 y 轴截面微裂纹分布形态迥异。

具体表现为:图(a)中微裂纹贯通形状为凸面,岩饼厚度不均匀;图(b)中微裂纹贯通形状为凹面,岩饼厚度较为均匀;图(c)中 z 轴截面图显示较大径向应力方向颗粒位移明显偏大。

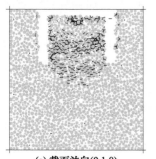 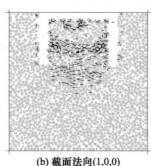 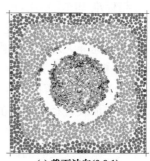

(a) 截面法向(0,1,0)　　　　　　(b) 截面法向(1,0,0)　　　　　　(c) 截面法向(0,0,1)

图 5.4.72　颗粒位移与微裂纹演化过程($\sigma_x=40\mathrm{MPa}$、$\sigma_y=40\mathrm{MPa}$、$\sigma_z=10\mathrm{MPa}$)

图 5.4.71 和图 5.4.72 显示,当水平方向两个主应力差值较小(差值分别为 10MPa 和 0MPa)时,x 轴截面微裂纹分布形态与 y 轴截面微裂纹分布形态较为相近。具体表现为:图(a)中微裂纹贯通形状近乎水平,岩饼厚度不均匀;图(b)中微裂纹贯通形状近乎水平,岩饼厚度较为均匀;图(c)中 z 轴截面图显示微裂纹和颗粒位移较为均匀。

根据上述计算结果,可以判断水平方向主应力差值对岩芯饼化模拟的微裂纹分布、岩饼厚度影响较大。

5.5　本 章 小 结

完整脆性岩石的室内试验通常会呈现三个显著特征:高压拉比、大内摩擦角以及强度包络线为非线性,同时深部脆性岩体易呈现三个力学特征现象:峰后脆延性转化、分区破裂化现象和岩爆现象。

颗粒离散单元法在模拟岩石或类岩石问题上发挥着越来越重要的作用,但也存在一些缺陷。通过深入分析标准 BPM 的结构特征和本构关系,总结了造成标准 BPM 三个显著缺陷的四个原因:① 圆盘或球形颗粒不能提供足够的自锁效应;② 平行黏结和圆盘或球形颗粒不能提供合适的旋转阻抗;③ 黏结接触的剪切强度与法向应力无关;④ 缺少预制裂纹。针对标准 BPM 在模拟岩石脆性特性方面存在的显著缺陷,可通过改变颗粒形状和修改接触本构模型两方面对其进行改进。

等效晶质模型修改球形颗粒为不规则形状,增加了颗粒的自锁效应,可解决标准 BPM 的三个显著缺陷,有利于探究脆性岩石力学特性,但其仅适用于二维模型。

结合室内试验数据,通过模拟结果与试验结果的对比分析,验证了等效晶质模型在脆性岩石力学特征研究中的适宜性与可靠性,并从细观角度揭示了脆性岩石在加载条件下的破裂机理与强度特性。

与标准 BPM 相比,FJM3D 从以下四方面进行了改进:①增加颗粒自锁效应;②提供合适的旋转阻抗;③植入与应力相关的剪切强度;④引入预制裂纹。

基于锦屏大理岩的室内压缩和直接拉伸室内试验结果,采用 FJM3D 构建细观模型,匹配其宏观力学性质和峰后特征行为,获得了较为满意的结果。采用FJM3D 对影响巴西抗拉强度的因素展开系统研究,通过分析巴西劈裂试验的微裂纹扩展和加载直径方向上的水平应力分布,探究了巴西圆盘的破裂机制。

选取 Indiana 石灰岩对岩芯饼化现象进行了数值模拟研究,重点研究了岩芯饼化过程中微裂纹发展的四个问题:①微裂纹起始应力大小;②微裂纹起始位置及过程;③应力状态对岩芯形状的影响;④应力大小对岩饼厚度的影响。研究结论对岩芯饼化机制和现场原岩应力的推算具有参考价值,同时可为高应力条件下岩爆现象的模拟研究提供可行思路。

参 考 文 献

[1] Mogi K. Experimental Rock Mechanics. Tokyo:CRC Press,2006.

[2] Hoek E,Martin C D. Fracture initiation and propagation in intact rock—A review. Journal of Rock Mechanics and Geotechnical Engineering,2014,6(4):287-300.

[3] Cho N,Martin C D,Sego D C. A clumped particle model for rock. International Journal of Rock Mechanics and Mining Sciences,2007,44(7):997-1010.

[4] Zhang D C,Ranjith P G,Perera M S A. The brittleness indices used in rock mechanics and their application in shale hydraulic fracturing:A review. Journal of Petroleum Science and Engineering,2016,143:158-170.

[5] Hoek E,Brown E T. Practical estimates of rock mass strength. International Journal of Rock Mechanics and Mining Sciences,1997,34(8):1165-1186.

[6] Marinos P,Hoek E. Estimating the geotechnical properties of heterogeneous rock masses such as flysch. Bulletin of Engineering Geology and the Environment,2001,60(2):85-92.

[7] 何满潮,谢和平,彭苏萍,等. 深部开采岩体力学研究. 岩石力学与工程学报,2005,24(16):2803-2813.

[8] Paterson M S. Experimental deformation and faulting in wombeyan marble. Geological Society of America Bulletin,1958,69(4):465-476.

[9] Wawersik W R,Fairhurst C. A study of brittle rock fracture in laboratory compression experiments. International Journal of Rock Mechanics and Mining Sciences & Geomechanics Abstracts,1970,7(5):561-575.

[10] 张春生,陈祥荣,侯靖,等. 锦屏二级水电站深埋大理岩力学特性研究. 岩石力学与工程学

报,2010,29(10):1999-2009.

[11]　王建良. 深埋大理岩力学特性研究及其工程应用[博士学位论文]. 昆明:昆明理工大学,
　　　　2013.

[12]　Shemyakin E I, Fisenko G L, Kurlenya M V, et al. Zonal disintegration of rocks around un-
　　　　derground workings, Part 1: Data of in situ observations. Soviet Mining Science, 1986,
　　　　22(3):157-168.

[13]　钱七虎. 非线性岩石力学的新进展——深部岩石力学的若干关键问题// 第八次全国岩石
　　　　力学与工程学术大会论文集. 北京:科学出版社,2004:10-17.

[14]　王明洋,宋华,郑大亮,等. 深部巷道围岩的分区破裂机制及"深部"界定探讨. 岩石力学与
　　　　工程学报,2006,25(9):1771-1776.

[15]　钱七虎. 地下工程建设安全面临的挑战与对策. 岩石力学与工程学报,2012,31(10):
　　　　1945-1956.

[16]　姜耀东,潘一山,姜福兴,等. 我国煤炭开采中的冲击地压机理和防治. 煤炭学报,2014,
　　　　39(2):205-213.

[17]　Diederichs M S, Kaiser P K. Tensile strength and abutment relaxation as failure control
　　　　mechanisms in underground excavations. International Journal of Rock Mechanics and
　　　　Mining Sciences,1999,36(1):69-96.

[18]　Potyondy D O, Cundall P A. A bonded-particle model for rock. International Journal of
　　　　Rock Mechanics and Mining Sciences,2004,41(8):1329-1364.

[19]　Schöpfer M P J, Abe S, Childs C, et al. The impact of porosity and crack density on the e-
　　　　lasticity, strength and friction of cohesive granular materials: Insights from DEM model-
　　　　ling. International Journal of Rock Mechanics and Mining Sciences,2009,46(2):250-261.

[20]　Zhang Q, Zhu H H, Zhang L Y, et al. Effect of micro-parameters on the Hoek-Brown
　　　　strength parameter mi for intact rock using particle flow modeling//The 46th US Rock
　　　　Mechanics/Geomechanics Symposium. Chicago,2012.

[21]　Cundall P A. A computer model for simulating progressive, large-scale movement in
　　　　blocky rock system//Proceedings of the International Symposium on Rock Mechanics.
　　　　Nancy,1971.

[22]　Cundall P A, Strack O D L. A discrete numerical model for granular assemblies.
　　　　Géotechnique,1979,29(1):47-65.

[23]　Potyondy D O. A grain-based model for rock: Approaching the true microstructure//Pro-
　　　　ceedings of Rock Mechanics in the Nordic Countries. Kongsberg,2010:9-12.

[24]　Kazerani T, Zhao J. Micromechanical parameters in bonded particle method for modelling
　　　　of brittle material failure. International Journal for Numerical and Analytical Methods in
　　　　Geomechanics,2010,34(18):1877-1895.

[25]　张帆. 三峡花岗岩力学特性与本构关系研究[硕士学位论文]. 武汉:中国科学院武汉岩土
　　　　力学研究所,2007.

[26]　周喻,高永涛,吴顺川,等. 等效晶质模型及岩石力学特征细观研究. 岩石力学与工程学

报,2015,34(3):511-519.

[27] Hoek E,Brown E T. Underground Excavations in Rock. London:CRC Press,1980.

[28] Hoek E,Carranza-Torres C,Corkum B. Hoek-Brown failure criterion—2002 edition//Proceedings of NARMS-Tac. Toronto,2002.

[29] Potyondy D O. A flat-jointed bonded-particle material for hard rock//The 46th US Rock Mechanics/Geomechanics Symposium. Chicago,2012.

[30] Potyondy D O. PFC3D flat joint contact model version 1. Itasca Consulting Group,Minneapolis,2013.

[31] Potyondy D O. Parallel-bond refinements to match macroproperties of hard rock//Proceedings of the 2nd International FLAC/DEM Symposium Melbourne. Melbourne,2011:4-8.

[32] Ding X B,Zhang L Y. A new contact model to improve the simulated ratio of unconfined compressive strength to tensile strength in bonded particle models. International Journal of Rock Mechanics and Mining Sciences,2014,69:111-119.

[33] 周辉,杨艳霜,肖海斌,等. 硬脆性大理岩单轴抗拉强度特性的加载速率效应研究——试验特征与机制. 岩石力学与工程学报,2013,32(9):1868-1875.

[34] 中华人民共和国水利行业标准. 水利水电工程岩石试验规程(SL/T 264—2020). 北京:中国水利水电出版社,2020.

[35] Ding X B,Zhang L Y,Zhu H H,et al. Effect of model scale and particle size distribution on PFC3D simulation results. Rock Mechanics and Rock Engineering, 2014, 47(6): 2139-2156.

[36] Huang H,Lecampion B,Detournay E. Discrete element modeling of tool-rock interaction I: Rock cutting. International Journal for Numerical and Analytical Methods in Geomechanics,2013,37(13):1913-1929.

[37] Yang B D,Jiao Y,Lei S T. A study on the effects of microparameters on macroproperties for specimens created by bonded particles. Engineering Computations,2006,23(6):607-631.

[38] Scholtès L,Donzé F V. A DEM model for soft and hard rocks:Role of grain interlocking on strength. Journal of the Mechanics and Physics of Solids,2013,61(2):352-369.

[39] Oda M. Co-ordination number and its relation to shear strength of granular material. Soils and Foundations,1977,17(2):29-42.

[40] Ding X B,Zhang L Y. Simulation of rock fracturing using particle flow modeling:Phase i-model development and calibration//The 45th US Rock Mechanics/Geomechanics Symposium. San Francisco,2011.

[41] Mahmutoglu Y. Mechanical behaviour of cyclically heated fine grained rock. Rock Mechanics and Rock Engineering,1998,31(3):169-179.

[42] Martin C D,Chandler N A. The progressive fracture of Lac du Bonnet granite. International Journal of Rock Mechanics and Mining Sciences & Geomechanics Abstracts, 1994, 31(6):643-659.

[43]　Fairhurst C, Cook N G W. The phenomenon of rock splitting parallel to the direction of maximum compression in the neighborhood of a surface crack//Proceedings of the First Congress on the International Society of Rock Mechanics. Lisbon, 1966.

[44]　Lockner D A, Moore D E, Reches Z. Microcrack interaction leading to shear fracture//The 33th US Symposium on Rock Mechanics. Santa Fe, 1992.

[45]　Kemeny J M. A model for non-linear rock deformation under compression due to sub-critical crack growth. International Journal of Rock Mechanics and Mining Sciences & Geomechanics Abstracts, 1991, 28(6): 459-467.

[46]　Kemeny J M, Cook N G W. Micromechanics of Deformation in Rocks. Dordrecht: Springer, 1991: 155-188.

[47]　Cundall P A, Potyondy D O, Lee C A. Micromechanics-based models for fracture and breakout around the mine-by tunnel//International Conference on Deep Geological Disposal of Radioactive Waste. Winnipeg, 1996.

[48]　Nemat-Nasser S, Horii H. Compression-induced nonplanar crack extension with application to splitting, exfoliation, and rockburst. Journal of Geophysical Research: Solid Earth, 1982, 87(B8): 6805-6821.

[49]　Reches Z, Lockner D A. Nucleation and growth of faults in brittle rocks. Journal of Geophysical Research: Solid Earth, 1994, 99(B9): 18159-18173.

[50]　Healy D, Jones R R, Holdsworth R E. Three-dimensional brittle shear fracturing by tensile crack interaction. Nature, 2006, 439(7072): 64-67.

[51]　Nakashima S, Taguchi K, Moritoshi A, et al. Loading conditions in the Brazilian test simulation by DEM//The 47th US Rock Mechanics/Geomechanics Symposium. San Francisco, 2013.

[52]　Bieniawski Z T, Hawkes I. Suggested methods for determining tensile strength of rock materials. International Journal of Rock Mechanics & Mining Sciences, 1978, 15(3): 99-103.

[53]　Xu X L, Wu S C, Gao Y T, et al. Effects of micro-structure and micro-parameters on Brazilian tensile strength using flat-joint model. Rock Mechanics and Rock Engineering, 2016, 49(9): 3575-3595.

[54]　Chen W F, Yuan R L. Tensile strength of concrete: Double-punch test. Journal of the Structural Division, 1980, 106(8): 1673-1693.

[55]　Bazant Z P, Kazemi M T, Hasegawa T, et al. Size effect in Brazilian split-cylinder tests: Measurements and fracture analysis. ACI Materials Journal, 1991, 88(3): 325-332.

[56]　Rocco C, Guinea G V, Planas J, et al. Size effect and boundary conditions in the Brazilian test: Experimental verification. Materials and Structures, 1999, 32(3): 210-217.

[57]　Ulusay R. The ISRM Suggested Methods for Rock Characterization, Testing and Monitoring: 2007-2014. New York: Springer, 2014.

[58]　Steen B V D, Vervoort A, Napier J A L. Observed and simulated fracture pattern in diametrically loaded discs of rock material. International Journal of Fracture, 2005, 131(1): 35-52.

[59]　Cho S H, Yang H S, Katsuhiko K. Influence of rock inhomogeneity on the static tensile strength of rock. Tunnel and Underground Space, 2003, 13(2): 117-124.

[60]　Blair S C, Cook N G W. Analysis of compressive fracture in rock using statistical techniques: Part II. Effect of microscale heterogeneity on macroscopic deformation. International Journal of Rock Mechanics & Mining Sciences, 1998, 35(7): 849-861.

[61]　Inglis C E. Stresses in a plate due to the presence of cracks and sharp corners. Trans Inst Naval Archit, 1913, 55: 219-241.

[62]　Griffith A A. The phenomena of rupture and flow in solids. Philosophical Transactions of the Royal Society of London. Series A, 1921, 221(582-593): 163-198.

[63]　Erarslan N, Williams D J. Experimental, numerical and analytical studies on tensile strength of rocks. International Journal of Rock Mechanics and Mining Sciences, 2012, 49: 21-30.

[64]　Erarslan N, Williams D J. Investigating the effect of cyclic loading on the indirect tensile strength of rocks. Rock Mechanics and Rock Engineering, 2012, 45(3): 327-340.

[65]　Wu S C, Xu X L. A study of three intrinsic problems of the classic discrete element method using flat-joint model. Rock Mechanics and Rock Engineering, 2016, 49(5): 1813-1830.

[66]　Li D Y, Wong L N Y. The Brazilian disc test for rock mechanics applications: Review and new insights. Rock Mechanics and Rock Engineering, 2013, 46(2): 269-287.

[67]　Hudson J A, Brown E T, Rummel F. The controlled failure of rock discs and rings loaded in diametral compression. International Journal of Rock Mechanics and Mining Sciences & Geomechanics Abstracts, 1972, 9(2): 241-248.

[68]　Swab J J, Yu J, Gamble R, et al. Analysis of the diametral compression method for determining the tensile strength of transparent magnesium aluminate spinel. International Journal of Fracture, 2011, 172(2): 187-192.

[69]　Jaeger J C, Cook N G W. Pinching-off and disking of rocks. Journal of Geophysical Research Atmospheres, 1963, 68(6): 1759-1765.

[70]　Obert L, Stephenson D E. Stress conditions under which core discing occurs. Society of Mining Engineers of AIME Transactions, 1965, 232(3): 227-235.

[71]　Stacey T R. Contribution to the mechanism of core discing. Journal of the South African Institute of Mining and Metallurgy, 1982, 82(9): 269-274.

[72]　Li Y, Schmitt D R. Drilling-induced core fractures and in situ stress. Journal of Geophysical Research: Solid Earth, 1998, 103(B3): 5225-5239.

[73]　李树森, 聂德新, 任光明. 岩芯饼裂机制及其对工程地质特性影响的分析. 地球科学进展, 2004, 19(S1): 376-379.

[74]　Matsuki K, Kaga N, Yokoyama T, et al. Determination of three dimensional in situ stress from core discing based on analysis of principal tensile stress. International Journal of Rock Mechanics & Mining Sciences, 2004, 41(7): 1167-1190.

[75]　Lim S S, Martin C D. Core disking and its relationship with stress magnitude for Lac du Bonnet granite. International Journal of Rock Mechanics and Mining Sciences, 2010,

47(2):254-264.

[76] 马天辉,王龙,徐涛,等. 岩芯饼化机制及应力分析. 东北大学学报(自然科学版),2016,37(10):1491-1495.

[77] Huang H X,Fan P X,Li J,et al. A theoretical explanation for rock core disking in triaxial unloading test by considering local tensile stress. Acta Geophysica,2016,64(5):1430-1445.

[78] Bahrani N,Valley B,Kaiser P K. Numerical simulation of drilling-induced core damage and its influence on mechanical properties of rocks under unconfined condition. International Journal of Rock Mechanics and Mining Sciences,2015,100(80):40-50.

[79] 姜谙男,曾正文,唐春安. 岩芯成饼单元安全度三维数值试验及地应力反馈分析. 岩石力学与工程学报,2010,29(8):1610-1617.

[80] Anderson E M. The Dynamics of Faulting and Dyke Formation:With Applications to Britain. Edinburgh:Oliver and Boyd,1951.

[81] Hakala M. Numerical study on core damage and interpretation of in situ state of stress. Posiva Report,1999.

第6章 应力波及破裂源定位模拟方法

6.1 概 述

在矿岩破碎、油井致裂、爆破开挖、核爆防护、地球物理勘探及地震研究等多个工程领域，均涉及应力波在岩石(体)中的传播问题。当应力波在地质体中传播时，受到岩体非均质性、非线性、黏性等因素的影响，能量不断衰减。实际工程中，对于地下工程及建筑物等，应将应力波的破坏效应降至最低；对于矿山破岩及油井致裂等，应充分利用应力波的能量以获得最佳破碎效果；在地震学中，应充分了解地震波对地面建(构)筑物的破坏效应。岩体在受力和发生形变的过程中会产生应力波，根据应力波信号特征参数变化及震源定位可揭示岩体内部损伤破裂规律[1,2]，其中，定位方法是确定岩石内部缺陷以及破裂损伤位置的关键。因此，研究应力波在岩体中的传播与衰减规律，对国防建设和国民经济均具有重要意义。

地质体中存在大量裂隙等不连续面，研究者从波与地质构造、波与结构面、波与节理裂隙的相互作用等角度，通过室内试验和原位试验研究波的传播与衰减[3~6]。但由于应力波传播过程极其复杂，进行室内试验和原位试验的设备复杂昂贵，理论条件不易满足，数值方法干扰因素较少，能更好地满足应力波传播理论条件，因此数值模拟在研究应力波传播方面具有独特优势。

目前，应力波传播研究常用数值模拟方法主要基于连续介质理论和非连续介质理论。由于岩石中含有大量不连续面，连续介质理论难以描述岩石内部裂纹的产生、扩展以及波的传播过程，模拟应力波在岩石中传播时，需要建立复杂的本构模型并求解波动方程。基于非连续介质理论的离散单元法[7]已广泛应用于各类岩石力学特性的研究。

Trent 等[8]采用离散单元法从细观尺度上研究介质的波动过程。Toomey 等[9]模拟了波在大尺度规则排列颗粒(discrete particle scheme，DPS)模型中的传播问题，数值弥散和波速的分析结果能够较好地验证波动方程的高阶有限差分解。Matsuoka 等[10]采用规则排列的圆盘构建霍普金森压杆，研究反射的拉伸波对压杆产生的影响。Abe 等[11]在大尺度颗粒模型中采用并行处理，大幅提高了模型的运行效率。Hazzard 等[12]利用 PFC3D 软件建立砂岩的不规则排列颗粒模型，研究了应力波的传播特征。Resende 等[13]建立岩石的 PFC2D 模型，探讨了应力波与岩石裂纹的相互作用关系。

此外,离散颗粒模型还被应用于模拟爆破效应研究[14,15]。Sadd 等[16]基于离散元理论研究了枝矢量、接触法向和轴向矢量分布与波速和振幅衰减的关系。张国凯等[17]采用颗粒流程序建立 9 种不同各向异性模型,研究波的传播规律,揭示孔隙率、枝矢量分布、配位数和刚度张量等细观参数对波的传播和衰减的影响。采用颗粒模型对岩石的动态力学行为进行模拟研究时,大部分学者均未对模型的参数、数值弥散、边界条件等进行系统分析,在数值模拟参数确定方面均具有一定的盲目性,因此在动力学模拟之前进行模型参数分析显得十分必要。

研究岩体损伤的声学方法主要分为两类:主动方法(超声波)和被动方法(声发射)[18,19]。其中,定位方法是确定岩石内部缺陷以及破裂损伤位置的关键,传统定位方法包括 Geiger 法[20]、单纯形法[21]、网格搜索法[22]等。传统定位方法多基于单一波速模型,适用范围仅限于各向同性介质,对于岩石类非连续性介质,由于微裂纹、孔隙、节理裂隙等天然缺陷,声发射信号在岩石内部传播过程中易发生弥散、散射及衰减,其传播路径和传播速度均会发生明显变化,采用单一波速模型进行定位误差较大,而建立相对准确的复杂波速模型难度极大。因此,提出非测速条件下声发射震源定位方法有助于改进当前预设单一速度模型震源定位方法的准确性。

6.2　应力波模拟方法

6.2.1　应力波模拟影响要素及特征分析

为研究一维波在 PFC 模型中的传播规律,建立一个由 640 个颗粒组成的链状一维颗粒流模型(以下简称颗粒链模型),分别赋予接触黏结模型和平行黏结模型,探究细观黏结参数对波传播的影响[23]。

1. 接触黏结模型

1) 接触黏结模型的建立及波速分析

接触黏结模型的细观参数如表 6.2.1 所示,同时将接触黏结的强度设置成较大值,防止黏结发生破坏。颗粒间的接触弹性模量 E_c 和接触法向刚度 k_n' 为

$$E_c = \frac{k_n}{4R} \tag{6.2.1}$$

$$k_n' = \frac{1}{2}k_n \tag{6.2.2}$$

式中,R 为颗粒半径;k_n 为颗粒法向刚度。

表 6.2.1　接触黏结模型的细观参数

参数	数值
颗粒直径 D/m	10
颗粒密度 $\rho_p/(kg/m^3)$	2000
颗粒法向刚度 $k_n/(N/m)$	1.20×10^{12}
颗粒切向刚度 $k_s/(N/m)$	0

根据弹性波动力学理论,当一维波沿着 x 轴正方向传播时,其波动方程及其解分别为

$$\frac{\partial^2\psi(x,t)}{\partial x^2}=\frac{1}{\alpha^2}\frac{\partial^2\psi(x,t)}{\partial t^2} \qquad (6.2.3)$$

式中,

$$\begin{cases}\psi(x,t)=p\left(t-\dfrac{x}{\alpha}\right)+q\left(t+\dfrac{x}{\alpha}\right)\\[2mm]\alpha=\sqrt{\dfrac{\lambda+2\mu}{\rho}}\end{cases} \qquad (6.2.4)$$

式中,ψ 为质点位移;x 为质点坐标;t 为时间;α 为 P 波波速;λ 和 μ 为拉梅常数;ρ 为介质密度;$\lambda+2\mu$ 为 P 波模量,在单轴应力状态下等于介质的弹性模量。

在颗粒链模型中,颗粒链可以视为方形杆,当 P 波沿着杆传播时,其速度的理论值为

$$\alpha=\sqrt{\frac{E_c}{\rho}} \qquad (6.2.5)$$

在颗粒离散元模型中,由于颗粒间存在孔隙,模型的密度总比颗粒密度低。对于颗粒链模型,有

$$\begin{cases}m_{模型}=m_{颗粒}\\[2mm]\rho(2R)^3=\rho_p\dfrac{4}{3}\pi R^3\end{cases} \qquad (6.2.6)$$

由式(6.2.6)可得,$\rho=\dfrac{\pi}{6}\rho_p=1047kg/m^3$。

联立式(6.2.1)和式(6.2.5)可知,接触黏结模型中 P 波波速 $\alpha=7569m/s$。

2)震源激发方式

以 $x=0$ 处的颗粒为震源,由于一维波动方程在位移边界和速度边界条件下的解相同,分别考虑以位移形式输入正弦波,以速度形式输入雷克子波

$$\psi(x,t)=\sin(\omega t-kx) \qquad (6.2.7)$$

$$\frac{\partial u_1}{\partial t}=A_0\left[1-2\pi^2f^2\left(t-\frac{1}{f}\right)^2\right]\exp\left[-\pi^2f^2\left(t-\frac{1}{f}\right)^2\right] \qquad (6.2.8)$$

式中,ω 为角频率;k 为波数;A_0 为振幅;f 为频率。

正弦波在频域上是脉冲函数,存在高频角点。图 6.2.1 为频率为 16Hz 的正弦波在颗粒链中传播时不同监测位置的波形图。可以看出,正弦波在传播过程中出现了严重的弥散现象,在确定波速和振幅时存在很大困难。

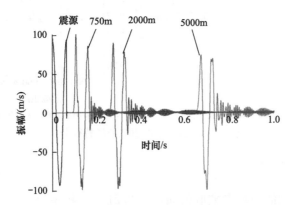

图 6.2.1　正弦波模拟波场特征分析($f=16$Hz)

雷克子波是波场数值模拟中最常用的一种零相位子波(图 6.2.2(a)),雷克子波在傅里叶变换后,其频谱如图 6.2.2(b)所示,不存在高频角点,能有效降低弥散程度。以速度形式输入雷克子波时,取振幅 $A_0=-1.0\times10^{-3}$m/s,峰值频率 $f=$ 16Hz,最大频率为 50Hz。当 P 波在颗粒链中传播时,不同监测位置处的波形如图 6.2.2(c)所示,通过测量第一峰值的到时来计算 P 波波速。与图 6.2.1 进行比较可以看出,雷克子波的波形扭曲程度不大,弥散程度较小。从图 6.2.2(d)中可知,根据不同监测点计算的 P 波波速几乎不受震源距离的影响,P 波的平均波速 $\alpha=$ 7560m/s,与理论值的相对误差为 0.12%。另外,随着震源距离的增大,振幅显著降低,当震源距离为 6000m 时,振幅比震源处下降了 7.6%。在理论推导中,一维波在传播过程中的振幅保持不变,而数值模拟过程中存在弥散现象,导致振幅降低。

因此,本章将采用雷克子波以速度形式激发震源进行研究。

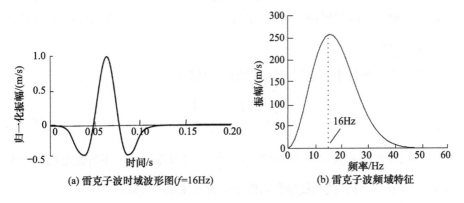

(a) 雷克子波时域波形图($f=16$Hz)　　　　　(b) 雷克子波频域特征

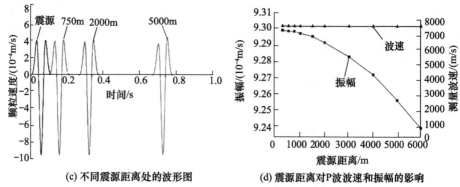

(c) 不同震源距离处的波形图　　　　(d) 震源距离对P波波速和振幅的影响

图 6.2.2　雷克子波模拟波场特征分析

2. 平行黏结模型

平行黏结模型的细观参数取值如表 6.2.2 所示,将平行黏结的强度值设置成较大值,防止黏结在动态模拟过程中发生破坏。

表 6.2.2　平行黏结模型的细观参数

参数	数值
颗粒直径 D/m	10
颗粒密度 ρ_p/(kg/m³)	2000
接触杨氏模量 E_c/GPa	33.5
平行黏结法向刚度 $\bar{k}_n$/(N/m)	3.35×10^9
平行黏结切向刚度 $\bar{k}_s$/(N/m)	3.35×10^9
半径乘子	1

在三维颗粒流模型中,平行黏结为圆形截面模型,根据平行黏结法向刚度可得到平行黏结弹性模量 $\bar{E}_c$[24],即

$$\bar{E}_c = 2R\bar{k}_n \tag{6.2.9}$$

为与接触黏结模型保持一致,将平行黏结模型视为方形杆,此时,平行黏结弹性模量等于 $\frac{\pi}{4}\bar{E}_c$。

当 P 波在一维杆中传播时,其速度的理论值为

$$\alpha = \sqrt{\frac{E_c + \frac{\pi}{4}\bar{E}_c}{\rho}} \tag{6.2.10}$$

联立式(6.2.6)和式(6.2.10)可得,$\rho = \frac{\pi}{6}\rho_p = 1047\text{kg/m}^3$。平行黏结模型中 P 波波速 $\alpha = 7558\text{m/s}$,与 P 波在接触黏结模型中的波速基本一致。

以速度形式施加峰值频率为 16Hz 的雷克子波激发震源,颗粒链上不同监测位置的波形图如图 6.2.3 所示。与图 6.2.2(c)相比,图 6.2.3 中的震源距离更小,但波形的扭曲程度更大。根据接触黏结模型的数值试验结果,可以排除弥散作用,当 P 波在颗粒链中传播时,颗粒的运动方向与波速方向平行,当颗粒间处于拉伸状态时,只通过平行黏结承受拉力,颗粒间的接触刚度约为压缩状态的一半,拉伸状态的瞬时波速比压缩状态小。由于平行黏结模型波形扭曲程度较大,用第一峰值到时计算波速存在较大误差,因此在后面分析中,均采用接触黏结模型。

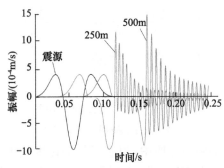

图 6.2.3　平行黏结模型波形图

3. 应力波模拟弥散效应分析

1) 一般弥散特性分析

当一维弹性波沿着 x 轴正方向传播时,通常用谐波函数描述弹性波,将式(6.2.3)变换为另一种形式,即

$$\psi(x,t) = A\mathrm{e}^{\mathrm{i}(\omega t - kx)} \tag{6.2.11}$$

考虑 2 个振幅相同、频率和波数略有不同的谐波,即

$$\begin{cases} \psi_1(x,t) = A_0\,\mathrm{e}^{\mathrm{i}(\omega_1 t - k_1 x)} \\ k_1 = k_0 + \delta k \\ \omega_1 = \omega_0 + \delta\omega \end{cases} \tag{6.2.12}$$

$$\begin{cases} \psi_2(x,t) = A_0\,\mathrm{e}^{\mathrm{i}(\omega_2 t - k_2 x)} \\ k_2 = k_0 - \delta k \\ \omega_2 = \omega_0 - \delta\omega \end{cases} \tag{6.2.13}$$

ψ_1 和 ψ_2 叠加可得

$$\begin{aligned} \psi(x,t) &= A_0 \left[\mathrm{e}^{\mathrm{i}(\delta\omega t - \delta k x)} + \mathrm{e}^{-\mathrm{i}(\delta\omega t - \delta k x)} \right] \mathrm{e}^{\mathrm{i}(\omega_0 t - k_0 x)} \\ &= 2A_0 \cos(\delta\omega t - \delta k x)\,\mathrm{e}^{\mathrm{i}(\omega_0 t - k_0 x)} \end{aligned} \tag{6.2.14}$$

若 δk 和 $\delta\omega$ 足够小时,则式(6.2.14)中的指数项表示单频波以相速度 $V_\mathrm{p} = \omega_0/k_0$ 传播,与式(6.2.12)和式(6.2.13)一致。在传播过程中,相位保持恒定值,即

$$\omega_0 t - k_0 x = 常数 \tag{6.2.15}$$

将 x 对时间 t 微分,可得

$$\frac{\mathrm{d}x}{\mathrm{d}t} = \frac{\omega_0}{k_0} = V_\mathrm{p} \tag{6.2.16}$$

ω_0 和 k_0 均为任意值,因此式(6.2.16)可以写成

$$V_\mathrm{p} = \frac{\omega}{k} \tag{6.2.17}$$

式(6.2.14)中的余弦项表示波以群速度 V_g 进行传播。

$$V_\mathrm{g} = \frac{\delta\omega}{\delta k} = \frac{\mathrm{d}\omega}{\mathrm{d}k} = V_\mathrm{p} + k\,\frac{\mathrm{d}V_\mathrm{p}}{\mathrm{d}k} \tag{6.2.18}$$

当 δk 和 $\delta\omega$ 趋近于零时,$\dfrac{\delta\omega}{\delta k} = \dfrac{\mathrm{d}\omega}{\mathrm{d}k}$ 成立。当 $\dfrac{\mathrm{d}V_\mathrm{p}}{\mathrm{d}k} = 0$ 时,$V_\mathrm{g} = V_\mathrm{p}$,否则,$V_\mathrm{g} \neq V_\mathrm{p}$。

将式(6.2.16)和式(6.2.18)代入式(6.2.14),可得

$$\psi(x,t) = 2A_0 \cos[\delta k (V_\mathrm{g} t - x)] \mathrm{e}^{\mathrm{i}k_0(V_\mathrm{p} t - x)} \tag{6.2.19}$$

在均质、各向同性的弹性介质中,相速度与群速度相等,且与频率无关。在各向异性介质中,相速度和群速度则明显不同,且具有频率依赖性。

2) PFC 模型弥散效应分析

以下通过研究颗粒链中 P 波的传播规律,分析 PFC 模型中的弥散效应。如图 6.2.4 所示[9],颗粒链的细观参数与表 6.2.1 一致。将颗粒之间的接触黏结视为弹簧,设弹簧刚度 $K = k_\mathrm{n}' = \dfrac{1}{2}k_\mathrm{n} = 6 \times 10^{11}\,\mathrm{N/m}$。第 j 个颗粒的平衡位置为 $x_j = jD$,根据胡克定律可得第 j 个颗粒受力状态为

$$F_j = K(x_{j+1} - 2x_j + x_{j-1}) \tag{6.2.20}$$

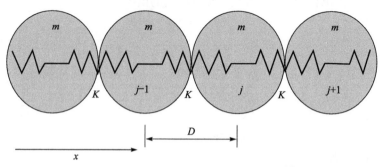

图 6.2.4　颗粒链模型部分颗粒分布图[9]

由牛顿运动定律可知

$$F_j = m\,\frac{\mathrm{d}^2 x_j}{\mathrm{d}t^2} \tag{6.2.21}$$

假设波动方程满足如下形式：

$$\psi(x,t) = \sin(\omega t - kx) \tag{6.2.22}$$

那么，第 j 个颗粒的位移和加速度分别为

$$x_j(t) = \sin(\omega t - kjD) \tag{6.2.23}$$

$$\frac{\mathrm{d}^2 x_j}{\mathrm{d}t^2} = -\omega^2 \sin(\omega t - kjD) \tag{6.2.24}$$

联立式(6.2.20)~式(6.2.24)，可得

$$\omega = 2\sqrt{\frac{K}{m}} \sin \frac{kD}{2} \tag{6.2.25}$$

从式(6.2.25)可以看出，角频率 ω 是波数 k 的函数(图 6.2.5)，波在三维数值模型的传播过程中产生弥散现象。角频率 ω 的最大值为 $2\sqrt{\frac{K}{m}}$，相速度和群速度均为波数 k 的函数，即

$$\begin{cases} V_p = \dfrac{2\sqrt{\dfrac{K}{m}} \sin \dfrac{kD}{2}}{k} \\ V_g = D\sqrt{\dfrac{K}{m}} \cos \dfrac{kD}{2} \end{cases} \tag{6.2.26}$$

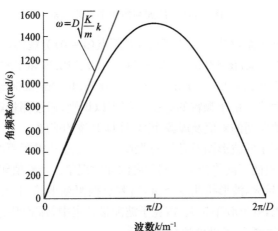

图 6.2.5 角频率 ω 与波数 k 的关系

当波长 λ 远大于颗粒直径 D（即 $\frac{1}{k} \gg D$）时，$\sin \frac{kD}{2} \approx \frac{kD}{2}$，式(6.2.26)可简化为

$$\begin{cases} V_p = D\sqrt{\dfrac{K}{m}} \\ V_g = D\sqrt{\dfrac{K}{m}} \end{cases} \tag{6.2.27}$$

此时,角频率 ω 与波数 k 呈线性关系(图 6.2.5 的直线段),波的相速度与群速度等于同一个定值 $D\sqrt{\dfrac{K}{m}}=7569\text{m/s}$。

一般情况下,波速与角频率的关系如图 6.2.6 所示,相速度和群速度均随着角频率的增大而下降,且群速度下降速率更快。当角频率 $\omega=1513\text{rad/s}$(241Hz)时,群速度下降至零。此时,波数 $k=0.31416\text{m}^{-1}$,波长 $\lambda=20\text{m}$。另外,随着角频率 ω 递减,相速度和群速度将趋近于 7569m/s。

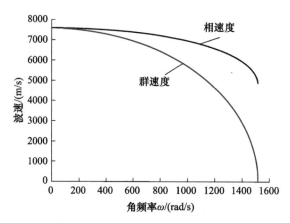

图 6.2.6　波速与角频率 ω 的关系

为了验证上述关系,在颗粒链模型中,以原点($x=0$)为震源,以速度形式施加峰值频率分别为 16Hz、32Hz、48Hz、64Hz、80Hz、96Hz、112Hz 和 128Hz 的雷克子波,并在 250m、500m、750m、1000m、1500m、2000m、3000m、4000m、5000m 和 6000m 处监测颗粒在 x 方向的速度。由于颗粒的起振时间难以识别,通过测量震源第一峰值时间与监测点第一峰值时间的差值及震源距离,计算 P 波的速度。

图 6.2.7 为记录的波形图及监测点振幅、P 波波速随震源距离的变化趋势。可以看出,频率和距离的不同将产生不同程度的弥散现象。当峰值频率相同时,震源距离越大,弥散程度越大,波形扭曲越严重,监测点振幅越小,但 P 波波速变化不大;对于相同的震源距离,峰值频率越大,雷克子波能量越集中,弥散程度越大,波形扭曲越严重,振幅衰减程度越大,P 波波速略有降低。

将上述结果与图 6.2.5 的理论结果进行对比,如图 6.2.8 所示。可以看出,当波数 $k=0.05\text{m}^{-1}$ 时,对应波长 $\lambda=125.7\text{mm}$,频率 $f\leqslant60.23\text{Hz}$,角频率 ω 与波数 k 近似呈线性关系,数值模型中的弥散作用可忽略。类似地,Kuhlemeyer 等[25]通过有限元模拟指出,当波长小于 4 个计算单元时,波传播过程的模拟将失去实际意义,并计算出波长至少大于 10 个计算单元时,才能精确实现波传播的模拟。

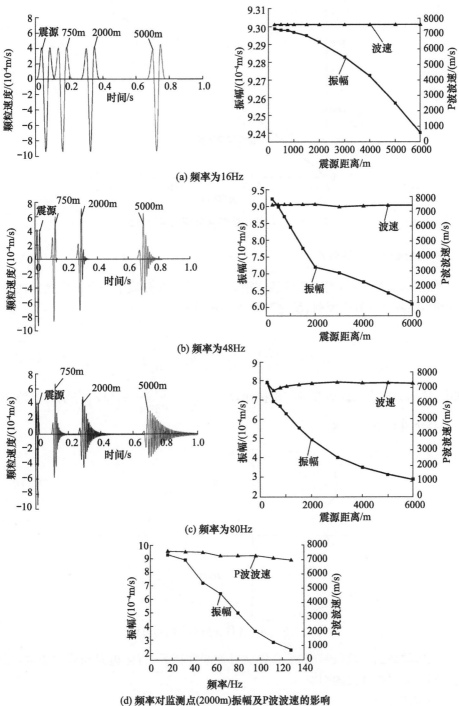

(a) 频率为16Hz

(b) 频率为48Hz

(c) 频率为80Hz

(d) 频率对监测点(2000m)振幅及P波波速的影响

图 6.2.7　不同频率波形图及 P 波波速、振幅关系

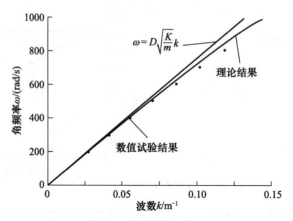

图 6.2.8　数值试验结果与理论结果对比

4. 数值模型边界效应

如图 6.2.9 所示,当一维弹性波沿着 x 轴从弹性介质 I 垂直入射至弹性介质 II 中时,在界面处发生反射,反射波的波动方程为

$$r\left(t+\frac{x}{\alpha_\text{I}}\right)=\frac{K-1}{K+1}p\left(t-\frac{x}{\alpha_\text{I}}\right) \tag{6.2.28}$$

式中,K 为介质 I 与介质 II 的声阻抗比,$K=\dfrac{Z_\text{I}}{Z_\text{II}}=\dfrac{\rho_\text{I}\alpha_\text{I}}{\rho_\text{II}\alpha_\text{II}}$;$\alpha_\text{I}$ 和 α_II 分别为 P 波在介质 I 与介质 II 中的波速。

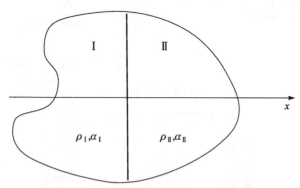

图 6.2.9　两个弹性介质半空间的边界

在颗粒链的末端($x=6400\text{m}$)分别设置刚性边界、自由边界和吸收边界,以研究不同边界对弹性波的影响。

1) 刚性边界

固定颗粒链的末端颗粒以模拟刚性边界条件,此时,弹性介质 II 的声阻抗

$Z_{II} \to \infty$，声阻抗比 $K \to 0$，则反射波的波动方程为

$$r\left(t+\frac{x}{\alpha_I}\right)=-p\left(t-\frac{x}{\alpha_I}\right) \tag{6.2.29}$$

由式（6.2.29）可知，反射波与入射波的振幅大小相等、符号相反。如图 6.2.10 所示，$x=5000\mathrm{m}$ 处的入射波形与反射波形正好反向，而当质点靠近边界（$x=6200\mathrm{m}$）时，入射波与反射波叠加产生图中所示的波形。因此，由于叠加作用，边界处的质点（$x=6400\mathrm{m}$）振幅等于 0。

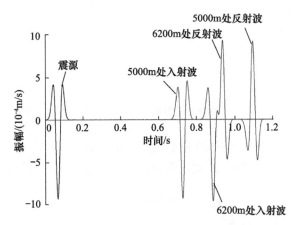

图 6.2.10　接触黏结模型在刚性边界条件下的波形图

2）自由边界

释放颗粒链的末端颗粒，其右半空间为真空状态，即弹性介质 I 有自由边界。此时，弹性介质 II 的声阻抗 $Z_{II} \to 0$，声阻抗比 $K \to \infty$，则反射波的波动方程为

$$r\left(t+\frac{x}{\alpha_I}\right)=p\left(t-\frac{x}{\alpha_I}\right) \tag{6.2.30}$$

由式（6.2.30）可知，反射波与入射波的振幅完全相等。如图 6.2.11 所示，$x=5000\mathrm{m}$ 处入射波波形与反射波波形完全相等（不考虑弥散作用），而当质点靠近边界（$x=6200\mathrm{m}$）时，入射波与反射波同样会产生图中所示的叠加波形。当质点处于边界（$x=6400\mathrm{m}$）上，由于叠加作用，其振幅将是入射波的 2 倍。

3）吸收边界

为了减小反射波的影响，在边界颗粒处通过指定声阻抗达到吸收入射波能量的目的，令声阻抗比 $K \to 1$，反射波理论上可完全消失。为实现吸收边界条件，可通过在边界颗粒处施加集中力

$$F=-\frac{2}{3}\pi R^2 \rho_{\mathrm{p}}\sqrt{\frac{3k_{\mathrm{n}}}{2\pi R \rho_{\mathrm{p}}}}\,\dot{u} \tag{6.2.31}$$

式中,R 为颗粒半径;ρ_p 为颗粒密度;$\dot{u}$ 为颗粒运动速度。

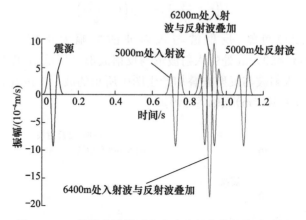

图 6.2.11 接触黏结模型在自由边界条件下的波形图

如图 6.2.12 所示,当施加吸收边界条件后,$x=5000\mathrm{m}$ 处的反射波与图 6.2.10和图 6.2.11 相比,振幅显著降低。与入射波相比,振幅降低了 96.8%。

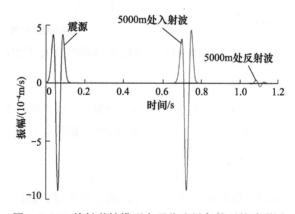

图 6.2.12 接触黏结模型在吸收边界条件下的波形图

6.2.2 应力波波阵面及场源效应分析

前面采用大尺度一维颗粒流模型,系统分析了应力波模型的主要影响因素。为探讨应力波在二维颗粒流模型中的传播规律,在一维颗粒流模型基础上建立二维颗粒流模型开展应力波波阵面及场源效应分析。

1. 二维颗粒流模型及动力学参数

如图 6.2.13(a)所示,建立二维颗粒流模型(3000m×3000m),颗粒采用六角形排列，模型内部每个颗粒周围均有六个颗粒通过接触黏结连接，模型的细观参数如表 6.2.3 所示。同时，在水平方向和垂直方向分别设置 10 个间距大约为 100m 的监测点，如图 6.2.13(b)所示。

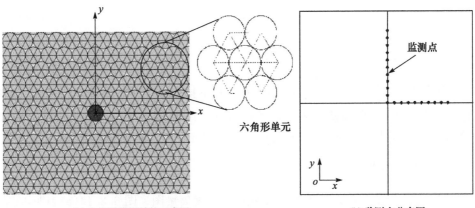

(a) 六角形排列结构示意图　　　　　　　(b) 监测点分布图

图 6.2.13　二维颗粒流模型及监测点分布

表 6.2.3　六角形排列二维接触黏结模型的细观参数

参数	数值
颗粒直径 D/m	10
颗粒密度 ρ_p/(kg/m³)	2000
颗粒法向刚度 k_n/(N/m)	1.20×10^{11}
颗粒切向刚度 k_s/(N/m)	0

　　根据一维颗粒流模型弥散效应分析结果，选择峰值频率为 16Hz 的雷克子波，在震源 y 方向以集中力的形式输入激发脉冲，振幅为 $A_0=-10^6$N。同时，将模型的阻尼系数设为 0，为保证模型的数值稳定性，设置单位时步的时长为 $\Delta t=10^{-4}$s。

　　由于颗粒的切向刚度等于 0，颗粒间的接触可以视为刚度为 K 的弹簧连接。考虑图 6.2.13(a)中的六角形单元，由于孔隙的存在，模型平均密度 ρ 为

$$\rho=\frac{2m}{\sqrt{3}D^2} \tag{6.2.32}$$

其中，

$$m=\rho_p\frac{4}{3}\pi\left(\frac{D}{2}\right)^3$$

式中，m 为颗粒质量。

　　根据 Hoover 等[26]对六角形排列颗粒模型的理论分析，拉梅常数 λ_{Lame} 与颗粒间接触刚度 K 具有如下关系：

$$\lambda_{Lame} = \mu = \frac{\sqrt{3}}{4}K \tag{6.2.33}$$

P 波和 S 波在六角形排列二维模型中的波速分别为

$$\alpha = D\sqrt{\frac{9K}{8m}} \tag{6.2.34}$$

$$\beta = D\sqrt{\frac{3K}{8m}} \tag{6.2.35}$$

由式(6.2.34)和式(6.2.35)可得,在六角形排列二维模型中,P 波和 S 波的波速比为 $\sqrt{3}$ 。再考虑颗粒法向刚度 $k_n = 1.2 \times 10^{11} N/m$ 及式(6.2.2),模型中 P 波和 S 波的波速及波长分别为: $\alpha = 2539 m/s$ 、 $\lambda_P = 189 m$, $\beta = 1466 m/s$ 、 $\lambda_S = 92 m$ 。

2. 波阵面分析

图 6.2.14 给出了 0.5s 时模型中颗粒的速度矢量图。图 6.2.14(a)表明,在震源起振后,模型中出现了 2 个以震源为中心的圆形波阵面,分别代表 P 波和 S 波。当 P 波和 S 波在六角形排列二维模型中传播时,传播速度具有各向同性的特点。从图 6.2.14(c)和(d)中可以看出颗粒速度矢量放大后的特征,S 波引起了颗粒的切向运动,而在 P 波波阵面处,颗粒沿着波的传播方向向内或向外径向运动。

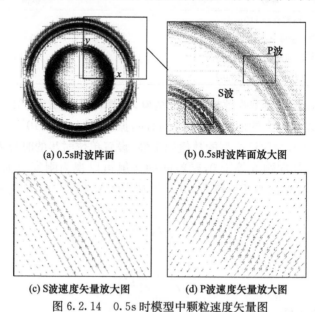

(a) 0.5s时波阵面　　　　　　(b) 0.5s时波阵面放大图

(c) S波速度矢量放大图　　　　(d) P波速度矢量放大图

图 6.2.14　0.5s 时模型中颗粒速度矢量图

图 6.2.15 为 0.5s 时两个波阵面处颗粒间接触力的分布特征,其中黑色力线表示压力,灰色力线表示拉力,接触力的大小和方向分别通过线段的粗细和方向表

示。当颗粒间存在法向接触力时,其力线与接触线重合。若存在切向力,则力线与接触线垂直。由于模型中颗粒切向刚度等于零,因此在弹性波传播过程中,颗粒间不存在切向力作用。

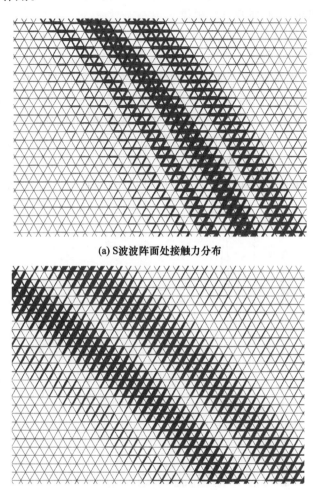

(a) S波波阵面处接触力分布

(b) P波波阵面处接触力分布

图 6.2.15　0.5s 时模型中颗粒接触力矢量图

如图 6.2.15(a)所示,与图 6.2.14(c)表示的同一位置处,S 波波包由数个大小不等的 S 波组成。S 波引起颗粒间产生拉压组合接触力作用,相邻两个 S 波的颗粒运动方向相反,接触力的组合方式也相反。尽管颗粒间不存在切向接触力作用,但模型仍可以产生并传播 S 波,说明颗粒的特殊几何排列规则对弹性波的传播规律影响很大。如图 6.2.15(b)所示,P 波波包也由数个大小不等的 P 波组成,在每个 P 波处,颗粒间存在纯压缩、拉伸接触力作用,且在波包内间隔排列。

3. 波速及波形分析

通过模型中设置的 x、y 轴正方向上各 10 个监测点监测波形,可以分别获得 P 波和 S 波在模型中的波速及衰减规律。

图 6.2.16(a)为 y 轴正方向上两个监测点($y=519.57\mathrm{m}$ 和 $1039.27\mathrm{m}$)的速度波形图,由于在震源处施加了集中力,震源颗粒的振幅约为监测点处的 10 倍,为清楚表示 P 波在传播过程中质点速度波形的变化,将波形进行归一化。可以看出,$y=519.57\mathrm{m}$ 处颗粒的速度波形与震源颗粒速度波形基本一致,而 $y=1039.27\mathrm{m}$ 处颗粒的速度波形发生了扭曲,产生了一定程度的弥散现象,可见弥散程度受震源距离影响。图 6.2.16(b)为 x 轴正方向两个监测点($x=500\mathrm{m}$ 和 $1000\mathrm{m}$)的速度波形图,与图 6.2.16(a)相比,同样的震源距离,S 波比 P 波更易产生弥散现象,且 $x=1000\mathrm{m}$ 处的波形扭曲程度比 $x=500\mathrm{m}$ 处更大,同样可以证明弥散程度受震源距离的影响。

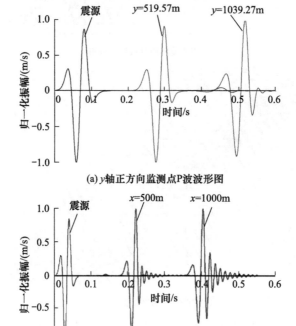

(a) y 轴正方向监测点 P 波波形图

(b) x 轴正方向监测点 S 波波形图

图 6.2.16　不同监测位置波形图

与一维颗粒流模型分析方法相同,通过测量监测点第一峰值到时与震源距离,分别计算二维模型中 P 波和 S 波的波速。如图 6.2.17 所示,P 波和 S 波的振幅均随着距离的增大而发生衰减,波速也随着距离的增大而略有下降,P 波的平均波速为 $2417\mathrm{m/s}$,S 波的平均波速为 $1340\mathrm{m/s}$,均比理论值低,波速比为 $1.8 > \sqrt{3}$。

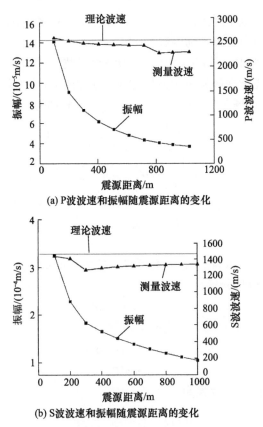

(a) P波波速和振幅随震源距离的变化

(b) S波波速和振幅随震源距离的变化

图 6.2.17　震源距离对应力波波速和振幅的影响

4. 场源效应及应力波辐射花样分析

二维模型中弹性波由震源激发,其三维波动矢量方程为

$$\frac{\partial^2 \psi(\boldsymbol{r},t)}{\partial t^2} = c^2 \, \nabla^2 \psi(\boldsymbol{r},t) + F(\boldsymbol{r},t) \qquad (6.2.36)$$

式中,$\boldsymbol{r}=(x,y,z)$ 为辐射距离矢量;c 为波速;$F(\boldsymbol{r},t)$ 为源项。

当震源集中力方向与坐标轴一致时,根据式(6.2.36)的格林函数解,可得其方程解为

$$u_{ij}(\boldsymbol{r},t) = \frac{1}{4\pi\rho}(3\gamma_i\gamma_j - \delta_{ij}) \frac{1}{r^3} \int_{r/\alpha}^{r/\beta} \tau T(t-\tau) \mathrm{d}\tau$$

$$+ \frac{1}{4\pi\rho\alpha^2}\gamma_i\gamma_j \frac{1}{r} T\left(t-\frac{r}{\alpha}\right) - \frac{1}{4\pi\rho\beta^2}(\gamma_i\gamma_j - \delta_{ij}) \frac{1}{r} T\left(t-\frac{r}{\beta}\right)$$

$$\qquad (6.2.37)$$

式中,i 为位移方向,$i=x$、y、z;j 为集中力方向,$j=x$、y、z;γ_i、γ_j 为震源与监测点

连线矢量与坐标轴的方向余弦;δ 为狄拉克函数;r 为震源距离;α、β 分别为 P 波波速和 S 波波速;$T(t)$ 为震源激励函数。

建立的二维模型中,震源集中力函数为雷克子波,施加力方向变化顺序依次为 $+y$、$-y$、$+y$。首先考虑震源集中力施加在 $+y$ 方向上,分析 P 波和 S 波的辐射花样,取 $r \gg \lambda$,只考虑远场条件,式(6.2.37)中远场项分别为

$$u_i^{\mathrm{P}} = \frac{1}{4\pi\rho\alpha^2} \gamma_i \gamma_y \frac{1}{r} T\left(t - \frac{r}{\alpha}\right) \tag{6.2.38}$$

$$u_i^{\mathrm{S}} = -\frac{1}{4\pi\rho\beta^2} (\gamma_i \gamma_y - \delta_{iy}) \frac{1}{r} T\left(t - \frac{r}{\beta}\right) \tag{6.2.39}$$

忽略式(6.2.38)和式(6.2.39)中的常数项,令 $r = 1$,可得

$$u_i^{\mathrm{P}} = \gamma_i \gamma_y \tag{6.2.40}$$

$$u_i^{\mathrm{S}} = -\gamma_i \gamma_y + \delta_{iy} \tag{6.2.41}$$

如图 6.2.18(a)所示,在二维坐标系中,若 $\gamma_x = \cos\theta$、$\gamma_y = \sin\theta$,则 P 波和 S 波在 x-y 坐标系中的位移分量为

$$\begin{cases} u_x^{\mathrm{P}} = \cos\theta\sin\theta \\ u_y^{\mathrm{P}} = \sin^2\theta \end{cases} \tag{6.2.42}$$

$$\begin{cases} u_x^{\mathrm{S}} = -\cos\theta\sin\theta \\ u_y^{\mathrm{S}} = \cos^2\theta \end{cases} \tag{6.2.43}$$

P 波和 S 波的振幅表达式为

$$\begin{cases} |\boldsymbol{u}^{\mathrm{P}}| = |\sin\theta| \\ |\boldsymbol{u}^{\mathrm{S}}| = |\cos\theta| \end{cases} \tag{6.2.44}$$

对于 P 波,其辐射花样如图 6.2.18(a)所示,由于震源集中力的方向与 y 轴一致,P 波的辐射花样对应两个圆心在 y 轴上的圆,可见在 y 轴方向上,P 波产生的位移最大,而在 x 轴方向上,位移为 0。由式(6.2.42)可知,u_y^{P} 与 u_x^{P} 的夹角等于 θ,证明 P 波产生径向位移。

图 6.2.18(b)为 S 波辐射花样,其辐射花样对应圆心在 x 轴上,且在 x 轴方向上,S 波产生的位移最大,在 y 轴方向上,位移为零。由式(6.2.43)可知,u_y^{S} 与 u_x^{S} 的夹角等于 $\frac{\pi}{2} - \theta$,即 S 波产生切向位移。

从位移矢量符号的角度分析 P 波和 S 波的位移方向,由式(6.2.42)和式(6.2.43)可知,$u_y^{\mathrm{P}} \geqslant 0$ 及 $u_y^{\mathrm{S}} \geqslant 0$ 恒成立。如图 6.2.18(c)、(d)所示,在第一象限内,$u_x^{\mathrm{P}} \geqslant 0$ 且 $u_x^{\mathrm{S}} \leqslant 0$;在第二象限内,$u_x^{\mathrm{P}} \leqslant 0$ 且 $u_x^{\mathrm{S}} \geqslant 0$;在第三象限内,$u_x^{\mathrm{P}} \geqslant 0$ 且 $u_x^{\mathrm{S}} \leqslant 0$;在第四象限内,$u_x^{\mathrm{P}} \leqslant 0$ 且 $u_x^{\mathrm{S}} \geqslant 0$。

图 6.2.19 为 0.5s 时六角形排列模型中的颗粒位移矢量,P 波和 S 波波包主要由三个波(①、②、③)组成。①和③波为 $+y$ 方向雷克子波集中力作用下产生的

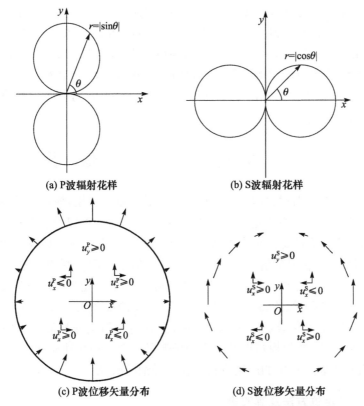

(a) P波辐射花样　　　　　　　　　(b) S波辐射花样

(c) P波位移矢量分布　　　　　　　(d) S波位移矢量分布

图 6.2.18　＋y方向雷克子波集中力作用下的场源效应

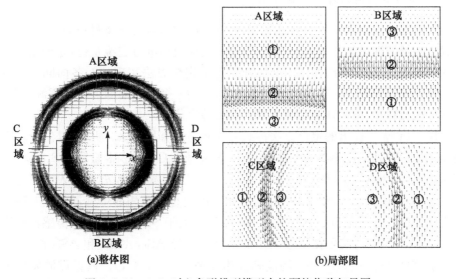

(a)整体图　　　　　　　　　　　(b)局部图

图 6.2.19　0.5s 时六角形排列模型中的颗粒位移矢量图

波,其位移矢量分布与图 6.2.18(c)、(d)一致。②波为 $-y$ 方向雷克子波集中力作用下产生的波,其位移矢量分布与图 6.2.18(c)、(d)相反。此外,从图 6.2.19 还可看出,P 波在 x 轴的位移为 0,S 波在 y 轴的位移为 0,与图 6.2.18(a)、(b)所得结论一致。因此,集中力产生的位移场主要为 P 波和 S 波,P 波在震源施加力方向上幅值最大而在垂直于力的方向上无位移;S 波在垂直于力的方向上幅值最大而在施加力方向上无位移。

6.3　二维声发射震源定位数值试验

声发射监测技术对材料以及结构性能研究具有重要作用,该技术的完善可作为其他无损检测方法的有益补充,对岩体结构的安全、健康监控以及岩爆灾害机理的研究具有重要意义。震源定位是声发射监测的一项重要工作,在传感器接收到声发射信号后,通过对波形信号的解译处理,再利用定位算法求解震源的具体位置,即可对震源进行定性或定量分析。然而,在实际工程应用中,震源定位的准确性受岩体内部结构的影响,为保证定位的高效、准确,震源定位算法的研究显得尤为重要。

本节基于已有定位算法理论,提出并改进针对岩石类非均质介质震源定位算法。采用室内试验、数值模拟以及理论分析等研究方法相互补充和验证,对震源定位理论在岩石破裂过程中的应用进行了较为详细的研究。

6.3.1　非测速定位方法及其改进

1. 二维非测速条件下定位方法

现有的声发射定位方法多适用于各向同性材料,对岩石类材料而言,不同传播路径下传播波速差异显著,若采用基于单一波速模型进行震源定位,定位结果误差较大。Kundu 等[27]提出的二维非测速条件下定位方法实现了对各向同性和各向异性材料的震源定位。在各向同性材料中,采用 4 个传感器即可实现震源定位;在各向异性材料中,需采用 6 个传感器实现震源定位。

Kundu 等[27]提出的定位方法传感器布置方式如图 6.3.1所示,以三个呈等腰直角三角形排列的传感器为一簇,传感器簇编号为 Ci,传感器编号为 S$_{i\text{-}j}$,其中,Ci 表示第 i 簇传感器,S$_{i\text{-}j}$ 表示第 i 簇中 j 号传感器。在震源 A 处通过人工震源产生声发射信号,由传感器 S$_{i\text{-}j}$ 接收,并通过计算簇内直角边相邻传感器的到时时延进行震源定位。当震源与传感器 S$_{1\text{-}1}$ 间距离 D 远大于 S$_{1\text{-}1}$ 与簇内其他传感器间距离 d 时,可认为声发射信号在平板上传播的射线路径 AS$_{1\text{-}1}$、AS$_{1\text{-}2}$ 和 AS$_{1\text{-}3}$ 相互平行,声发射信号到达 S$_{1\text{-}1}$、S$_{1\text{-}2}$、S$_{1\text{-}3}$ 的波阵面相互平行(图 6.3.1)。假设震源发出的信号传播至传感器 S$_{1\text{-}1}$、S$_{1\text{-}2}$、S$_{1\text{-}3}$ 所需的时间分别为 $t_{1\text{-}1}$、$t_{1\text{-}2}$、$t_{1\text{-}3}$。在定位计算中,以传

感器 $S_{1\text{-}1}$ 为参考,计算簇内其他传感器与其到时时延,声发射信号在传感器 $S_{1\text{-}2}$ 和 $S_{1\text{-}1}$ 及 $S_{1\text{-}3}$ 和 $S_{1\text{-}1}$ 之间的时延分别为 $t_{1\text{-}21}$、$t_{1\text{-}31}$,其中

$$t_{1\text{-}21} = \frac{d\cos\theta_1}{c(\theta_1)} \tag{6.3.1}$$

$$t_{1\text{-}31} = \frac{d\sin\theta_1}{c(\theta_1)} \tag{6.3.2}$$

进一步,可求出震源 A 与传感器 $S_{1\text{-}1}$ 传播路径 $AS_{1\text{-}1}$ 的坐标方位角 θ_1 以及声发射信号在 $AS_{1\text{-}1}$ 方向上的传播速度 $c(\theta_1)$,即

$$\theta_1 = \arctan\frac{t_{1\text{-}31}}{t_{1\text{-}21}} \tag{6.3.3}$$

$$c(\theta_1) = \frac{d}{\sqrt{t_{1\text{-}21}^2 + t_{1\text{-}31}^2}} \tag{6.3.4}$$

当布设两簇传感器(传感器簇编号为 C1 和 C2)时,即可根据以下方程组求得震源 A 坐标:

$$\tan\theta_1 = \frac{y_{1\text{-}1} - y_A}{x_{1\text{-}1} - x_A} = \frac{t_{1\text{-}31}}{t_{1\text{-}21}} \tag{6.3.5}$$

$$\tan\theta_2 = \frac{y_{2\text{-}1} - y_A}{x_{2\text{-}1} - x_A} = \frac{t_{2\text{-}31}}{t_{2\text{-}21}} \tag{6.3.6}$$

式中,$(x_{1\text{-}1}, y_{1\text{-}1})$ 为传感器 $S_{1\text{-}1}$ 坐标;$(x_{2\text{-}1}, y_{2\text{-}1})$ 为传感器 $S_{2\text{-}1}$ 坐标。

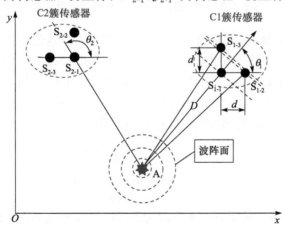

图 6.3.1　Kundu 等[27] 定位试验中传感器与震源布设示意图

联立式(6.3.5)和式(6.3.6),即可得到震源 A 坐标 (x_A, y_A)。或由作图法求解,以传感器 $S_{i\text{-}1}$ 为起点,根据坐标方位角 θ_i 画线,两直线交点即为震源 A(如图 6.3.1 中 $AS_{1\text{-}1}$ 与 $AS_{2\text{-}1}$ 两直线交点即为震源 A)。

2. 改进二维非测速条件下定位方法

在 Kundu 等[27] 提出的非测速条件下声发射震源定位方法中,传感器布设方式

为等腰直角三角形。本节提出的改进方法中,传感器布设方式可为任意三角形,实现传感器布设方式一般化,如图 6.3.2 所示[28]。震源 A 与传感器 $S_{1\text{-}1}$ 连线坐标方位角为 θ_1,即

$$\theta_1 = \arctan \frac{y_{1\text{-}1} - y_A}{x_{1\text{-}1} - x_A} \tag{6.3.7}$$

式中,(x_A, y_A) 为震源 A 坐标;$(x_{1\text{-}1}, y_{1\text{-}1})$ 为传感器 $S_{1\text{-}1}$ 坐标。

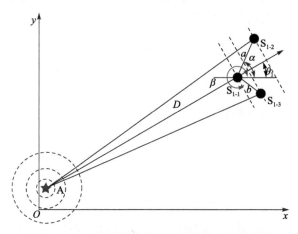

图 6.3.2　改进震源定位方法传感器布设示意图

当震源与传感器 $S_{1\text{-}1}$ 间距离 D 远大于 $S_{1\text{-}1}$ 与簇内其他传感器间距离 a、b 时,可认为声发射信号在平板上的传播路径 $AS_{1\text{-}1}$、$AS_{1\text{-}2}$ 和 $AS_{1\text{-}3}$ 相互平行,声发射信号到达 $S_{1\text{-}1}$、$S_{1\text{-}2}$、$S_{1\text{-}3}$ 的波阵面相互平行(如图 6.3.2 虚线所示)。假设震源发出的信号传播至传感器 $S_{1\text{-}1}$、$S_{1\text{-}2}$、$S_{1\text{-}3}$ 所需的时间为 $t_{1\text{-}1}$、$t_{1\text{-}2}$、$t_{1\text{-}3}$,声发射信号在传感器 $S_{1\text{-}2}$ 和 $S_{1\text{-}1}$ 及 $S_{1\text{-}3}$ 和 $S_{1\text{-}1}$ 之间的时延分别为 $t_{1\text{-}21}$、$t_{1\text{-}31}$,其中

$$t_{1\text{-}21} = \frac{a\cos(\alpha - \theta_1)}{c(\theta_1)} \tag{6.3.8}$$

$$t_{1\text{-}31} = \frac{b\cos(\theta_1 - \beta + 2\pi)}{c(\theta_1)} \tag{6.3.9}$$

式中,α 为 $S_{1\text{-}1}S_{1\text{-}2}$ 与 x 轴正方向夹角;β 为 $S_{1\text{-}1}S_{1\text{-}3}$ 与 x 轴正方向夹角;a 为 $S_{1\text{-}1}S_{1\text{-}2}$ 传感器之间距离;b 为 $S_{1\text{-}1}S_{1\text{-}3}$ 传感器之间距离;$c(\theta_1)$ 为波在 $AS_{1\text{-}1}$ 方向上的传播速度。

由式(6.3.8)和式(6.3.9)可得

$$\frac{t_{1\text{-}31}}{t_{1\text{-}21}} = \frac{b\cos(\theta_1 - \beta)}{a\cos(\alpha - \theta_1)} = \frac{b}{a} \cdot \frac{\cos\beta + \tan\theta_1\sin\beta}{\cos\alpha + \tan\theta_1\sin\alpha} \tag{6.3.10}$$

由式(6.3.8)和式(6.3.10)可得 θ_1 和波速 $c(\theta_1)$

$$\theta_1 = \arctan \frac{bt_{1\text{-}21}\cos\beta - at_{1\text{-}31}\cos\alpha}{at_{1\text{-}31}\sin\alpha - bt_{1\text{-}21}\sin\beta} \tag{6.3.11}$$

$$c(\theta_1) = \frac{a\cos(\alpha - \theta_1)}{t_{1\text{-}21}} \tag{6.3.12}$$

由式(6.3.11)和式(6.3.12)可得 $AS_{1\text{-}1}$ 的坐标方位角 θ_1 以及该方向上的波速 $c(\theta_1)$，所求值均取决于传感器间时延 $t_{1\text{-}21}$ 和 $t_{1\text{-}31}$。

当平板上布设多簇传感器时(图 6.3.3)，其中，传感器簇编号为 Ci，簇内传感器编号为 $S_{i\text{-}j}$，在定位计算中，以 $S_{i\text{-}1}$ 为参考传感器，根据式(6.3.7)～式(6.3.12)可得震源与参考传感器连线的坐标方位角以及在该射线传播路径上的波速。通过 C2 簇传感器进行震源定位时，可得

$$\theta_2 = \arctan\frac{b't_{2\text{-}21}\cos\beta - a't_{2\text{-}31}\cos\alpha'}{a't_{2\text{-}31}\sin\alpha' - b't_{2\text{-}21}\sin\beta'} \tag{6.3.13}$$

$$c(\theta_2) = \frac{a'\cos(\beta' - \theta_2)}{t_{2\text{-}21}} \tag{6.3.14}$$

式中，a' 为 $S_{2\text{-}1}S_{2\text{-}2}$ 与 x 轴正方向夹角；β' 为 $S_{2\text{-}1}S_{2\text{-}3}$ 与 x 轴正方向夹角；a' 为 $S_{2\text{-}1}S_{2\text{-}2}$ 传感器之间距离；b' 为 $S_{2\text{-}1}S_{2\text{-}3}$ 传感器之间距离。

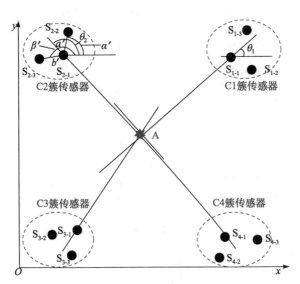

图 6.3.3　4 簇传感器布设示意图

联合式(6.3.7)、式(6.3.11)和式(6.3.13)，可得

$$\tan\theta_1 = \frac{y_{1\text{-}1} - y_A}{x_{1\text{-}1} - x_A} = \frac{bt_{1\text{-}21}\cos\beta - at_{1\text{-}31}\cos\alpha}{at_{1\text{-}31}\sin\alpha - bt_{1\text{-}21}\sin\beta} \tag{6.3.15}$$

$$\tan\theta_2 = \frac{y_{2\text{-}1} - y_A}{x_{2\text{-}1} - x_A} = \frac{b't_{2\text{-}21}\cos\beta - a't_{2\text{-}31}\cos\alpha'}{a't_{2\text{-}31}\sin\alpha' - b't_{2\text{-}21}\sin\beta'} \tag{6.3.16}$$

将式（6.3.15）和式（6.3.16）联合求解即可得到震源 A 坐标(x_A, y_A)。当平板上布设 4 簇传感器时，每两簇传感器联合求解即可得到一个震源坐标。

3. 基于互相关技术的时延测量

基于上述改进二维非测速条件下定位方法，震源点相对传感器的坐标方位角θ_i以及波速$c(\theta_i)$均取决于簇内传感器间时延，准确计算时延对于定位结果的准确性至关重要。簇内传感器间距离很小，接收到的声发射波形高度相似，为避免人工拾取导致的到时误差，可采用互相关技术（cross-correlation）计算传感器间声发射信号到时时延。

根据互相关理论，波形信号$x(t)$和$y(t)$的互相关函数定义为[29]

$$R_{xy}(\tau) = \lim_{T \to \infty} \frac{1}{T} \int_0^T x(t) y(t + \tau) \mathrm{d}t \tag{6.3.17}$$

式中，T为波形时长；τ为两波形时差。

其估计值为

$$\hat{R}_{xy}(\tau) = \frac{1}{T} \int_0^T x(t) y(t + \tau) \mathrm{d}t \tag{6.3.18}$$

互相关函数描述了波形信号之间的一般性依赖关系，$\hat{R}_{xy}(\tau = \tau_0)$为函数最大值，即表明两信号在$\tau_0$处相关程度最高。对$x(t)$和$y(t)$进行互相关处理，结果如图 6.3.4 所示，信号$x(t)$和$y(t)$在$T = -20\mu s$时相关程度最高，即两信号时延为$20\mu s$。

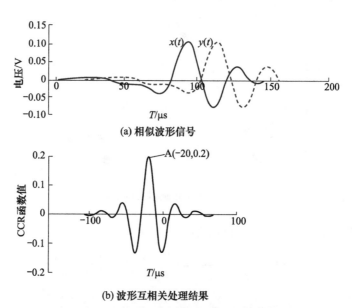

(a) 相似波形信号

(b) 波形互相关处理结果

图 6.3.4　波形信号及互相关处理结果

6.3.2　非测速条件下震源定位试验

1. 监测设备及试验方法

试验装置选用的声发射监测系统主要包含 12 通道 Richter 采集系统、eX-stream 数据采集软件、脉冲放大器、Nano30 型传感器和 InSite-Lab 后处理软件。前置放大器增益幅值为 30～70dB，试验中选用的增益值为 50dB[30]。试验中每三个传感器为一簇布置在平板表面，并采用硅脂作为耦合剂，减小声发射信号在传感器与岩石接触处的散射和衰减，增强耦合效果。断铅试验中采用直径 0.5mm 的 HB 铅芯，铅芯伸长量为 2.5mm，每次断铅保证铅芯与平板表面夹角为 30°。采用 12 通道 Richter 连续采集系统对声发射信号进行采集，采样频率为 10MHz，运用互相关技术计算传感器间时延，根据改进二维非测速条件下定位方法计算震源定位结果（试验装置及流程如图 6.3.5 所示）。

图 6.3.5　震源定位试验装置及流程

2. 试验步骤

震源定位试验中花岗岩平板尺寸为 600mm×600mm×18mm,二维定位试验有效范围为 500mm×500mm。首先在花岗岩平板表面布设传感器阵列,然后在平板表面的 1#~4# 震源点分别进行 6 次断铅试验。

采用三种传感器布设方式分别对该定位方法进行验证,布设方式如图 6.3.6 所示。其中,Ⅰ类布设方式为 Kundu 等[27]提出的非测速条件下定位方法中传感器布设方式,传感器阵列呈等腰直角三角形,其中直角边长为 30mm;Ⅱ类布设和Ⅲ类布设为改进定位方法中选取的传感器布设方式,Ⅱ类布设方式中传感器阵列为一般直角三角形,其中最短直角边与斜边夹角为 60°,最短直角边长为 20mm;Ⅲ类布设方式中传感器阵列为等边三角形,边长为 30mm。

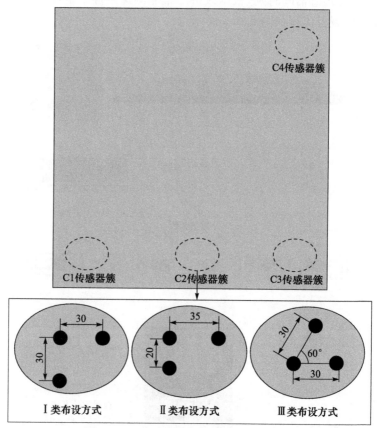

图 6.3.6　传感器布设示意图(单位:mm)

3. 定位试验结果

采集 1#~4# 震源点断铅试验激发的声发射信号,运用互相关技术对每簇传感器接收到的波形信号进行处理求得时延,根据式(6.3.5)、式(6.3.6)、式(6.3.15)和式(6.3.16)求解震源坐标,并分析定位误差。

　　震源定位结果的准确性主要取决于传感器间时延的计算精度,因此准确计算传感器接收到的声发射信号时延十分重要。以图 6.3.7 为例,在一次断铅试验中,C1 簇传感器内三个传感器($S_{1\text{-}1}$、$S_{1\text{-}2}$、$S_{1\text{-}3}$)采集到的声发射信号具有高度相似性。簇内传感器间距离很小,传感器的到时差别很小,难以准确确定传感器间时延,因此可对同一簇传感器采集的声发射信号进行互相关处理计算时延。图 6.3.8 为图 6.3.7 中波形信号互相关处理结果,互相关函数最大值对应的横坐标即为两波形时延。

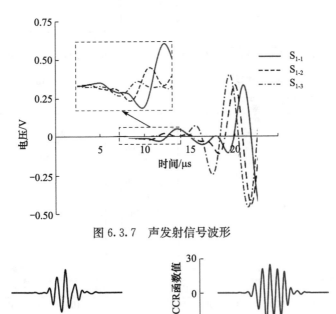

图 6.3.7　声发射信号波形

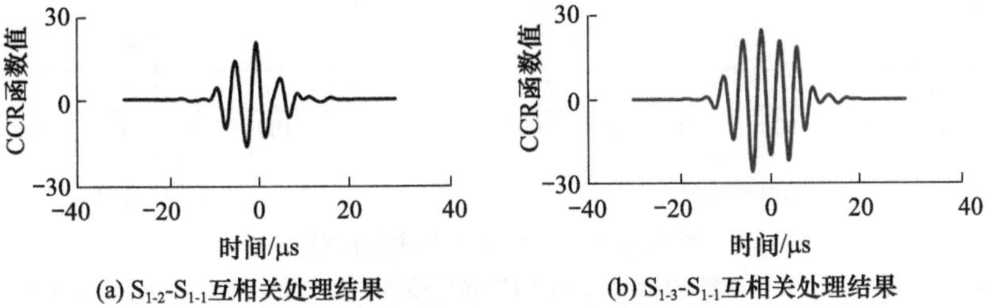

图 6.3.8　波形信号互相关处理结果

(a) $S_{1\text{-}2}$-$S_{1\text{-}1}$互相关处理结果　　　　(b) $S_{1\text{-}3}$-$S_{1\text{-}1}$互相关处理结果

　　图 6.3.9 为采用 I 类布设方式在花岗岩平板表面布设 4 簇传感器进行震源定位试验的定位结果。2# 震源定位中 C1-C4 簇传感器以及 C2-C3 簇传感器定位结果与实际震源相距较远(图 6.3.9(b)黑色椭圆标记处,左下方标记为 C1-C4 簇传感器定位结果,右上方标记为 C2-C3 簇传感器定位结果),且 C1-C4 簇传感器部分定位结果超出平板范围(定位结果在平板外部的定位点未在图中标出)。由于 2# 震源点布设位置与 C1 簇传感器和 C4 簇传感器连线距离较小,在定位计算中两簇传感器与实际震源坐标方位角大小相近,方位角的微小偏移会对定位结果产生较大影响,使得定位结

果出现较大误差。剔除异常点,其他定位结果与实际震源位置较为接近。

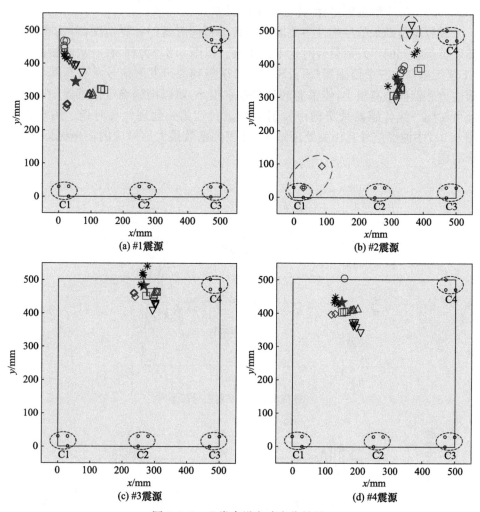

图 6.3.9　Ⅰ类布设方式定位结果

★实际震源;○ C1-C2 簇传感器定位结果;＊C1-C3 簇传感器定位结果;◇ C1-C4 簇传感器定位结果;
▽ C2-C3 簇传感器定位结果;△ C2-C4 簇传感器定位结果;□ C3-C4 簇传感器定位结果

　　图 6.3.10 为采用Ⅱ类布设方式定位结果。1# 震源定位中 C2-C3 簇传感器定位结果与实际震源距离较远(图 6.3.10(a)黑色椭圆标记处);2# 震源定位中 C1-C4 簇传感器定位结果存在较大偏离(图 6.3.10(b)黑色椭圆标记处),产生定位误差的原因与Ⅰ类布设方式中 2# 震源的定位误差原因相同,2# 震源点布设位置与 C1 簇传感器和 C4 簇传感器连线距离较小。其他定位结果均分布在实际震源周边,定位结果较集中。

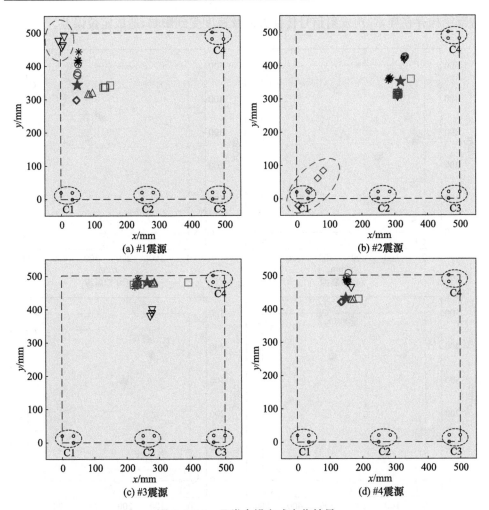

图 6.3.10　Ⅱ类布设方式定位结果

★实际震源；○ C1-C2 簇传感器定位结果；∗ C1-C3 簇传感器定位结果；◇ C1-C4 簇传感器定位结果；
▽ C2-C3 簇传感器定位结果；△ C2-C4 簇传感器定位结果；□ C3-C4 簇传感器定位结果

图 6.3.11 为采用Ⅲ类布设方式定位结果。1[#] 震源定位中 C2-C3 簇传感器定位结果误差较大(图 6.3.11(a)黑色椭圆标记处)；2[#] 震源定位中 C1-C4 簇传感器定位结果误差较大，超出平板范围，与Ⅰ、Ⅱ类布设方式中产生误差原因相同；4[#] 震源定位中 C2-C3 簇传感器定位结果误差较大(图 6.3.11(d)黑色椭圆标记处)。其他震源定位结果均分布在实际震源周边。

上述三种传感器布设方式定位结果中，由于 2[#] 震源布设位置与 C1 簇传感器和 C4 簇传感器连线距离较小，定位结果出现较大误差。其他定位误差较大点为 C2-C3 簇传感器定位结果，其原因可能是 C2 簇传感器或 C3 簇传感器周边花岗岩内部结构存在异常,声发射信号传播方向及速度受到影响,造成定位误差。

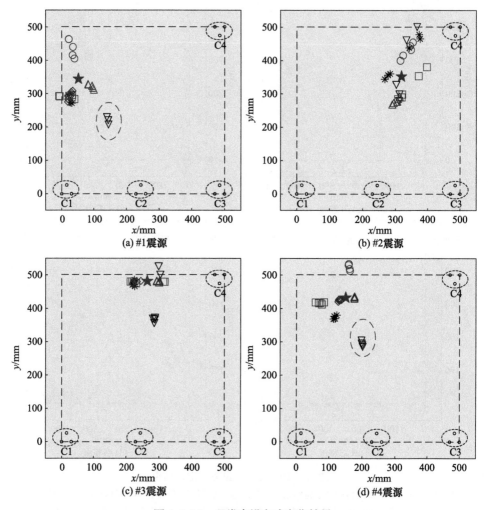

图 6.3.11　Ⅲ类布设方式定位结果

★实际震源；○ C1-C2 簇传感器定位结果；＊C1-C3 簇传感器定位结果；◇ C1-C4 簇传感器定位结果；
▽ C2-C3 簇传感器定位结果；△ C2-C4 簇传感器定位结果；□ C3-C4 簇传感器定位结果

4. 震源定位结果误差分析

图 6.3.9～图 6.3.11 较为直观地展示了平板定位结果,现对定位结果进行误差分析。图 6.3.12 为采用三种传感器布设方式所得定位结果与实际震源距离误差分析及传感器簇定位直线与实际震源距离的误差分析。由图 6.3.9～图 6.3.11 可知,部分定位结果出现明显错误,超出平板范围,进行误差分析时,并未剔除这些异

常点,造成部分数据相对误差明显偏大。定位误差分析如下:

图 6.3.12(a1)、(a2)为 1# 震源定位结果误差分析。Ⅱ类和Ⅲ类布设方式中,C2-C3 簇传感器定位结果与实际震源距离相对误差大于 20%,实际震源点与 C3 簇传感器定位直线距离相对误差超过 10%,除去该异常点,相对误差演化折线基本平稳且波动较小。

图 6.3.12(b1)、(b2)为 2# 震源定位结果误差分析。三种布设方式定位试验中,C1-C4 簇传感器定位结果与 2# 震源距离相对误差均大于 80%,是因为 2# 震源布设位置与 C1 簇传感器和 C4 簇传感器连线距离较小,对定位结果造成较大误差;Ⅱ类和Ⅲ类布设方式中,C3 簇传感器定位结果与实际震源距离相对误差小于 10%,但均方差较大,表明 6 次重复试验定位结果波动较大。除去该异常点,相对误差演化折线平稳且波动较小。

图 6.3.12(c1)、(c2)为 3# 震源定位结果误差分析。在三种布设方式定位试验中,C1-C2 簇传感器定位结果与 3# 震源距离相对误差大于 20%;传感器定位结果与实际震源间的距离相对误差均小于 10%。相对误差演化折线整体平稳且波动较小,无较大误差点出现。

图 6.3.12(d1)、(d2)为 4# 震源定位结果误差分析。Ⅰ类布设方式中,C1-C2 簇传感器定位结果与实际震源距离相对误差超过 20%,明显高于其他两种布设方式,且均方差较大;Ⅲ类布设方式中,C2-C3 簇传感器定位结果与实际震源距离相对误差较大,超过 20%;Ⅲ类布设方式中,C3 簇传感器定位结果与实际震源间距离相对误差大于 10%。除去异常点,相对误差演化折线基本平稳且波动较小。

定位结果误差较大点多与 C3 簇传感器定位结果相关,其原因可能为 C3 簇传感器周边花岗岩属性存在异常,对声发射信号的传播造成干扰,导致定位误差。大部分定位结果相对误差较小,且 6 次重复试验定位结果均方差较小,离散性低,定位结果个体之间差异较小。

为更好地分析该定位方法在花岗岩平板试验中的定位精度,引入较优点概念,较优点指相对误差小于 20% 的定位点[31]。表 6.3.1 为三种布设方式定位试验结果中较优点个数统计及其所占比例。Ⅰ类布设方式定位结果较优点数为 119,占总定位点数的 82.6%;Ⅱ类布设方式定位结果较优点数为 121,占总定位点数的 84%;Ⅲ类布设方式定位结果较优点数为 98,占总定位点数的 71%(其中三种布设方式震源定位试验结果较优点统计均包含 C1-C4 簇传感器对 2# 震源定位的 6 个较大误差点)。

根据表 6.3.1 中较优点统计及图 6.3.9~图 6.3.11 中定位结果可知,采用三种布设方式对花岗岩平板进行定位试验,绝大部分定位点分布在实际震源周边且相对误差较小,较好地验证了二维非测速条件下声发射震源定位方法在花岗岩介质中的适用性与准确性。

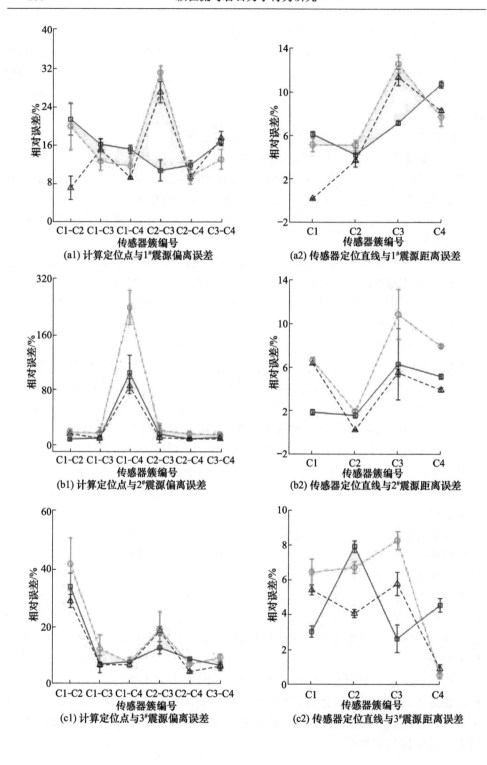

(a1) 计算定位点与1#震源偏离误差　　　　　(a2) 传感器定位直线与1#震源距离误差

(b1) 计算定位点与2#震源偏离误差　　　　　(b2) 传感器定位直线与2#震源距离误差

(c1) 计算定位点与3#震源偏离误差　　　　　(c2) 传感器定位直线与3#震源距离误差

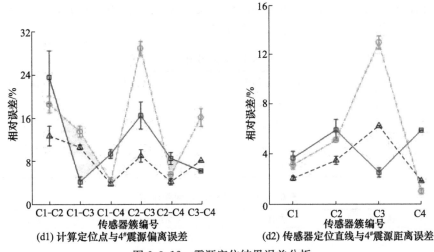

(d1) 计算定位点与4#震源偏离误差　　　(d2) 传感器定位直线与4#震源距离误差

图 6.3.12　震源定位结果误差分析

——□—— Ⅰ类布设方式；–△– Ⅱ类布设方式；·····○····· Ⅲ类布设方式

表 6.3.1　三种布设方式定位试验中较优点统计

传感器布设方式	定位较优点数	总定位点数	较优点比例/%
Ⅰ	119	144	82.6
Ⅱ	121	144	84.0
Ⅲ	98	138*	71.0

＊4# 震源进行了 5 次重复试验,故总定位点数为 138。

6.3.3　震源定位颗粒流模拟分析

1. 离散元模型构建

通过花岗岩平板进行震源定位试验对非测速条件下声发射震源定位方法进行了验证,为验证该定位方法在离散元模型的适用性,基于颗粒流程序构建与室内试验所用花岗岩平板宏观力学参数一致的平节理模型[32,33]。通过单轴压缩试验和抗拉试验测得花岗岩的力学参数,见表 6.3.2。在 PFC3D 软件中生成 $\phi 50mm \times h 100mm$ 的圆柱试样进行单轴压缩试验与直接拉伸试验,调整模型细观参数,将模型的宏观力学性质与实验室结果相匹配,当计算结果与实验室结果相近时,可将该组细观参数应用于模型计算。可采用平节理模型构建花岗岩平板对定位方法进行验证,当采用表 6.3.3 所示细观参数时,所得力学性质与室内试验中花岗岩试样基本一致(表 6.3.2),采用该细观参数构建长 500mm、宽 500mm、厚 18mm 的平板模型(图 6.3.13),模型中颗粒最小直径为 3.0mm,最大直径为 4.5mm,包含颗粒总数为 101764。对震源颗粒施加脉冲信号,采集监测点应力波信号并进行分析,研究波形衰减以及震源定位结果。在数值试验中,震源布置位置和监测点布设方式与室内试验所用布设方式均一致,监测点采用图 6.3.6 所示的Ⅰ、Ⅱ和Ⅲ类三种布设方式,通过数值试验验证非测速条件下声发射震源定位方法的适用性与准确性。

表 6.3.2　花岗岩力学性质

力学性质	室内试验结果	数值模拟结果	相对误差/%
单轴抗压强度 σ_{ucs}/MPa	187.15	190.0	1.52
抗拉强度 σ_t/MPa	10.6	10.5	0.94
弹性模量 E/GPa	64.8	64.1	1.08
泊松比 ν	0.21	0.20	4.76

表 6.3.3　平节理模型细观参数

颗粒细观参数	数值	黏结细观参数	数值
颗粒最小直径 d_{min}/mm	3	径向单元个数 N_r	1
颗粒最大直径 d_{max}/mm	4.5	环向单元个数 N_a	3
体积密度 ρ/(kg/m³)	2800	黏结有效接触模量 $\overline{E}_c$/GPa	80
颗粒有效接触模量 E_c/GPa	80	黏结抗拉强度平均值 $\overline{\sigma}_c$/MPa	15
颗粒法向-切向刚度比 k_n/k_s	1.8	黏结黏聚力平均值 $\overline{c}$/MPa	200
		黏结法向-切向刚度比 $\overline{k}_n/\overline{k}_s$	1.8
		摩擦系数 μ	0.4

图 6.3.13　颗粒流平板模型

2. 试验步骤

对震源颗粒以集中力形式分别施加正弦波和雷克子波脉冲,模拟声发射信号。脉冲激发频率为 100kHz[12],为保证模型的稳定,激发幅值不宜过大,在该模型中设定振幅为 1.0×10^{-8}N,每一步运行时长 $\Delta t = 5 \times 10^{-8}$s。在震源点(A)的 z 方向上以集中力方式分别施加正弦波和雷克子波脉冲,在平板上布设监测点记录应力波信息,分析其传播规律,计算各监测点时延进行定位计算。

在平板上布设多个监测点,研究正弦波和雷克子波在不同震源距离的振幅衰减以及不同监测点间的相关性规律。在震源点 A 与监测点 $S_{3\text{-}1}$(此为第 10 个衰减监测点,$S_{att\text{-}10}$)之间等间距布设 9 个监测点(监测点编号为 $S_{att\text{-}i}$,$i = 1 \sim 9$),记录各监测点 z 方向位移变化信息(图 6.3.14)。

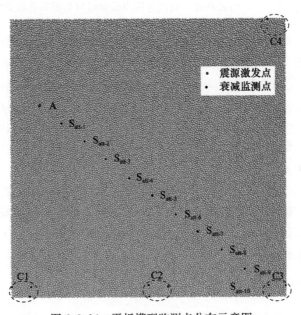

图 6.3.14　平板模型监测点分布示意图

图 6.3.15 为 $AS_{3\text{-}1}$ 传播路径上监测点应力波振幅与互相关系数变化规律。为便于对比分析,以第 1 个监测点($S_{att\text{-}1}$)为基准对各监测点振幅进行归一化处理,互相关系数变化规律为各监测点波形与第 1 个监测点波形进行互相关处理所得。正弦波和雷克子波初峰振幅随着与震源距离的增大而不断降低,且在较近距离范围内会急剧下降,第 3 个监测点($S_{att\text{-}3}$)振幅降低为第 1 个监测点的 50%,第 4 ~ 10 个监测点振幅逐渐减小,最终在第 10 个监测点减小至第 1 个监测点的 20% 以下。

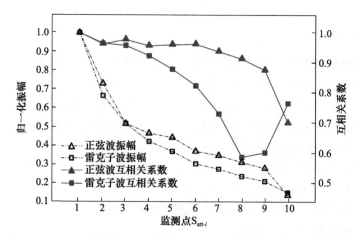

图 6.3.15　AS$_{3-1}$ 传播路径上监测点应力波振幅与互相关系数变化规律

　　各监测点波形与第 1 个监测点波形进行互相关处理得到各监测点的互相关系数。正弦波在第 2~6 个监测点与第 1 个监测点的波形互相关系数缓慢降低,第 7~10 个监测点互相关系数骤降,在第 2~10 个监测点互相关系数值均大于 0.7,可知其与第 1 个监测点波形高度相关。雷克子波在第 6~8 个监测点的互相关系数降低速率比第 2~5 个监测点快,第 9 个和第 10 个监测点的互相关系数与第 8 个监测点相比有所增大。第 2~10 个监测点互相关系数值均大于 0.5,与第 1 个监测点波形显著相关。

　　由图 6.3.15 可知,对于两种不同震源激发方式,振幅的衰减规律存在差异。随监测点与震源距离的增大,正弦波和雷克子波的振幅均在不断减小,但雷克子波振幅衰减快于正弦波振幅衰减,在远离震源位置的各监测点上正弦波互相关系数大于雷克子波互相关系数。

3. 震源定位结果计算

　　图 6.3.16 和图 6.3.17 分别为对震源施加正弦波脉冲和雷克子波脉冲模拟声发射信号所得震源定位结果,其中监测点布设方式采用所提及的三种布设方式（Ⅰ、Ⅱ和Ⅲ类布设）。

　　图 6.3.16 为采用正弦波脉冲激发方式震源定位结果。采用Ⅲ类布设方式,1$^{\#}$ 震源定位结果较为分散,其他两种布设方式在 1$^{\#}$ 震源定位结果较为集中。2$^{\#}$ 震源定位结果中 1 个定位结果存在较大偏离（见图 6.3.16 (b) 标记处,采用Ⅲ类布设方式）,该偏离点为 C1-C4 簇传感器监测点定位结果,2$^{\#}$ 震源与 C1 簇传感器和 C4 簇传感器监测点连线距离较小,在定位计算中两簇传感器监测点与实际震源坐标方位角大小相近,方位角的微小偏移会对定位结

果造成较大误差,剔除该异常点,其他定位结果均分布在实际震源周边,定位结果较为集中。3#和4#震源采用三种布设方式的定位结果与实际震源位置较为接近,偏离较小。

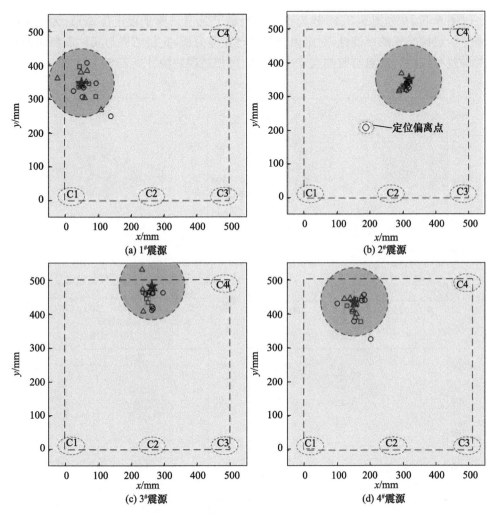

图 6.3.16　正弦波脉冲激发方式震源定位结果

★实际震源；□Ⅰ类布设方式；△Ⅱ类布设方式；○Ⅲ类布设方式；⬤较优点(相对误差<20%范围)

　　图 6.3.17 为采用雷克子波脉冲激发方式震源定位结果。1#震源采用Ⅱ类布设方式所得定位结果与4#震源采用Ⅱ类和Ⅲ类布设方式所得定位结果较为分散,其他震源定位结果均分布在实际震源周边,计算定位点较为集中。

　　数值试验定位结果与室内平板试验定位结果相比,震源定位结果分布更为集中,误差偏离要明显小于室内试验结果。数值试验震源定位结果验证了该定位方法在非连续介质的适用性与准确性。

4. 震源定位结果误差分析

图 6.3.16 和图 6.3.17 较为直观地展示了数值试验平板定位结果,为了更好地分析定位结果的准确性,对定位结果进行误差分析,定位结果与实际震源距离相对误差和实际震源点与监测点定位直线距离相对误差统计见表 6.3.4。

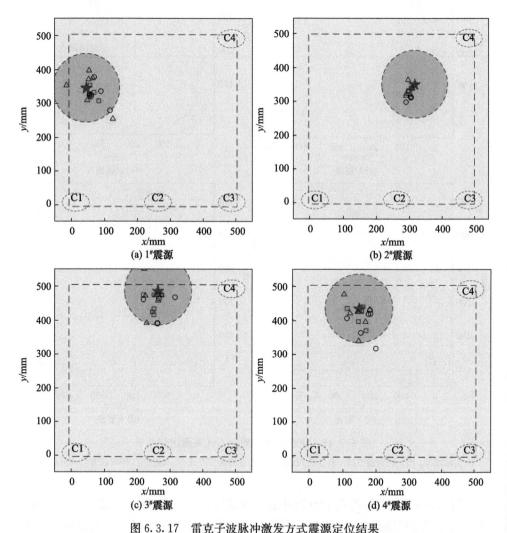

(a) 1#震源 (b) 2#震源

(c) 3#震源 (d) 4#震源

图 6.3.17　雷克子波脉冲激发方式震源定位结果

★实际震源;□Ⅰ类布设方式;△Ⅱ类布设方式;○Ⅲ类布设方式;●较优点(相对误差<20%范围)

表 6.3.4　数值试验平板定位结果与实际震源距离相对误差统计

震源激发方式	震源	监测点布设方式	计算定位结果与实际震源距离相对误差/%						实际震源距离与监测点定位结果相对误差/%			
			C1-C2	C1-C3	C1-C4	C2-C3	C2-C4	C3-C4	C1	C2	C3	C4
正弦波	1#	Ⅰ	9.87	1.51	2.64	11.67	1.60	8.90	1.50	3.88	1.00	1.53
		Ⅱ	2.95	8.65	8.19	19.57	7.35	12.38	2.71	2.89	5.81	6.40
		Ⅲ	12.40	8.11	2.99	26.45	1.41	18.67	1.76	8.18	6.45	2.95
	2#	Ⅰ	3.36	5.54	0.86	6.53	2.25	4.40	0.78	1.03	4.96	0.71
		Ⅱ	9.24	2.79	4.11	5.72	6.62	5.09	0.17	4.91	2.49	0.70
		Ⅲ	1.56	3.06	38.64	4.00	26.70	5.39	1.04	0.30	2.44	4.11
	3#	Ⅰ	5.53	8.15	3.67	9.84	3.70	4.20	0.36	2.20	6.54	3.37
		Ⅱ	15.66	4.13	2.26	11.57	2.45	6.26	2.17	5.74	1.44	1.64
		Ⅲ	14.15	13.12	7.89	12.05	8.10	4.63	7.87	0.93	5.59	4.35
	4#	Ⅰ	1.67	5.55	1.46	11.79	1.25	4.22	0.23	1.03	4.57	1.41
		Ⅱ	8.93	6.86	5.31	4.52	4.91	2.02	3.21	1.79	3.34	2.54
		Ⅲ	7.24	11.19	4.64	23.66	4.69	9.86	3.93	6.43	7.80	0.34
雷克子波	1#	Ⅰ	2.86	3.58	3.83	10.50	2.96	8.23	2.07	2.84	1.48	3.80
		Ⅱ	10.45	6.93	5.33	23.80	6.01	15.97	0.97	6.15	5.35	4.65
		Ⅲ	8.07	5.85	5.05	19.32	3.65	14.96	3.76	7.22	2.46	4.78
	2#	Ⅰ	2.87	5.63	5.04	6.58	4.36	4.84	0.37	1.79	5.44	0.50
		Ⅱ	8.47	2.84	2.66	4.89	5.61	4.68	0.19	4.42	2.52	0.54
		Ⅲ	7.76	7.78	11.66	7.80	9.36	7.94	3.73	0.61	5.82	4.24
	3#	Ⅰ	10.61	12.39	3.15	13.72	3.14	3.14	3.06	2.20	8.67	2.14
		Ⅱ	19.53	5.38	2.87	15.51	3.20	8.53	2.74	7.58	2.02	2.12
		Ⅲ	18.58	18.69	10.84	18.79	11.08	4.94	10.48	0.93	9.86	4.35
	4#	Ⅰ	2.05	7.40	2.62	13.21	2.56	4.14	1.87	1.17	5.20	0.93
		Ⅱ	18.71	8.42	6.31	12.24	6.79	9.04	6.08	5.90	1.72	1.58
		Ⅲ	6.71	14.06	6.52	25.21	6.40	11.52	6.47	6.43	8.99	4.20

1# 震源采用正弦波激发方式所得震源定位结果中,Ⅲ类布设方式中 C2-C3 簇监测点定位结果与实际震源距离相对误差大于 20%;采用雷克子波激发方式所得定位结果中,Ⅱ类布设方式中 C2-C3 簇监测点定位结果与实际震源距离相对误差大于 20%,其他定位结果相对误差均小于 20%;实际震源点与各监测点定位直线距离相对误差均小于 10%。

2# 震源采用正弦波激发方式所得震源定位结果中,Ⅲ类布设方式中,C1-C4 簇和 C2-C4 簇监测点定位结果与实际震源距离相对误差大于 20%,其中 C1-C4 簇监测点定位结果误差较大,其为图 6.3.16(b)中标记的定位偏离点(椭圆标记处),其他簇定位结果与实际震源距离相对误差均小于 20%。采用雷克子波激发方式震源定位结果与实际震源距离相对误差均小于 20%；实际震源点与监测点定位直线距离相对误差均小于 10%。

3#震源采用正弦波和雷克子波激发方式所得震源定位结果中，震源定位结果与实际震源距离相对误差均小于 20%；实际震源点与监测点定位直线距离相对误差均小于 10%，定位计算结果相对误差较小。

4#震源采用 2 种激发方式所得震源定位结果中，Ⅲ类布设方式中，C2-C3 簇监测点定位结果与实际震源距离相对误差大于 20%，实际震源点与监测点定位直线距离相对误差较小。

平板模拟定位结果与较优点范围如图 6.3.16 和图 6.3.17 所示。可以看出，绝大部分定位结果均包含在较优点范围内。对表 6.3.1 花岗岩平板进行室内试验所得定位结果较优点进行了统计，表 6.3.5 为数值试验平板定位结果较优点统计，数值试验中监测点布设方式与室内试验一致，采用正弦波激发方式进行平板定位试验，Ⅰ类、Ⅱ类、Ⅲ类传感器布设方式定位结果较优点比例分别为 100%、100% 和 87.5%；采用雷克子波激发方式，三种布设方式的定位结果较优点比例分别为 100%、95.8% 和 95.8%。与室内试验定位结果相比，数值试验定位结果相对误差小于室内试验定位结果，定位准确性高于室内试验。与室内试验相比，数值试验干扰因素较少，室内震源定位试验中存在的影响因素更为复杂，花岗岩平板的非均质性和岩石固有缺陷会对定位结果造成误差，故数值模拟定位试验震源计算结果较优点比例明显高于室内试验。

表 6.3.5 数值试验平板模拟定位结果较优点统计

震源激发方式	监测点布设方式	定位较优点数	总定位点	较优点比例/%
正弦波	Ⅰ	24	24	100
	Ⅱ	24	24	100
	Ⅲ	21	24	87.5
雷克子波	Ⅰ	24	24	100
	Ⅱ	23	24	95.8
	Ⅲ	23	24	95.8

数值试验中颗粒大小及位置为随机生成的，颗粒在空间上非均匀排布。定位计算时，监测颗粒 z 方向坐标差异会对定位结果带来一定误差，且该定位误差无法通过计算消除，由于该二维定位方法并未考虑监测点 z 方向影响，定位方法理论计算中仅包含 x 及 y 方向，监测颗粒在实际 z 方向上会存在差异，导致时延测量出现误差。

6.4 本章小结

本章基于颗粒流程序构建数值模型,研究应力波在颗粒流模型中的传播规律,并对二维非测速条件下声发射震源定位方法进行了室内试验研究和数值试验验证。

(1)采用颗粒流软件,建立了大尺度一维颗粒流模型,分别从震源激发方式、颗粒黏结模型、数值弥散、边界条件等角度研究了影响应力波模拟的主要因素,并在此基础上建立二维大尺度六角形排列颗粒模型,得到了 P 波和 S 波波阵面特征及波形与波速的变化,验证了该方法模拟应力波传播衰减规律的可行性及合理性,对进一步模拟研究岩石的动力学行为及其细观机制具有参考价值。

(2)对 Kundu 等[27]提出的二维非测速条件下声发射震源定位方法进行了改进,并开展了花岗岩平板与离散元数值模型定位试验研究,选取三种典型传感器布设方式验证了该方法的适用性与准确性,为非测速条件下震源定位方法的推广应用及其模拟方法的深化研究提供了理论支撑。

参 考 文 献

[1] 赵兴东,刘建坡,李元辉,等.岩石声发射定位技术及其实验验证.岩土工程学报,2008,30(10):1472-1476.

[2] 周喻,吴顺川,许学良,等.岩石破裂过程中声发射特性的颗粒流分析.岩石力学与工程学报,2013,32(5):951-959.

[3] Aki K,Fehler M,Aamodt R L,et al. Interpretation of seismic data from hydraulic fracturing experiments at the Fenton Hill,New Mexico,hot dry rock geothermal site. Journal of Geophysical Research:Solid Earth,1982,87(B2):936-944.

[4] 王占江,李孝兰,戈琳,等.花岗岩中化爆的自由场应力波传播规律分析.岩石力学与工程学报,2003,22(11):1827-1831.

[5] 李建春,李海波.节理岩体的一维动态等效连续介质模型的研究.岩石力学与工程学报,2010,29(S2):4063-4067.

[6] 黄永林,朱升初,张金川.郯庐断裂带鲁苏沂沭段对汶川地震波的隔震效应//全国第一届防灾减灾工程学术研讨会.南京,2011.

[7] Cundall P A. A computer model for simulating progressive,large-scale movement in blocky rock system//Proceedings of the International Symposium on Rock Mechanics. Nancy,1971.

[8] Trent B C,Margolin L G. A numerical laboratory for granular solids. Engineering Computations,1992,9(2):191-197.

[9] Toomey A, Bean C J. Numerical simulation of seismic waves using a discrete particle scheme. Geophysical Journal International, 2000, 141(3):595-604.

[10] Matsuoka T, Kusumi H. Simulation of Hopkinson effect by discrete element method//The 10th International Society for Rock Mechanics Congress. Johannesburg, 2003.

[11] Abe S, Place D, Mora P. A parallel implementation of the lattice solid model for the simulation of rock mechanics and earthquake dynamics. Pure and Applied Geophysics, 2004, 161(11-12):2265-2277.

[12] Hazzard J F, Young R P. Numerical investigation of induced cracking and seismic velocity changes in brittle rock. Geophysical Research Letters, 2004, 31(1):L01604.

[13] Resende R, Lamas L N, Lemos J V, et al. Micromechanical modelling of stress waves in rock and rock fractures. Rock Mechanics and Rock Engineering, 2010, 43(6):741-761.

[14] Kim M K, Kim S E, Oh K H, et al. A study on the behavior of rock mass subjected to blasting using modified distinct element method. International Journal of Rock Mechanics and Mining Sciences, 1997, 156:1-14.

[15] Donzé F V, Bouchez J, Magnier S A. Modeling fractures in rock blasting. International Journal of Rock Mechanics and Mining Sciences, 1997, 34(8):1153-1163.

[16] Sadd M H, Gao J, Shukla A. Numerical analysis of wave propagation through assemblies of elliptical particles. Computers and Geotechnics, 1997, 20(3-4):323-343.

[17] 张国凯,李海波,夏祥,等. 岩石波速与损伤演化规律研究. 岩石力学与工程学报, 2015, 34(11):2270-2277.

[18] 陈颙. 声发射技术在岩石力学研究中的应用. 地球物理学报, 1977, 20(4):312-322.

[19] 李浩然,杨春和,陈锋,等. 岩石声波-声发射一体化测试装置的研制与应用. 岩土力学, 2016, 37(1):287-296.

[20] Geiger L. Probability method for the determination of earthquake epicenters from the arrival time only. Bulletin of Saint Louis University, 1912, 8(1):56-71.

[21] Nelder J A, Mead R. A simplex method for function minimization. The Computer Journal, 1965, 7(4):308-313.

[22] Sambridge M S, Kennett B L N. A novel method of hypocentre location. Geophysical Journal International, 1986, 87(2):679-697.

[23] 张诗淮,吴顺川,陈子健. 低频动载应力波传播规律及颗粒流模拟方法研究. 岩石力学与工程学报, 2016, 35(8):1555-1568.

[24] Potyondy D O, Cundall P A. A bonded-particle model for rock. International Journal of Rock Mechanics and Mining Sciences, 2004, 41(8):1329-1364.

[25] Kuhlemeyer R L, Lysmer J. Finite element method accuracy for wave propagation problems. Journal of Soil Mechanics and Foundations Division, 1973, 99(5):421-427.

[26] Hoover W G, Ashurst W T, Olness R J. Two-dimensional computer studies of crystal stability and fluid viscosity. The Journal of Chemical Physics, 1974, 60(10):4043-4047.

[27] Kundu T, Nakatani H, Takeda N. Acoustic source localization in anisotropic plates. Ultra-

sonics,2012,52(6):740-746.

[28]　吴顺川,张光,张诗淮,等.二维非测速条件下声发射震源定位方法试验研究.岩石力学与工程学报,2019,38(1):28-39.

[29]　李孟源,尚振东,蔡海潮,等.声发射检测及信号处理.北京:科学出版社,2010.

[30]　丁夺宝,刘富君.无损检测新技术及应用.北京:高等教育出版社,2012.

[31]　许江,李伊,田傲雪,等.声发射定位精度尺寸效应的试验研究.岩石力学与工程学报,2016,35(S1):2826-2835.

[32]　Potyondy D O. PFC3D flat joint contact model version 1. Minneapolis:Itasca Consulting Group,2013.

[33]　Wu S C,Xu X L. A study of three intrinsic problems of the classic discrete element method using flat-joint model. Rock Mechanics and Rock Engineering,2016,49(5):1813-1830.

第 7 章　连续-离散耦合模拟方法

7.1　概　　述

对岩土工程稳定性问题的研究多采用有限元、有限差分等连续元分析方法。然而,由于岩土体宏观的失稳破坏都是细观结构累积变形发展的结果,而对该类问题采用连续元分析难以从细观层面解释其力学机理。

连续-离散耦合算法是由 Felippa 等[1,2]提出的一种宏细观受力变形相结合的分析方法。连续-离散耦合模型的连续域可以反映计算模型的全貌,而耦合离散域可重点关注岩土体变形的细观结构,分析变形本质。Cai 等[3]采用连续-离散耦合计算方法模拟了大尺度地下开挖对围岩的影响,并将其与开挖过程中采集的声发射数据进行了对比研究。周健等[4]对连续-离散耦合计算模型交界面的颗粒与单元相互接触作用进行研究,证实了二维连续-离散耦合分析的合理有效性。张铎等[5]采用连续-离散耦合算法研究了某尾矿坝边坡在尾矿冲填前后潜在滑移带附近的宏细观力学特征。王家全等[6]针对新旧路堤的不均匀沉降问题,结合山区高填方加筋工程研究了加筋区域土体细观参数的变化。严琼等[7]结合强度折减法,采用连续-离散模型从宏观和细观角度对边坡的失稳机制进行了较为全面的探索。

基于连续-离散耦合方法的工程问题分析,可避免大型颗粒体模型计算效率低下的缺陷,从而大幅提高整体计算分析效率。目前,随着连续-离散耦合算法的进一步完善,采用该算法从宏细观协同分析的角度研究岩土体受力变形机制,已成为岩土工程界的热点研究课题。

7.2　连续-离散耦合数值方法基本原理

7.2.1　连续-离散耦合计算基本理论

连续-离散耦合是对岩土破坏大变形区域或关注区域采用离散元进行精细化模拟,在离散元周围区域采用连续元模拟。离散域为模拟分析的重点,连续域是为了减少边界效应,在非破坏区域扩大计算范围。

连续-离散耦合的过程是在迭代计算过程中,遵循连续单元节点的虚功原理和离散元颗粒的牛顿第二定律,通过耦合边界不断传输交换力和速率等数据,并通过时步控制,确保离散域与连续域计算数据的一致性与连续性,进而实现从连续和离散的宏细观协同角度综合分析介质的力学行为过程。连续域受到外部荷载或处于重力场作用,每个计算时步,连续域单元节点将速度值传递至离散域边界颗粒,进而在离散域材料内部产生位移和接触力,并将生成的力同样经由耦合边界的颗粒传递给连续域的单元节点,完成耦合的循环运算。而离散域在嵌入连续域进行耦合初始化设置前,为模拟连续域主体中的应力场,一般对离散域试样进行应力加载初始化,以确保耦合进程开始时,连续单元节点的力和位移数据不会对嵌入的离散域带来过大的变形影响。

7.2.2　直接耦合法耦合边界相互作用原理

图 7.2.1 为直接耦合法连续域与离散域的基本结构示意图。图 7.2.1(a)为连续域网格与预留离散域空间,箭头表示连续域节点受到来自离散域的作用力;图 7.2.1(b)为控制颗粒、节断序列与离散域颗粒,周边黑色颗粒为单层颗粒组成的耦合边界,黑色线段和黑点组成的沿离散域外边界的方框为节段序列,黑点所在的颗粒为控制颗粒,箭头表示颗粒的瞬时速度。

耦合数据的传输方式需要执行计算机数据接口协议,该接口称为套接字连接接口,包含在其数组里的数据以二进制的形式传输,且传输过程相对独立,无精度损失。为支持连续域与离散域的数据交换,定义节段序列虚拟结构作为数据传送的载体。该序列结构的位置与耦合边界重合,每个节段的长度与连续域单元网格的边长一致,节段编号排序的递增方向按连续域单元位于右侧的原则确定(即图 7.2.1(b)中的逆时针方向)。同时,离散域也相应地定义了控制颗粒的概念,这些控制颗粒包含在耦合边界的单层颗粒内,且两两之间的距离与以上序列结构的节段长度相对应。

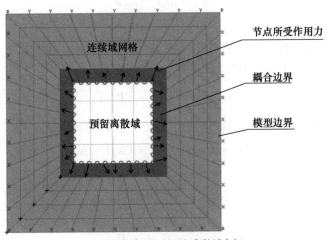

(a) 连续域网格与预留离散域空间

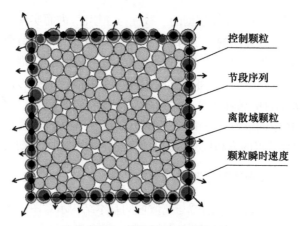

(b) 控制颗粒、节段序列与离散域颗粒

图 7.2.1　直接耦合法连续域与离散域的基本结构示意图

本章中离散、连续域分别采用颗粒单元法和显式差分法进行计算[8,9]。颗粒单元作为耦合离散域,可以预先进行程序化设定,也可根据需要自定义其几何形状;被嵌入的有限差分单元在建模时需要预留空间,该预留区域的形状、尺寸应与耦合离散域完全一致,创建的离散域由单层颗粒围绕作为边界。

1. 映射颗粒对节段节点的反作用力

映射颗粒对节段节点的反作用力原理如图 7.2.2 所示,其中,节段端点坐标和长度分别为 x_0、x_1 和 l,颗粒作用力为 P,颗粒质心坐标为 x_p,作用于节段端点的力为 F_0 和 F_1:

$$F_0 = m_0 \hat{t} + m_1 \hat{n} \tag{7.2.1}$$

$$F_1 = m_2 \hat{t} + m_3 \hat{n} \tag{7.2.2}$$

式中,$\hat{n} = (-t_y, t_x)$ 为单位割线矢量;常数 m_0、m_1、m_2 和 m_3 满足以下条件。

(1) x_p 附近每个节点力的剪切分量对 m_0 的分布。

$$m_0 = \frac{|r_1|}{|r| + |r_1|} (P \cdot \hat{t}) \tag{7.2.3}$$

(2) 节段端点作用力与颗粒作用力对 x_0 产生同等的力矩。

$$r \times P = l\hat{t} \times F_1 = l\hat{t} \times (m_2 \hat{t} + m_3 \hat{n}) \tag{7.2.4}$$

$$r \times P = lm_2 (\hat{t} \times \hat{t}) + lm_3 (\hat{t} \times \hat{n}) \tag{7.2.5}$$

$$(r_x P_y - r_y P_x)\hat{k} = lm_3 \hat{k} \tag{7.2.6}$$

式中,

$$m_3 = \frac{r_x P_y - r_y P_x}{l} \tag{7.2.7}$$

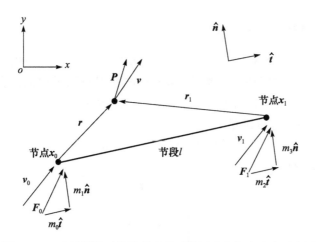

图 7.2.2　映射颗粒对节段节点的反作用力和相应速率示意图

（3）作用于节段端点的力生成与颗粒作用力同等的合力 $\boldsymbol{P}$。

$$\boldsymbol{P} = \boldsymbol{F}_0 + \boldsymbol{F}_1 \tag{7.2.8}$$

给定两个方程：

$$P_x = (m_0 + m_2)t_x - (m_1 + m_3)t_y \tag{7.2.9}$$

$$P_y = (m_0 + m_2)t_y + (m_1 + m_3)t_x \tag{7.2.10}$$

以上方程中的 m_1 和 m_2 定义为

$$m_1 = (P_y - m_3 t_x - m_0 t_y)t_x + (-P_x - m_3 t_y + m_0 t_x)t_y \tag{7.2.11}$$

$$m_2 = \begin{cases} \dfrac{P_x + (m_1 + m_3)t_y - m_0 t_x}{t_x}, & |t_y| < 0.1 \\[3mm] \dfrac{P_y - (m_1 + m_3)t_x - m_0 t_y}{t_y}, & |t_y| \geqslant 0.1 \end{cases} \tag{7.2.12}$$

当以上力作用于各控制颗粒时，可确保作用在连续域每个节段的力产生与离散域同样的合力和力矩。在连续域（FLAC）和离散域（PFC2D）的软件中分别调用可统计耦合域周边节点或颗粒的力和力矩的函数，相同时步的值相同。该计算过程无须过多的几何步骤，只需确定每个控制颗粒的坐标。在上述条件下，作用在节段端点的力满足公式：

$$\begin{cases} \boldsymbol{F}_0 = \boldsymbol{P}(1 - \xi) \\[2mm] \boldsymbol{F}_1 = \boldsymbol{P}\xi \\[2mm] \xi = \dfrac{\boldsymbol{r} \cdot \hat{\boldsymbol{t}}}{l} \end{cases} \tag{7.2.13}$$

只有当所有控制颗粒的质心位于节段沿线上时，其近似计算结果才满足两个模型之间的平衡力矩。该运算过程通过调用一个 FISH 变量函数来激活。

2. 映射节段速率至相关颗粒

假定速度场线性加载于每个节段,赋予每个节段节点一定的速率。颗粒的坐标映射在节段定义的线段上。然后,速度在该映射点通过内插的方式进行调整。节段端点坐标和长度分别由 x_0、x_1 和 l 表示,颗粒质心坐标由 x_p 表示,端点速度由 v_0 和 v_1 表示。颗粒速度满足

$$v(\xi) = v_0 + \xi(v_1 - v_0) \tag{7.2.14}$$

式中,ξ 为局部坐标。

$$\begin{cases} \xi = \dfrac{r \cdot \hat{t}}{l} \\ r = x_p - x_0 \\ \hat{t} = \dfrac{x_1 - x_0}{l} \end{cases} \tag{7.2.15}$$

7.2.3　缓冲耦合法耦合计算原理

缓冲耦合法中的耦合域模型示意图如图 7.2.3 所示。连续域与离散域模型有一定的交叉重叠,形成耦合域,通过虚功原理、能量分配或动量传递等法则来确定连续域与离散域模型间的数据传递关系并进行计算。

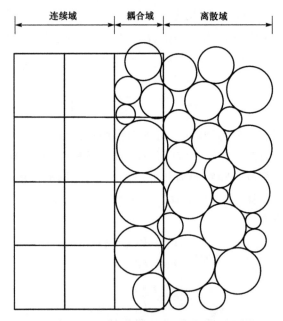

图 7.2.3　缓冲耦合法中的耦合域模型示意图

1. 颗粒不平衡力

耦合计算中传递的颗粒所受的力为不平衡力,即系统所受内外力之差。在建立离散元模型时,需要先建立墙体来控制颗粒生成范围及施加初始应力场,在开始耦合计算前需要删除墙体,将耦合域网格节点速度作为边界条件施加于离散域,这将引起离散域内不平衡力的变化。删除墙体后不平衡力的变化如下。

假设颗粒处于平衡状态,且仅受来自相邻颗粒、相邻墙的接触力和自重,其受力如图 7.2.4(a)所示,颗粒所受合力 $\sum F = 0$,则系统达到平衡后,内力 $F_{in} = G$,外力 $F_{ou} = F_{1A} + F_{2A} + F_w$,其中 F_{iA} 为相邻颗粒 i 对 A 的接触力,F_w 为相邻墙的接触力,G 为颗粒 A 自重。

若将墙体删除,颗粒内力 F_{in} 仍然不变,但外力 $F_{ou} = F_{1A} + F_{2A}$。显然,删除墙体后,颗粒内外力之差变化了 F_w,即不平衡力变化了 F_w。由于初始条件下颗粒平衡,不平衡力应为 0,故在删除墙之后,不平衡力会显著增大。

若颗粒开始不与墙体接触,如图 7.2.4(b)所示,则有

$$\sum_{i=1}^{4} F_{iA} + G = 0 \tag{7.2.16}$$

删除墙体后,颗粒速度及相对位置未发生变化,则来自颗粒间的接触力不会改变,故式(7.2.16)在墙体删除之后仍成立,即不平衡力变化并不显著。

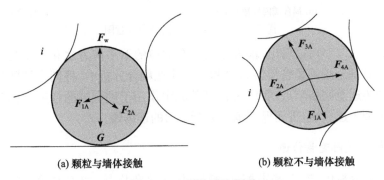

(a) 颗粒与墙体接触　　　　　　　　(b) 颗粒不与墙体接触

图 7.2.4　颗粒受力图示

综上所述,在删除墙体后原模型中与墙体直接接触的颗粒不平衡力会显著增大,且在大小上等于原模型中墙体给颗粒的接触力,而之前不与墙体直接接触的颗粒不平衡力不会发生显著变化。将此结果推广至不平衡系统,此时颗粒加速度 $a = \mathrm{d}v/\mathrm{d}t \neq 0$,引入惯性力 $F_{惯性} = -ma$ 使颗粒受力在形式上平衡,此时不平衡力变化趋势与平衡系统相似,不再赘述。

将耦合域内所有颗粒看成整体,对其不平衡力进行求和,如图 7.2.5 所示。耦合域内颗粒用灰色标示。为便于化简,此处暂不考虑颗粒自重,耦合域内颗粒 A 所受

不平衡力 $\boldsymbol{F}_{\mathrm{UA}} = \sum\limits_{i=1}^{4} \boldsymbol{F}_{iA}, i \in \{1,2,3,4\}, \boldsymbol{F}_{iA}$ 为颗粒 i 对颗粒 A 的作用力,其中 $\boldsymbol{F}_{1A}$ 为耦合域外颗粒 1 对颗粒 A 的作用力。由于颗粒间接触力互为作用力及反作用力,有

$$\sum_{i=1}^{N} \boldsymbol{F}_{\mathrm{U}i} = \sum_{m=1}^{N_m} \sum_{n=1}^{N_n} \boldsymbol{F}_{mn} \tag{7.2.17}$$

式中,$\sum\limits_{i=1}^{N} \boldsymbol{F}_{\mathrm{U}i}$ 为耦合域所有颗粒所受不平衡力之和;$\boldsymbol{F}_{mn}$ 为编号 m 的颗粒与编号 n 的颗粒之间的接触力,其中 m 在耦合域外,n 在耦合域内。

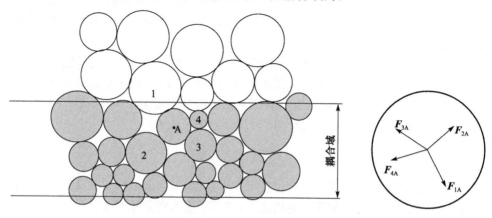

(a) 耦合域内外颗粒分布   (b) 颗粒A受力示意图

图 7.2.5   耦合域颗粒受力示意图

从式(7.2.17)可以看出,耦合域内所有颗粒的不平衡力之和等于与耦合域相邻的颗粒对耦合域的颗粒接触力之和。因此在耦合分析中,将耦合域颗粒的不平衡力之和传递至网格节点,实质为将离散域中作用于耦合域的接触力作为力的边界条件施加于连续域,进而保证耦合分析中力的连续性。

2. 耦合域内变量传递

在耦合分析中,连续-离散模型间通过传递速度及力来实现耦合。要保证连续体与离散体之间耦合边界条件的连续性,需要在数据传递之前先对其进行插值重分配,使其在传递前后的边界条件对应一致。

取耦合域内某网格 $ABCD$ 及其中颗粒作为研究对象,如图 7.2.6 所示。设颗粒 j 的速度为 $\boldsymbol{u}_j$,则有

$$\boldsymbol{u}_j = \sum_{i=1}^{N} \boldsymbol{v}_i \alpha_i \tag{7.2.18}$$

式中,$\boldsymbol{v}_i$ 为网格节点 i 的运动速度;N 为网格的节点数(图 7.2.6 中 $N=4$);α_i 为节点 i 的速度分配到颗粒 j 上的权函数。

在有限差分法模型中,节点 A 所受力 F_A 为

$$F_A = \sum_{i=1}^{N_i} \sum_{j=1}^{N_j} F_{ij} \beta_{ij} \tag{7.2.19}$$

式中,N_i 为节点 A 所属的耦合域网格总数(图 7.26 中 $N_i=4$);N_j 为第 i 个网格包含的颗粒总数(图 7.2.6 中 $N_j=14$);F_{ij} 为节点 A 所属的第 i 个网格内的颗粒 j 所受的力;β_{ij} 为颗粒 j 所受力在该节点的分配权函数。

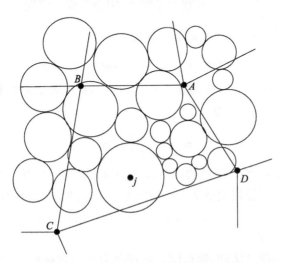

图 7.2.6 耦合域网格与颗粒相对关系

取耦合域内单个网格及其内部颗粒分别作为研究对象。在耦合计算中,耦合域内的离散域与连续域所受力相互传递,则 $F_{DEM}=F_{FDM}$,计算时步 Δt 也取相同,显然一个计算时步中离散域与连续域所受冲量也相等,即 $I_{DEM}=I_{FDM}$,离散域的动量为

$$P_{DEM} = \sum_{j=1}^{N_j} m_j u_j = \sum_{j=1}^{N_j} m_j \sum_{i=1}^{N} v_i \alpha_i \tag{7.2.20}$$

式中,m_j 为颗粒 j 质量。

若 $\alpha_i = \dfrac{1}{N}$ 为常数,则 $P_{DEM} = \dfrac{1}{N} \sum\limits_{j=1}^{N_j} m_j \sum\limits_{i=1}^{N} v_i$,在网格范围内,离散域总质量 $M_{DEM} = \sum\limits_{j=1}^{N_j} m_j$,式(7.2.20)可进一步简化为 $P_{DEM} = \dfrac{M_{DEM}}{N} \sum\limits_{i=1}^{N} v_i$。

连续域的动量为

$$P_{FDM} = \sum_{i=1}^{N} m_i v_i \tag{7.2.21}$$

由于离散域与连续域为同种材料,相同面积内连续域与离散域总质量相等,即该网格范围内 $M_{\text{FDM}} = M_{\text{DEM}}$。在连续元计算中,网格节点质量 $m_i = M_{\text{FDM}}/N$,故式(7.2.21)可简化为

$$P_{\text{FDM}} = \sum_{i=1}^{N} m_i v_i = \frac{M_{\text{FDM}}}{N} \sum_{i=1}^{N} v_i = P_{\text{DEM}} \qquad (7.2.22)$$

显然在力的传递过程中,若权函数 $\alpha_i = 1/N$ 为常数,则耦合域模型的动量守恒。实际计算中,若引入的权函数不是常数,则会造成一定误差。

3. 离散域散粒体细观组构的数学描述

在散粒体细观组构的研究中,可采用组构张量,通过平均方向矢量和矢量的幅度去观测细观组构的变化。Satake[10] 指出对于圆盘或者圆形颗粒,组构张量可通过接触法向量(n_i, n_j)定义为

$$\phi_{ij} = \frac{1}{N} \sum_{k=1}^{N} n_i^{(k)} n_j^{(k)} \qquad (7.2.23)$$

式中:ϕ_{ij} 为组构张量;N 为接触数;$n_i^{(k)}$、$n_j^{(k)}$ 分别为接触 k 的接触法向量分量。

组构张量可用以描述接触法向分布的方向或者结构各向异性。组构张量为一个对称的二阶张量,有两个主值。对组构张量还可求其特征值与特征向量,进而求出该组构张量的主方向。

对于散粒体的接触法向、颗粒间法向接触力和切向接触力的分布可分别采用傅里叶级数表示[11,12]

$$E(\theta) = \frac{1}{2\pi} \{1 + a\cos[2(\theta - \theta_{\text{a}})]\} \qquad (7.2.24)$$

$$f_{\text{n}}(\theta) = f_0 \{1 - a_{\text{n}} \cos[2(\theta - \theta_{\text{f}})]\} \qquad (7.2.25)$$

$$f_{\text{t}}(\theta) = -f_0 a_{\text{t}} \sin[2(\theta - \theta_{\text{t}})] \qquad (7.2.26)$$

式中,θ 为接触方向角度;f_0 为所有接触的平均法向接触力;a、a_{n} 和 a_{t} 为描述散粒体各向异性的参数;θ_{a}、θ_{f} 和 θ_{t} 分别为接触法向、法向接触力和切向接触力各向异性的主方向。

7.3　工　程　案　例

7.3.1　巷道围岩变形破坏机理

1. 工程背景

随着浅部资源逐渐枯竭,矿山开采不断向深部发展,矿井巷道围岩顶板冒落、底板底臌、片帮、岩爆等工程灾害事故日益增多,对矿产资源高效安全开采造成了

巨大威胁。由于巷道的变形破坏常常取决于岩石微细观特性，深入开展巷道围岩破裂孕育演化机制及规律的宏细观研究，是保证井下巷道工程合理设计与安全施工的主要依据[13]。

西石门铁矿北采区－100m 水平联巷属深部开拓工程的疏干工程，位于西石门铁矿－9～－13 勘探线之间、标高位于－100m～－104.6m 之间，是北采区的最底层。图 7.3.1 为西石门铁矿北采区－100m 水平联巷的断面设计图，开挖断面为马蹄形。以该采区巷道为工程背景采用连续-离散耦合数值分析方法，从宏细观角度分别对巷道围岩破裂孕育演化机制及规律进行研究。

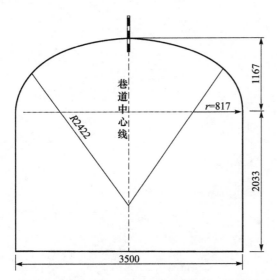

图 7.3.1　西石门铁矿北采区－100m 水平联巷断面设计图(单位:mm)

2. 计算模型构建

采用连续-离散耦合分析方法，建立巷道连续-离散耦合模型，如图 7.3.2 所示。坐标原点位于巷道中心，有限差分网格尺寸长(x 方向)和高(y 方向)均为 60m。经试算，设定有限差分网格内部空域尺寸长和高均为 20m。空域边界有限差分网格在 x、y 方向上个数均为 20，即节段条数均为 20。有限差分网格在径向上个数为30，径向尺寸辐射比例为 1.0。有限差分网格外部左右边界固定 x 向位移，上下边界固定 y 向位移。内嵌颗粒体模型尺寸与空域尺寸匹配，长和高均为 20m，模型内部开挖巷道大小为设计断面尺寸。

在耦合模型有限差分网格外部边界施加水平围压 p_h 及垂直围压 p_v，模拟实际存在的围压条件，共设定三类围压条件，即低围压条件、中围压条件、高围压条件。

（1）低围压条件。水平围压 p_h 及垂直围压 p_v 均设定为 5MPa。

（2）中围压条件。水平围压 p_h 及垂直围压 p_v 均设定为 10MPa。

（3）高围压条件。围压类型细分为三类：①垂直围压 p_v 不变（$p_v=10$MPa），水平围压 p_h 分别为 12.5MPa、15MPa、17.5MPa、20MPa，即侧压系数 K 分别为 1.25、1.5、1.75、2；②水平围压 p_h 不变（$p_h=10$MPa），垂直围压 p_v 分别为 12.5MPa、15MPa、17.5MPa、20MPa，即侧压系数 K 分别为 0.8、0.67、0.57、0.5；③侧压系数 K 恒定为 1，但围压设定为 12.5MPa、15MPa、17.5MPa、20MPa。

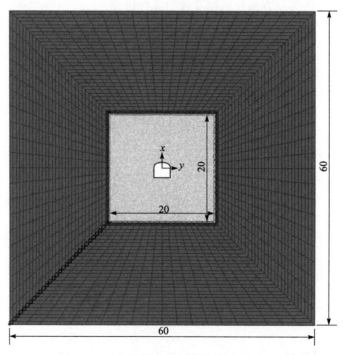

图 7.3.2　巷道连续-离散耦合模型（单位：m）

计算过程中，有限差分网格连续元表征的岩体在巷道开挖后仅产生弹性变形，故选取线弹性本构模型，连续域计算参数见表 7.3.1。而颗粒体模型表征的岩体在巷道开挖后产生弹塑性变形，并可产生破裂现象，其颗粒间黏结模型选用平行黏结模型，离散域细观参数见表 7.3.2。

表 7.3.1　连续域计算参数

参数	数值
密度 $\rho/(\mathrm{kg/m^3})$	2690
变形模量 E/GPa	2.66
泊松比 ν	0.31

表 7.3.2 离散域细观参数

参数	数值
最小颗粒半径 R_{min}/cm	3.5
最大与最小颗粒半径比 R_{max}/R_{min}	1.66
颗粒体密度 $\rho/(kg/m^3)$	2690
粒间摩擦系数 μ	0.5
颗粒弹性模量 E_c/GPa	67
颗粒法向-切向刚度比 k_n/k_s	2.5
平行黏结半径系数 λ	1
平行黏结弹性模量 $\overline{E}_c/GPa$	67
平行黏结法向 - 切向刚度比 $\overline{k}_n/\overline{k}_s$	2.5
平行黏结法向强度平均值 $\sigma_{n\text{-mean}}/MPa$	10
平行黏结法向强度标准差 $\sigma_{n\text{-dev}}/MPa$	1
平行黏结切向强度平均值 $\tau_{s\text{-mean}}/MPa$	10
平行黏结切向强度标准差 $\tau_{s\text{-dev}}/MPa$	1

在单轴压缩条件下,采用表 7.3.2 所示离散元计算参数,计算得到岩体变形模量、泊松比分别为 3.20GPa 和 0.31,表明颗粒体模型所具有的变形特性与有限差分网格连续元计算参数近似匹配。

3. 计算结果分析

基于前述构建的西石门北采区-100m 巷道连续-离散耦合模型,首先从理论解析解与连续-离散耦合数值解对比分析的角度,验证连续-离散耦合分析方法的可靠性,然后从宏细观角度研究低围压、中围压、高围压等不同围压条件下,巷道开挖后围岩变形破坏、破裂孕育演化、应力分布的变化规律及机理。

1) 方法适宜性验证

为验证连续-离散耦合数值计算方法的可靠性,现采用理论解析解与数值计算结果进行对比验证。在弹性力学范畴,Brady 等[14] 推导了在无限各向同性弹性介质中进行圆形巷道开挖,引起围岩径向弹性变形位移 $u_r(r,\theta)$ 与切向弹性变形位移 $u_\theta(r,\theta)$ 的 Kirsch 解公式,即

$$u_r(r,\theta) = -\frac{\sigma_{yy}R^2}{4Gr}\left\{(1+K)-(1-K)\left[4(1-\nu)-\frac{R^2}{r^2}\right]\cos(2\theta)\right\} \quad (7.3.1)$$

$$u_\theta(r,\theta) = -\frac{\sigma_{yy}R^2}{4Gr}\left\{(1-K)\left[2(1-2\nu)+\frac{R^2}{r^2}\right]\sin(2\theta)\right\} \quad (7.3.2)$$

式中,r 为距圆心的径向距离;θ 为沿逆时针方向与 x 正向的夹角;R 为开挖圆形巷道半径;G 为弹性介质的体积模量;ν 为弹性介质的泊松比;K 为水平应力 σ_{xx} 与垂直应力 σ_{yy} 之比,即 $K=\sigma_{xx}/\sigma_{yy}$。

结合 Brady 等[14] 的研究结果,对比分析理论解析解和连续-离散耦合数值解得到的圆形巷道开挖引起的弹性变形位移。

　　假定模型坐标原点位于圆形巷道圆心。有限差分网格尺寸长(x方向)和高(y方向)均为40m,有限差分网格内部空域尺寸长和高均为8m。空域边界有限差分网格在x、y方向上个数均为20,即节段条数均为20。有限差分网格在径向上个数为30,径向尺寸辐射比例为1.15。有限差分网格外部左右边界固定x向位移,上下边界固定y向位移。而内嵌颗粒体模型尺寸与空域尺寸匹配,长和高均为8m,模型内部开挖圆形巷道半径为1m。连续元和离散元等效弹性模量和泊松比分别取78.1GPa和0.24,水平围压p_h及垂直围压p_v均设定为5MPa,即$K=1$。

　　经计算,当耦合模型圆形巷道开挖后计算时步达10000步时,得到的颗粒体模型破裂与位移矢量及黏结力链分布如图7.3.3所示。此时,巷道围岩变形已达到稳定状态。巷道围岩破裂及位移矢量分布表明,圆形巷道开挖在低围压条件下,水平及垂直围压不足以引起围岩产生破裂,围岩只产生弹性变形。由于水平围压及垂直围压相等,在距圆形巷道中心相同径向距离时,巷道开挖引起的周边围岩变形量近似相等,且均指向圆心。此外,围岩最大变形发生在巷道周边位置,最大变形量为8.45×10^{-5}m,随着距巷道中心径向距离的增大,围岩变形量呈逐渐减小的趋势。此外,圆形巷道开挖后,巷道周边围岩颗粒间黏结产生了应力集中现象,尤其是黏结拉力主要在巷道周边围岩径向约1m范围内分布。

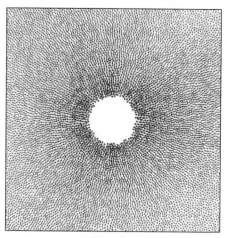　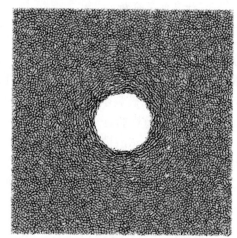

(a) 破裂与位移矢量　　　　　　　　　　　　(b) 黏结力链

图 7.3.3　圆形巷道开挖破裂与位移矢量及黏结力链分布($p_h = 5$MPa,$p_v = 5$MPa)

　　图7.3.4为圆形巷道开挖后径向位移、切向位移解析解与数值解的对比。Kirsch解公式坐标系与耦合模型坐标系一致,Kirsch解公式计算力学参数取值与耦合模型相同。选取距圆心径向距离1m处的巷道周边围岩最外层颗粒的位移量,与Kirsch解进行对比分析。可以看出,数值计算结果中,颗粒径向位移及切向位移均近似服从常数分布。在径向位移中,颗粒径向位移数值计算拟合均值约为6.86×10^{-5}m,而

径向位移 Kirsch 解约为 7.80×10^{-5} m，两者较为一致；在切向位移中，颗粒切向位移数值计算拟合均值约为 3.67×10^{-6} m，而切向位移 Kirsch 解约为 0m，两者同样相差较小。通过径向位移、切向位移的耦合计算与 Kirsch 解的对比分析，发现数值计算结果与解析解较为吻合。

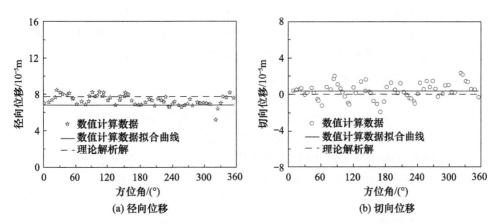

(a) 径向位移 (b) 切向位移

图 7.3.4　圆形巷道开挖后径向位移、切向位移理论解析解与数值解对比

通过圆形巷道开挖围岩弹性变形的理论解析解和数值解对比分析，证明了连续-离散耦合数值计算方法具有较高的可靠性，可用于相关各类岩土工程问题的计算分析。

2）低围压条件

在水平围压 p_h 及垂直围压 p_v 均为 5MPa 的低围压条件下，耦合模型巷道开挖并计算 10000 时步后，得到的颗粒体模型的破裂与位移矢量及黏结力链分布如图 7.3.5 所示。此时，巷道围岩变形已处于稳定状态。

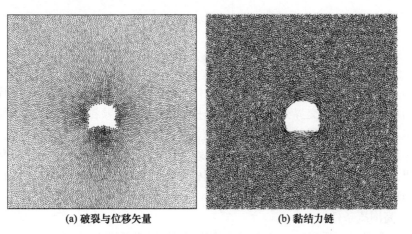

(a) 破裂与位移矢量 (b) 黏结力链

图 7.3.5　颗粒体模型的破裂与位移矢量及黏结力链分布（$p_h=5$MPa，$p_v=5$MPa）

图 7.3.5(a)颗粒体模型的破裂与位移矢量分布表明,在低围压条件下,水平围压及垂直围压不足以引起围岩产生破裂,围岩仅产生弹性变形。虽然水平围压及垂直围压相等,但巷道开挖引起的周边围岩底部变形量较大,约为 2.024×10^{-4} m,两帮及顶部位移量较小。围岩最大变形发生在巷道周边位置,随着距巷道中心径向距离的增加,围岩变形量呈逐渐减小的趋势,但均近似指向巷道中心。

图 7.3.5(b)为巷道开挖后围岩黏结力链分布,巷道开挖后周边围岩颗粒间黏结产生了应力集中现象,尤其是黏结拉力主要在巷道周边围岩径向约 1m 范围内分布。平行黏结中最大黏结力为压力,约为 9.704×10^5 N。

3) 中围压条件

在水平围压 p_h 及垂直围压 p_v 均为 10MPa 的条件下,耦合模型巷道开挖并计算 15000 时步后,得到颗粒体模型的破裂与位移矢量分布如图 7.3.6 所示,破裂在巷道周边浅部围岩范围内分布较为随机,首先发生在巷道顶板。破裂总数较少,仅为 2 条,均为剪切破裂。此外,颗粒体模型中黏结力链分布状态与上节低围压条件下的计算结果较为相似,而平行黏结的压力及拉力均有所增加,最大压力约为 2.16×10^6 N。

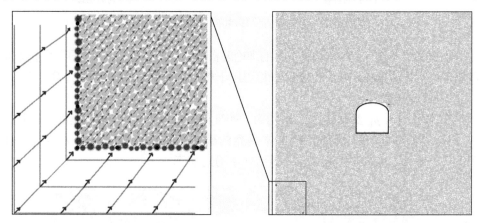

图 7.3.6　颗粒体模型的破裂与位移矢量分布($p_h = 10$MPa, $p_v = 10$MPa)

为观察连续元与离散元在计算过程中的耦合情况,选取计算终止时刻颗粒体模型与有限差分网格交界处的位移矢量进行对比分析。颗粒体模型控制颗粒的位移矢量与空域边界有限差分网格节点的位移矢量,在大小及方向上均一致。表明采用连续-离散耦合分析方法开展巷道围岩变形破坏规律及机理的分析研究,在空域边界上,通过颗粒体模型与有限差分网格的节点力、速率数据的不断传输交换计算,得到的计算结果是正确的。

4) 高围压条件

(1) 垂直围压不变($p_v = 10$MPa),侧压系数 K 不断增大。

保持垂直围压 p_v 为 10MPa 不变,不断增大侧压系数 K(即增大水平围压),得到的围岩破裂及破碎岩体分布情况分别如图 7.3.7 和图 7.3.8 所示。当 K 值分别为 1.25、1.5、1.75、2,计算时步分别为 15000、20000、40000、40000,计算终止时刻破裂停止增长,围岩变形破坏达到稳定状态。可以看出,与 $K=1$ 相比,随着 K 值不断增大,破裂主要集中在巷道顶板及底板围岩中。破裂构成的围岩破坏形态呈"毡帽形",帽口朝向巷道中心。K 值越大,破裂数越多,围岩形成的"毡帽形"破坏范围越大。当 K 值分别为 1.25、1.5、1.75、2 时,破裂数分别为 2、32、674、1386,张拉裂纹占主导地位,所占比例分别为 0%、81.2%、79.8%、77.1%。但随着侧压系数的增大,张拉裂纹所占比例近似呈逐渐降低趋势。在 K 值增大的过程中,巷道顶板、底板与围岩脱离的颗粒数量逐渐增多,表明实际工程中发生顶板冒落、底板底臌甚至岩爆等灾害的概率不断增加。

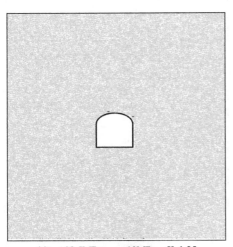

(a) p_h=12.5MPa, p_v=10MPa, K=1.25

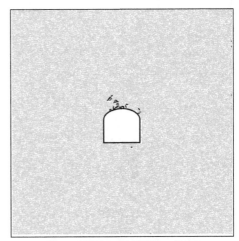

(b) p_h=15MPa, p_v=10MPa, K=1.5

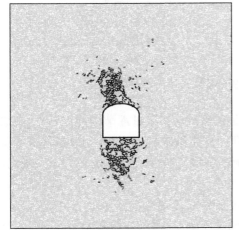

(c) p_h=17.5MPa, p_v=10MPa, K=1.75

(d) p_h=20MPa, p_v=10MPa, K=2

图 7.3.7　垂直围压不变(p_v＝10MPa)、侧压系数 K 不断增大时的围岩破裂分布

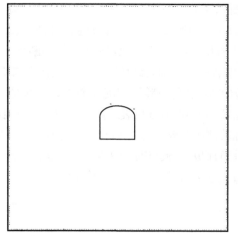

(a) p_h=12.5MPa, p_v=10MPa, K=1.25

(b) p_h=15MPa, p_v=10MPa, K=1.5

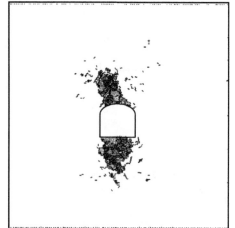

(c) p_h=17.5MPa, p_v=10MPa, K=1.75

(d) p_h=20MPa, p_v=10MPa, K=2

图 7.3.8　垂直围压不变(p_v=10MPa)、侧压系数 K 不断增大时的破碎岩体分布

在破碎岩体分布方面,巷道顶板及底板的破碎岩体数量逐渐增加,当侧压系数达到较高状态(如 K=2)时,巷道两帮也开始产生破碎岩体。总体上,当垂直围压恒定不变、水平围压不断增大时,巷道底板的破裂及破碎岩体数量略大于顶板,且底板的岩体破碎程度更剧烈。

(2) 水平围压不变(p_h=10MPa)、侧压系数 K 不断减小。

保持水平围压 p_h 为 10MPa 不变,不断减小侧压系数 K(即增大垂直围压),计算得到的围岩破裂及破碎岩体分布情况分别如图 7.3.9 和图 7.3.10 所示。当 K 值分别为 0.8、0.67、0.57、0.5,计算时步分别为 15000、20000、40000、40000,最终计算终止时刻破裂停止增长,围岩变形破坏达到稳定状态。可以看出,破裂逐渐集中在巷道两帮围岩中孕育扩展。破裂构成的围岩破坏形态同样呈"毡帽形",帽口朝向巷道中心。垂直围压越大,破裂数越多,围岩形成的"毡帽形"破坏范围越大。当 K 值分别为 0.8、0.67、0.57、0.5 时,破裂数分别为 8、186、562、906,张拉裂纹占主导地位,所占比例分别为 62.5%、81.7%、78.4%、75.4%。但随着侧压系数的增大,张拉裂纹所占比例近似呈逐渐降低趋势。保持水平围压不变,在垂直围压增大过程中,巷道两帮围岩脱离的颗粒数量逐渐增多,表明实际工程中这些位置发生片帮、岩爆等灾害的概率不断增加。

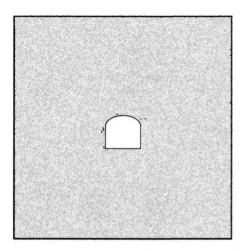

(a) p_h=10MPa, p_v=12.5MPa, K=0.8

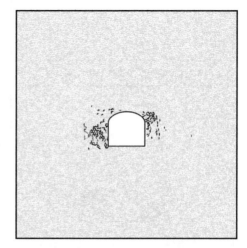

(b) p_h=10MPa, p_v=15MPa, K=0.67

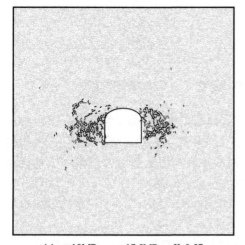

(c) p_h=10MPa, p_v=17.5MPa, K=0.57

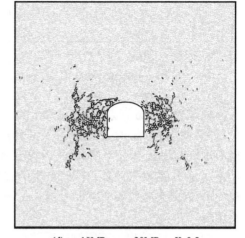

(d) p_h=10MPa, p_v=20MPa, K=0.5

图 7.3.9　水平围压不变(p_h=10MPa)、侧压系数 K 不断减小时的围岩破裂分布

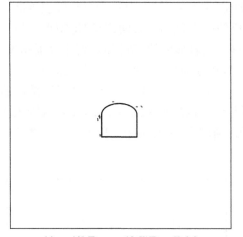

(a) $p_h=10\mathrm{MPa}$, $p_v=12.5\mathrm{MPa}$, $K=0.8$

(b) $p_h=10\mathrm{MPa}$, $p_v=15\mathrm{MPa}$, $K=0.67$

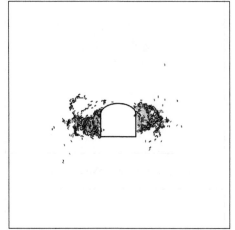
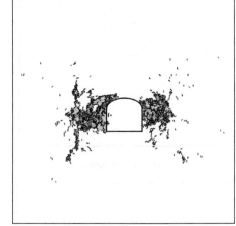

(c) $p_h=10\mathrm{MPa}$, $p_v=17.5\mathrm{MPa}$, $K=0.57$

(d) $p_h=10\mathrm{MPa}$, $p_v=20\mathrm{MPa}$, $K=0.5$

图 7.3.10　水平围压不变($p_h=10\mathrm{MPa}$)、侧压系数 K 不断减小时的破碎岩体分布

　　在破碎岩体分布方面,巷道两帮的破碎岩体数量逐渐增加,当侧压系数达到较低状态(如 $K=0.5$)时,巷道两帮及部分顶板也开始产生破碎岩体。总体上,在相同应力水平下,水平围压不变、侧压系数 K 不断减小时产生的破裂数量略小于垂直围压不变、侧压系数 K 不断增大时产生的破裂数量,例如,当 $p_h=10\mathrm{MPa}$、$p_v=20\mathrm{MPa}$、$K=0.5$ 时最终破裂数量为 906,而当 $p_h=20\mathrm{MPa}$、$p_v=10\mathrm{MPa}$、$K=2$ 时最终破裂数量为 1386。

　　图 7.3.11 给出了不同侧压系数条件下颗粒体模型的黏结力链分布情况。在图 7.3.11(a)中,当 $p_h=20\mathrm{MPa}$、$p_v=10\mathrm{MPa}$,即 $K=2$ 时,颗粒黏结中拉、压应力集中现象主要在巷道顶板及底板围岩中,最大黏结压力约 $4.571\times10^6\mathrm{N}$,巷道顶板及底板周

边的应力消散程度强于巷道两帮。在图 7.3.11(b)中，当 $p_h=10\text{MPa}$、$p_v=20\text{MPa}$，即 $K=0.5$ 时，颗粒黏结中拉、压应力集中现象主要在巷道两帮围岩中，最大黏结压力约 $5.529\times10^6\text{N}$，巷道两帮周边的应力消散程度强于巷道顶板及底板。上述两种情况下，围岩破裂区域由于黏结已发生破坏，这些位置均不存在黏结拉、压力链。

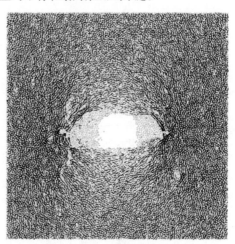

(a) $p_h=20\text{MPa}$, $p_v=10\text{MPa}$, $K=2$　　　　　　(b) $p_h=10\text{MPa}$, $p_v=20\text{MPa}$, $K=0.5$

图 7.3.11　不同侧压系数条件下颗粒体模型的黏结力链分布

（3）侧压系数 K 恒定、围岩应力水平不断增大。

图 7.3.12～图 7.3.14 分别为巷道在侧压系数 K 恒定、围岩应力水平不断增大条件下的围岩破裂、破碎岩体及黏结力链分布情况。可以看出，虽然侧压系数 K 保持恒定不变，但是随着围岩应力水平的提高，破裂数量不断增多，破碎岩体数量及分布范围逐渐扩大，巷道周边应力集中程度更加剧烈。

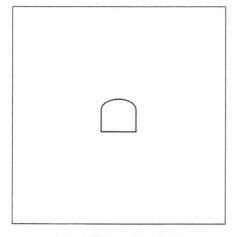
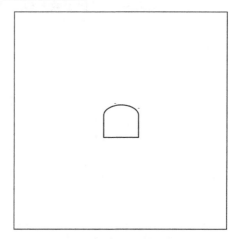

(a) $p_h=5\text{MPa}$, $p_v=5\text{MPa}$, $K=1$　　　　　　(b) $p_h=10\text{MPa}$, $p_v=10\text{MPa}$, $K=1$

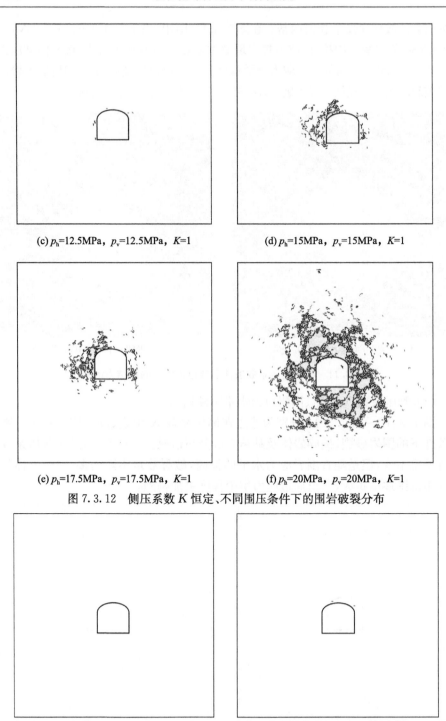

(c) p_h=12.5MPa, p_v=12.5MPa, K=1　　　　(d) p_h=15MPa, p_v=15MPa, K=1

(e) p_h=17.5MPa, p_v=17.5MPa, K=1　　　　(f) p_h=20MPa, p_v=20MPa, K=1

图 7.3.12　侧压系数 K 恒定、不同围压条件下的围岩破裂分布

(a) p_h=5MPa, p_v=5MPa, K=1　　　　(b) p_h=10MPa, p_v=10MPa, K=1

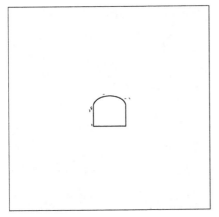

(c) p_h=12.5MPa，p_v=12.5MPa，K=1

(d) p_h=15MPa，p_v=15MPa，K=1

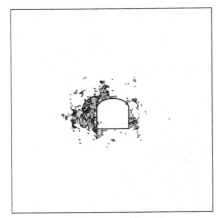

(e) p_h=17.5MPa，p_v=17.5MPa，K=1

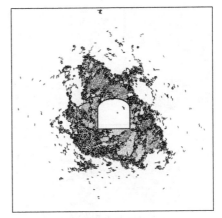

(f) p_h=20MPa，p_v=20MPa，K=1

图 7.3.13　侧压系数 K 恒定、不同围压条件下的破碎岩体分布

(a) p_h=5MPa，p_v=5MPa，K=1

(b) p_h=10MPa，p_v=10MPa，K=1

(c) p_h=12.5MPa, p_v=12.5MPa, K=1　　　　　(d) p_h=15MPa, p_v=15MPa, K=1

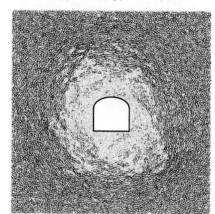

(e) p_h=17.5MPa, p_v=17.5MPa, K=1　　　　　(f) p_h=20MPa, p_v=20MPa, K=1

图 7.3.14　侧压系数 K 恒定、不同围压条件下颗粒体模型的黏结力链分布

在破裂数量分布方面,当围岩应力水平为 10MPa、12.5MPa、15MPa、17.5MPa、20MPa 时,计算终止时刻破裂总数分别为 2、8、266、474、2617,张拉裂纹占主导地位,所占比例分别为 0%、62.5%、82.3%、79.1%、78.9%。随着围岩应力水平的增大,张拉裂纹所占比例近似呈逐渐降低的趋势。围岩应力水平较低时,破裂主要在巷道两帮产生(如 p_h=15MPa, p_v=15MPa)。随着围岩应力水平的提高,先后在顶板、底板位置也开始产生破裂(如 p_h=17.5MPa, p_v=17.5MPa)。当围岩应力水平较高(如 p_h=20MPa, p_v=20MPa)时,巷道周边均产生破裂,且表现出较为明显的局部破裂化现象。

在破碎岩体分布方面,先在巷道两帮产生破碎岩体,然后在顶板、底板开始产生破碎岩体,且破碎岩体数量及分布范围随着围岩应力水平的增大逐渐扩大。

在黏结力链分布方面,随着围岩应力水平不断增大,巷道周边应力消散范围逐渐扩大,且应力集中程度逐渐提高。当围岩应力水平分别为 5MPa、10MPa、12.5MPa、15MPa、17.5MPa、20MPa 时,颗粒间最大黏结压力分别为 9.704×10^5N、2.160×10^6N、2.688×10^6N、4.470×10^6N、4.325×10^6N、4.802×10^6N,且颗粒间最大黏结拉力主要分布在围岩应力消散边界附近。

(4) 连续元计算结果分析。

以围岩水平应力 $p_h = 20$MPa、垂直应力 $p_v = 10$MPa 及水平应力 $p_h = 10$MPa、垂直应力 $p_v = 20$MPa 条件下的计算结果为例,对比分析连续元计算结果。

图 7.3.15(a)和图 7.3.16(a)分别为 $p_h = 20$MPa、$p_v = 10$MPa 及 $p_h = 10$MPa、$p_v = 20$MPa 条件下,有限差分网格最大-最小主应力($\sigma_1 - \sigma_3$)分布,十字长轴代表最

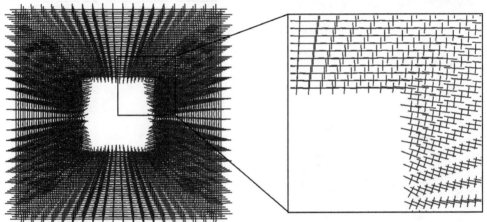

(a) 有限差分网格最大-最小主应力矢量

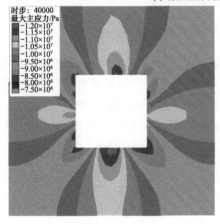

(b) 最大主应力云图

(c) 最小主应力云图

图 7.3.15　$p_h = 20$MPa、$p_v = 10$MPa 时的连续元计算结果

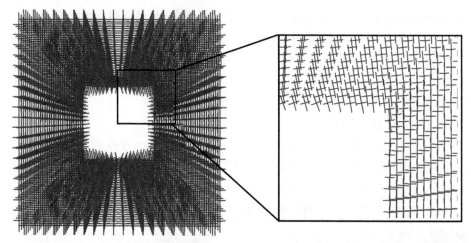

(a) 有限差分网格最大-最小主应力矢量

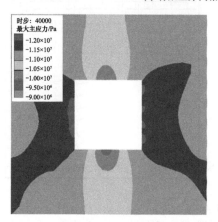

(b) 最大主应力云图

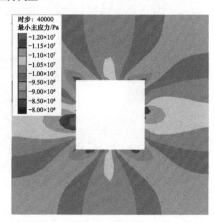

(c) 最小主应力云图

图 7.3.16　　$p_h=10\mathrm{MPa}$、$p_v=20\mathrm{MPa}$ 时的连续元计算结果

大主应力,短轴代表最小主应力。可以看出,在远离巷道开挖扰动区域的深部围岩中,即靠近有限差分网格外部边界的位置,最大、最小主应力值及其方向与水平、垂直围压近似保持一致。而与开挖巷道距离越近,即靠近空域边界,岩体中应力受一定程度的扰动,其最小主应力逐渐指向开挖面方向,而最大主应力逐渐与开挖面方向平行。由图 7.3.15(b)、(c) 和图 7.3.16(b)、(c) 可以看出,最大、最小主应力云图近似围绕模型中心呈对称分布。

7.3.2　边坡工程稳定性

1. 工程背景

河北腾龙铁矿位于唐山市迁安城区西南,采场规模南北长 1160m、东西宽

260~550m、面积 0.468km²，地表高程 73~80m，北高南低。采场北浅南深，北部坑底开采高程 30m，南部坑底开采高程-37m，采深 50~105m。以该矿山边坡扩帮为工程背景，采用连续-离散耦合数值分析方法，对典型边坡断面进行分步开挖，结合强度折减理论，分析边坡的变形规律和受力特征[7]。

2. 几何模型与计算参数

根据腾龙铁矿边坡的工程地质资料和边坡剖面资料，边坡岩体主要为强风化片麻岩夹粉砂、卵石等，上覆浅层第四纪黏土，底部为较完整的基岩。边坡连续元初始几何模型采用 1:1 的比例建立，采用莫尔-库仑强度准则，加载方式采用岩土体自重应力场。模型采用左右边界 x 方向固定，下部边界 x、y 方向均固定的边界条件。模型总高度 100m，下底宽 240m，从上至下设四级台阶，第一、二、四级平台宽度均为 6m，第三级平台宽度为 12m，一、二级边坡坡率为 1:1.5，三、四级边坡坡率为 1:1.75。

连续域岩土体物理力学参数取自现场试验资料，具体取值见表 7.3.3，离散域细观参数根据宏细观参数配比方法调试确定，具体取值见表 7.3.4。边坡几何模型如图 7.3.17 所示。

表 7.3.3　连续域岩土体物理力学参数

参数	粉质黏土	风化岩夹粉砂	基岩
黏聚力 c/kPa	40	52	120
内摩擦角 φ/(°)	20	20	38
密度 ρ/(kg/m³)	2041	2755	3061
压缩模量 E_c/MPa	58	2100	5800
泊松比 ν	0.4	0.3	0.2

表 7.3.4　离散域细观参数

参数	数值
最小颗粒半径 R_{min}/m	0.12
最大与最小颗粒半径比 R_{max}/R_{min}	1.66
颗粒体密度 ρ/(kg/m³)	2755
粒间摩擦系数 μ	0.5
颗粒弹性模量 E_c/GPa	1.56
颗粒法向-切向刚度比 k_n/k_s	1
平行黏结半径系数 λ	1
平行黏结弹性模量 $\overline{E}_c$/GPa	1.56
平行黏结法向-切向刚度比 $\overline{k}_n/\overline{k}_s$	1
平行黏结法向强度平均值 $\sigma_{n\text{-mean}}$/MPa	8
平行黏结法向强度标准差 $\sigma_{n\text{-dev}}$/MPa	0.001

续表

参数	数值
平行黏结切向强度平均值 $\tau_{\text{s-mean}}/\text{MPa}$	3
平行黏结切向强度标准差 $\tau_{\text{s-dev}}/\text{MPa}$	0.001

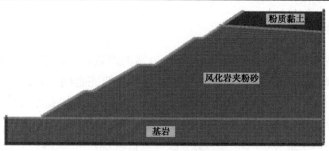

图 7.3.17　边坡几何模型

3. 连续-离散耦合区域确定

边坡连续-离散耦合模型主体(即边坡外部连续域)采用 FLAC 软件计算,离散域采用 PFC 软件计算。耦合区域是边坡稳定性分析重点研究的区域,由于边坡破坏主要为剪切破坏,潜在滑移面贯通的区域为坡体内最薄弱的部位,即易沿此面发生破坏失稳。

根据边坡稳定性分析,初步得到潜在滑移面位置,沿滑移面的上、中、下分别初步选定耦合域的位置。图 7.3.18 为不同耦合域位置方案的边坡开挖剪应变增量图,图 7.3.19 和图 7.3.20 为对应方案的离散域接触力链图和位移矢量图。由图 7.3.18 可知,耦合域的不同位置对边坡的宏观滑移破裂面(即坡体)剪应变增量变化并无明显影响。对比分析三个不同耦合域位置方案的初步计算结果,方案Ⅲ位于潜在滑移面贯通区域,易于分析边坡的细观变形机理,利于比较滑移面内外耦合域的力和位移等计算结果,因此耦合域选择方案Ⅲ。

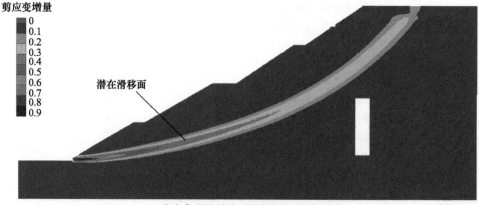

(a) 方案Ⅰ(耦合域位于潜在滑移面上部附近)

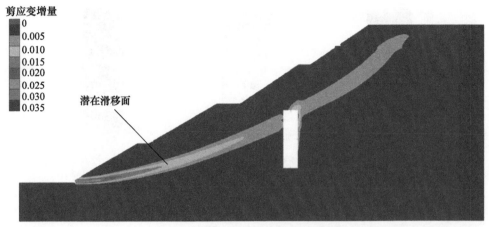

剪应变增量

0
0.005
0.010
0.015
0.020
0.025
0.030
0.035

潜在滑移面

(b) 方案Ⅱ(耦合域位于潜在滑移面中部附近)

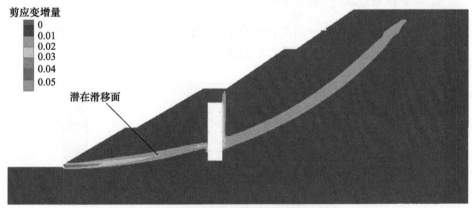

剪应变增量

0
0.01
0.02
0.03
0.04
0.05

潜在滑移面

(c) 方案Ⅲ(耦合域位于潜在滑移面下部附近)

图 7.3.18　不同耦合域位置方案的边坡开挖剪应变增量图

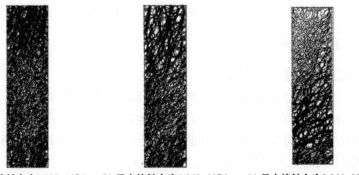

(a) 最大接触力为1.037×10⁶N　　(b) 最大接触力为1.042×10⁶N　　(c) 最大接触力为0.944×10⁶N

图 7.3.19　不同耦合方案的离散域接触力链图

(a)最大位移为$3.486×10^{-2}$m　　(b)最大位移为$1.602×10^{-1}$m　　(c)最大位移为$2.245×10^{-1}$m

图 7.3.20　不同耦合方案的离散域位移矢量图

4. 耦合模型建立

通过结合强度折减理论的耦合域确定、离散元试样生成及应力加载初始化,构建边坡连续-离散耦合模型,如图 7.3.21 所示。

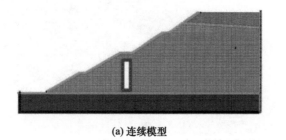 

(a) 连续模型　　　　　　　　　　　　　　(b) 离散模型

图 7.3.21　边坡连续-离散耦合模型

连续-离散耦合模型采用边坡自重应力场加载模式,由上到下分为四个台阶进行分步开挖。边坡开挖完成后,监测不同计算时步对应的相关宏细观应力应变参数。

5. 计算结果分析

1) 耦合计算数据一致性分析

耦合计算是通过耦合域周边的离散域颗粒和连续域的节点进行数据传输,当计算平衡后,可同时获得耦合边界的节点及控制颗粒的合力和力矩。连续域和离散域计算的命令流分别调用力和力矩的统计函数,在耦合计算中,可通过记录不同监测点数据,同时输出边界力和力矩数据,经过对比,二者均保持较好的一致性。

图 7.3.22 为计算完成时连续域和离散域位移矢量图,连续域位移最大值为 0.245m,离散域位移最大值为 0.225m,连续和离散模型在位移方向和数值大小均

保持连续性。

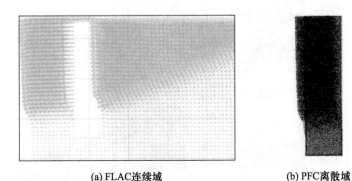

(a) FLAC连续域　　　　　　　　(b) PFC离散域

图 7.3.22　计算完成时连续域和离散域位移矢量图

2）边坡整体剪应变增量与局部位移相关性分析

图 7.3.23(a)～(c)分别为边坡开挖完成后 1000、11000 和 41000 时步的连续域剪应变增量图与耦合域位移云图。随时步增加,边坡滑移破裂面贯通和局部位移的变化过程表明:

（1）边坡开挖完成初期,边坡未形成贯通滑移面,此时,以耦合域力学特征为代表的边坡坡体仍处于初始平衡状态,坡体表面位移量明显大于坡体内部。

（2）随计算时步的增加,边坡剪应变增量从坡脚到坡顶贯通,边坡产生潜在失稳,耦合域位移云图体现了显著的滑动特征。

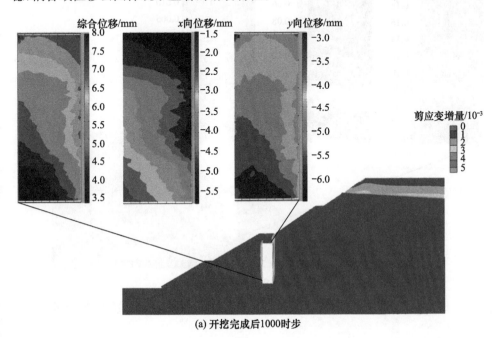

(a) 开挖完成后1000时步

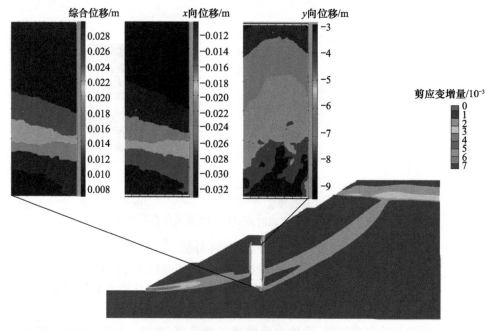

(b) 开挖完成后11000时步

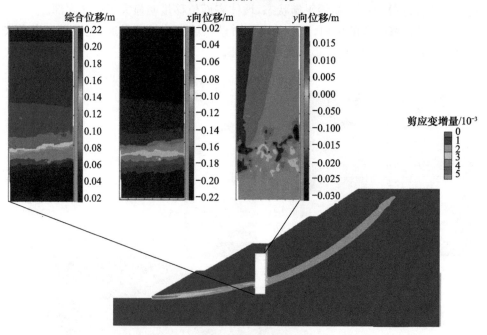

(c) 开挖完成后41000时步

图 7.3.23　边坡开挖完成后不同时步的连续域剪应变增量图与耦合域位移云图

（3）耦合域位移分量与位移云图表明，x 向位移图与总位移更为一致，因此耦合域的位移变化主要由水平位移控制。

坡体剪应变增量、耦合域位移云图随时步变化过程表明，以剪应变增量为表征的边坡贯通滑移面形成，与坡体位移变化关联性强，且水平方向的位移是边坡失稳破坏的主要特征。

3）细观破裂机理与宏观塑性变形分析

图 7.3.24 为边坡开挖完成后不同时步边坡的塑性变形与细观破裂（灰色为剪切破坏，黑色为张拉破坏）。计算结果表明：

（1）边坡开挖完成初期，坡体的塑性变形不明显，塑性区分布均匀，耦合域破坏特征较为均匀，平行黏结破裂数量不大。

（2）开挖后边坡产生自上而下的塑性贯通区域，该区域穿过耦合域的中下部，对应的耦合域中破裂较为集中，且随时步增加，边坡潜在滑移面逐步形成，耦合域的破裂数量沿塑性贯通位置明显增加。

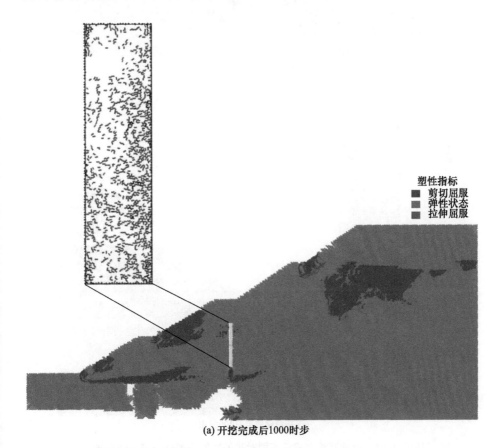

(a) 开挖完成后1000时步

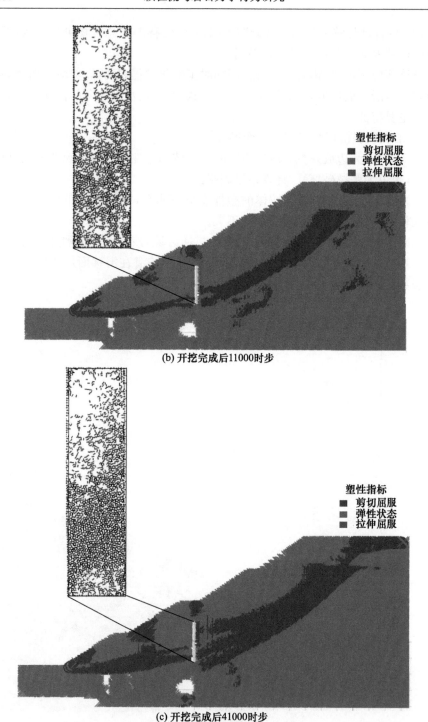

塑性指标
■ 剪切屈服
■ 弹性状态
■ 拉伸屈服

(b) 开挖完成后11000时步

塑性指标
■ 剪切屈服
■ 弹性状态
■ 拉伸屈服

(c) 开挖完成后41000时步

图 7.3.24　边坡开挖完成后不同时步的边坡的塑性变形与细观破裂

（3）破裂类型及数量统计表明，耦合域黏结破坏表现为剪切破坏为主、张拉破坏为辅。耦合域中黏结破坏以剪切破坏为主，但均匀分布于整个耦合域中，在宏观滑移面附近相对集中，而张拉破坏主要集中在宏观滑移面位置。因此，边坡滑移面的细观变形机理可以认为是细观剪切破裂与张拉破裂共同主导，进而形成宏观剪切破坏模式。

总体来看，耦合域的细观破裂机理与边坡的宏观塑性变形保持一致，且边坡失稳以剪切破坏为主。

4）颗粒接触力与边坡位移状态分析

颗粒接触力作为散体位移变化的表征和推动力，与边坡失稳破裂面的形成具有明显的相关性。图 7.3.25 为耦合域在坡体开挖完成后不同时步的位移矢量、接触力链图。可以看出：

（1）边坡开挖完成，耦合域产生沿坡体下滑方向的位移，此时接触力链也产生明显的方向性，尤其在法向分布上，与位移方向保持基本一致。

（2）开挖完成初期，耦合域内位移分布较为均匀，接触力大小也基本接近，但随着时步增加、边坡整体失稳滑移面的形成，耦合域上部处于滑移带内部区域，位移明显大于下部，对应的接触力也呈现上部力链疏松、下部力链紧密、上部力链明显细于下部的分布规律。

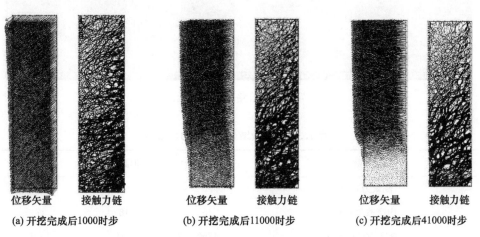

位移矢量	接触力链	位移矢量	接触力链	位移矢量	接触力链
(a) 开挖完成后1000时步		(b) 开挖完成后11000时步		(c) 开挖完成后41000时步	

图 7.3.25　耦合域不同时步的位移矢量、接触力链图

颗粒接触力链是颗粒间作用力的宏观表现，其方向、大小的改变是土体产生位移和变形的驱动因素，而之前分析的剪应变增量作为应变的时间变化增量，在应力调整过程中逐步发生变化，形成坡体从坡脚至坡顶滑移面贯通的失稳状态。

7.3.3 公路拓宽路基变形及换填处治

1. 工程背景与初始计算模型

京港澳高速公路为中国南北交通大动脉,其中北京—石家庄段是最为繁忙的交通路段之一,也是北京最早建设的高速公路,于 1993 年分段逐步投入运营,早已无法满足交通量剧增的需求,需要进行路基拓宽。

以京港澳高速公路京石段拓宽[15]为背景建立数值模型[16]。由于耦合模型的特殊性,模型选取全断面建模,但分析对象仅限模型右侧,如图 7.3.26 所示。图中黑线为拓宽位置的接触面,连续-离散耦合数值模拟以连续域为主体,采用 FLAC 计算,其几何尺寸与公路断面一致。模型中旧路宽度为 26m,拓宽宽度为 8m,新旧路基边坡坡率均为 1∶1.5,原地基厚度取 30m。连续域土体物理力学参数见表 7.3.5。

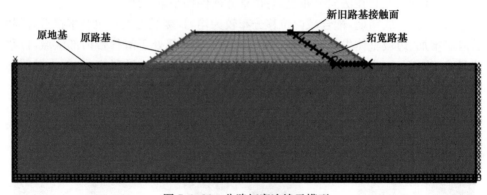

图 7.3.26　公路拓宽连续元模型

表 7.3.5　连续域土体物理力学参数

参数	原地基	旧路基	新路基
黏聚力 c/kPa	50	60	55
内摩擦角 φ/(°)	15	18	17
密度 ρ/(kg/m³)	1750	1980	1940
压缩模量 E/MPa	15	45	40
泊松比 ν	0.40	0.32	0.35

数值模型建立过程中采用如下假定:

(1) 新旧路基和原地基层为连续、均质、各向同性的线弹性材料。

(2) 路基和原地基层间完全连续,无脱空现象。

（3）路基层底与原地基顶面位移连续。

由于路基结构参数对计算结果影响不大，根据假设条件，表 7.3.5 中的计算参数仍以路基及原地基为主。经过试算和初步数据分析，位移收敛，对应的计算时步为 37600 时步。

2. 连续-离散耦合模型构建

路基拓宽后，由于新路堤下方路基土体条件差，压缩性大，固结时间长，新路堤在施工结束后仍有较大的固结沉降，而旧路堤及路基在荷载作用下固结变形已基本完成，因此新旧路基变形不协调反映到路面，可能造成路面结构破坏。为探究差异沉降产生的原因，拟从宏细观受力位移的协同分析入手，对土体变形机理与过程展开分析[17,18]。

数值模型包括连续域和离散域，连续域的原地基、新旧路基土层均采用莫尔-库仑强度准则，嵌入的离散域力学特征与连续域一致。连续介质采用模型左右和下部位移固定的边界条件；离散域的边界为应力边界，可通过耦合前的应力加载方式确定。

连续域宏观参数的确定，以相应的工程资料和试验数据为依据[19]。离散域的细观参数，根据宏观参数取得初始经验值，经过数值模型的反馈与调试，获取最终细观参数，如表 7.3.6 所示。

表 7.3.6　离散域细观参数

参数	数值
最小颗粒半径 R_{min}/m	0.05
最大与最小颗粒半径比 R_{max}/R_{min}	1.66
颗粒体密度 ρ/(kg/m³)	1940
粒间摩擦系数 μ	0.68
颗粒弹性模量 E_c/GPa	0.035
平行黏结弹性模量 $\overline{E}_c$/GPa	0.035
平行黏结法向强度 σ_n/MPa	0.355
平行黏结切向强度 τ_s/MPa	0.355

连续-离散耦合模型采用与初始连续域统一的收敛计算时步，经过耦合模型的本构选取、边界条件设置和参数比选，初步确定耦合模型的基本结构。在耦合域位置及范围的确定方面，需结合土体变形特征进一步分析。

由于公路拓宽沉降最大处为新路堤及其下方路基[20]，经过初期几何模型、本构及力学参数的确定，连续域计算位移矢量如图 7.3.27 所示，模型最大位移在新路堤及其附近,在拓宽位置的下方,位移矢量偏转较大,因此选择该区域作为细观分析对象,可深化路堤变形沉降的细观特征研究,同时可选取多个耦合域进行对比分析,具体耦合域选取及其计算模型如图7.3.28所示。

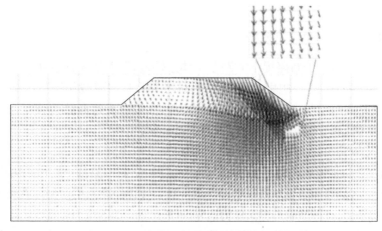

图7.3.27 公路拓宽连续域计算位移矢量图

经上述步骤确立了连续-离散耦合模型主体结构,并经过不同时步连续域和离散域位移的对比分析,得到二者协同变形的特征,宏细观分析的土体位移量变化对比如图7.3.29所示。

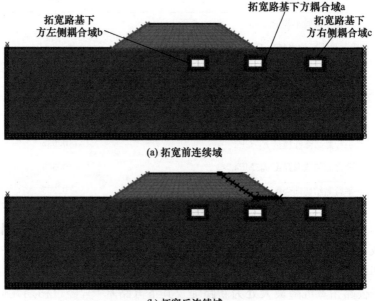

(a) 拓宽前连续域

(b) 拓宽后连续域

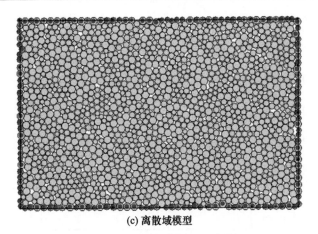

(c) 离散域模型

图 7.3.28　公路拓宽耦合数值模型

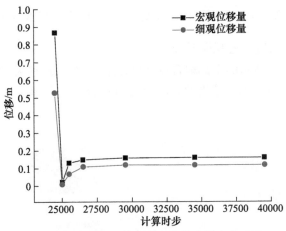

图 7.3.29　宏细观分析的土体位移量变化对比

3. 公路拓宽连续-离散耦合数值分析

1) 模型不平衡力变化规律

颗粒离散元以计算单元达到相对平衡来表现土体变形的稳定,其细观力学指标可采用颗粒不平衡单元面积比,即细观模型中达到一定运动速率的颗粒面积与基本静止的颗粒面积比值,可反映土体颗粒位移变化的剧烈程度。比值越大,证明颗粒运动越剧烈,土体变形仍将进一步发展,反之,则表明计算接近收敛。

选取拓宽路基下方土体变形较大区域作为监测点,图 7.3.30 表明路基拓宽初期(25500~30000 时步),土体位移较大,介于 0.05~0.54m,此时不平衡单元面积比在 0.02~0.09 波动;当计算时步大于 30000 之后,不平衡单元面积比介于 0.02~0.04,此时土体位移变化趋于稳定,表明二者具有较好的相关性。

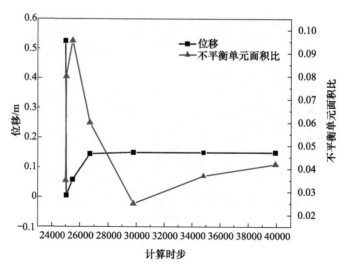

图 7.3.30　土体位移与细观不平衡单元面积比变化过程

2）细观接触力链与宏观变形特征

选取图 7.3.28 所示的中部耦合域计算结果,连续域位移矢量与离散域接触力链如图 7.3.31 所示。耦合域接触力链走向与相应位置及耦合域周边的位移发展方向基本一致。

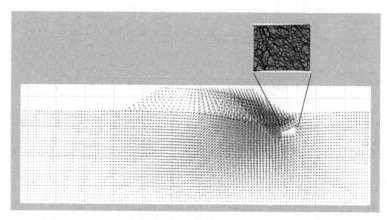

图 7.3.31　连续域位移矢量与离散域接触力链图

图 7.3.32 为计算收敛时拓宽路基下方土体不同位置离散域的接触力链与位移矢量图,耦合域 a 位于拓宽路基下方,该区域最大接触力为 $3.198×10^4$N,最大位移为 $1.397×10^{-1}$m;耦合域 b 位于拓宽路基下方左侧,该区域最大接触力为 $8.566×10^4$N,最大位移为 $1.177×10^{-1}$m;耦合域 c 位于拓宽路基下方右侧,该区域最大接触力为 $1.173×10^4$N,最大位移为 $4.318×10^{-2}$m。

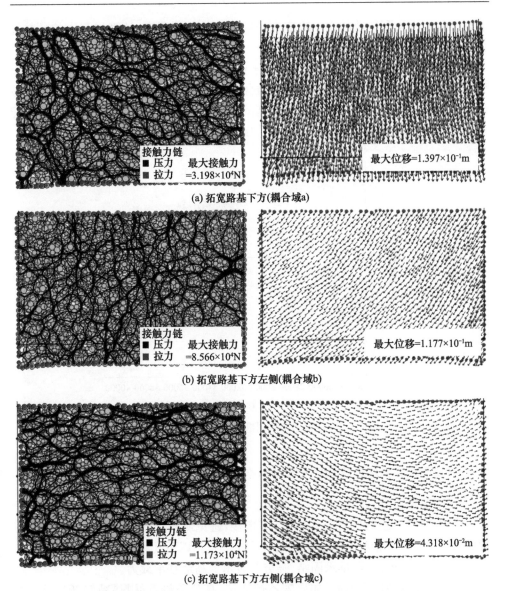

(a) 拓宽路基下方(耦合域a)

(b) 拓宽路基下方左侧(耦合域b)

(c) 拓宽路基下方右侧(耦合域c)

图 7.3.32　公路拓宽模型离散域接触力链与位移矢量图

图 7.3.32 表明拓宽路基正下方土体位移最大,接触力最大处位于耦合域 b,该处位移比拓宽路基正下方略小,表明在原路基固结沉降作用下,土体强度较高,位移相对稳定;另外,以新旧路基结合处为界,由接触力链方向可以判断,土体变形有向左和向右进一步发展的趋势。

3) 细观配位数与土体沉降分析

颗粒配位数是离散元模拟土体颗粒在重力和外部荷载下产生位移变形的细观

表现。颗粒平均配位数的大小决定颗粒间结合的紧密程度,计算过程中的颗粒配位数的变化可反映土体固结过程。

图 7.3.33 为拓宽路基不同耦合域土体颗粒配位数随计算时步的变化。可以看出,耦合域 b 颗粒配位数较大,颗粒结合紧密,土体固结程度高,而耦合域 c 颗粒配位数最小,土体欠固结,造成拓宽路基的整体不均匀沉降;拓宽路基下方颗粒配位数变化较为剧烈,表明在拓宽土体的加载作用下沉降变形较大。

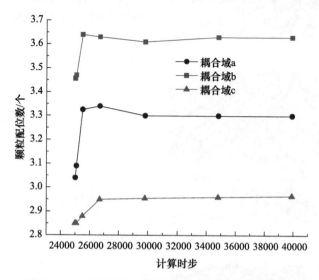

图 7.3.33　拓宽路基不同耦合域土体颗粒配位数变化

4. 轻质土拓宽路基宏细观对比分析

1) 泡沫轻质土力学性能

采取有效措施保证新旧路基的良好衔接,避免或减小差异沉降是公路拓宽工程成败的关键。目前控制差异沉降的技术主要包括以下几种:

(1) 采用堆载预压、排水固结、强夯等技术提高地基承载力。

(2) 利用各种轻质填料(如聚苯乙烯泡沫、高分子粉末材料)减轻新填路基的自重,减小新增地基附加应力。

(3) 通过提高新填土的压实标准、铺设土工合成材料等方法提高路基的强度和整体性。

泡沫轻质土是一种新型轻质填料,由水泥、水、细砂或砂性土与泡沫按照一定比例,经过充分搅拌、凝固而成,具有重度低($5\sim13kN/m^3$)、流动性好、固化后可自立等优点。泡沫轻质土用于公路拓宽工程时,可大幅降低填土荷载,有效减小新旧路基的差异沉降,且可以垂直坡率施作,节约用地,施工速度快,不需振捣,对旧路扰动小,拓宽工期短。目前泡沫轻质土已在多条高速公路成功应用[21]。泡沫轻质土物理力学参数如表 7.3.7 所示。

表 7.3.7　泡沫轻质土物理力学参数

参数	数值
黏聚力 c/kPa	120
内摩擦角 φ/(°)	10
密度 ρ/(kg/m³)	600
压缩模量 E/MPa	95
泊松比 ν	0.3

2) 轻质土填料对路基沉降变形的改善

综合泡沫轻质土的力学性能,采用轻质土进行路基拓宽,经与采用原土进行路基拓宽的计算结果对比,路面沉降有显著改善,如图 7.3.34 所示。路基最大沉降由 15.4cm 减小为 4.144cm,新旧路基结合处差异沉降由 2.53cm 减小为 0.28cm,新旧路最大差异沉降由 8.689cm 减小为 2.02cm。

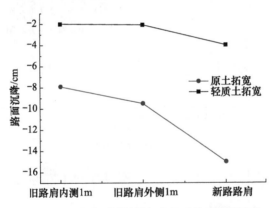

图 7.3.34　两种不同材料拓宽前后路面沉降变化

图 7.3.35 为采用不同的材料拓宽路基下方土体不同位置细观接触力、局部位移和颗粒配位数对比。采用轻质土填料,同一区域的接触力、位移和配位数均有不同程度的减小。在路基拓宽引起土体变形最大的位置(拓宽正下方),最大接触力由 63.38kN 降低为 29.27kN,最大位移由 13.97cm 减小为 4.54cm,变形稳定时颗粒配位数由 3.297 减小为 3.034。

采用轻质土作为路基拓宽材料进行计算分析,从细观层面揭示了其减少路基变形及差异沉降等工程灾害的力学机制,可为路基沉降控制措施的制定提供理论支撑。

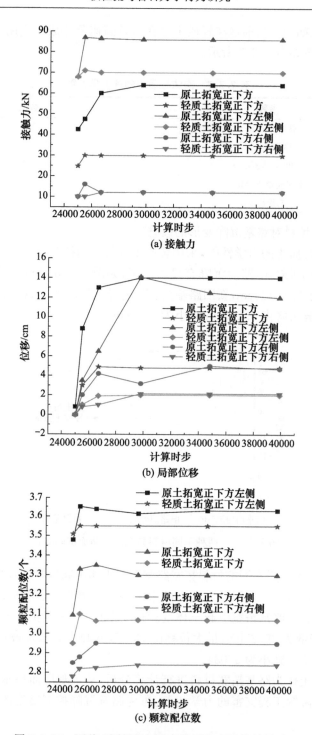

图 7.3.35　两种不同材料拓宽条件下细观计算结果对比

7.3.4　尾矿坝边坡破坏机理

1. 工程背景与数值计算模型

数值模拟算例的几何参数采用加拿大阿尔伯塔省麦克默里堡附近的一座试验尾矿坝边坡数据[22]。尾矿坝海拔 318m 以下为砂土基础层（BBW），该层位于地下水位以下。海拔 321m 以下为处于地下水位以上的尾矿砂层（BAW）。在其上建有一座尾矿坝，坡度比为 1∶2.5，坝高 8m。尾矿坝左侧采用压实的砂土建造了 10m 高的外壳结构。尾矿坝横剖面图如图 7.3.36 所示。

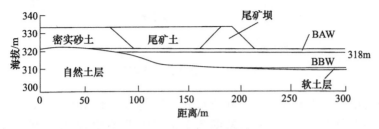

图 7.3.36　尾矿坝横剖面图

鉴于同时考虑连续-离散耦合和颗粒-流体耦合的复杂性,对上述模型进行简化,不考虑流体的作用,并将密实砂土层、BAW、BBW 及自然土层合为密实砂土层进行分析,尾矿土与密实砂土层、尾矿坝间采用接触面模型,允许两侧土体发生相对滑动。密实砂土模型左侧、底部及右端均采用固定边界条件。材料除自重外,不受其他形式的外荷载作用。由于未考虑水的影响,对土层的强度参数进行了折减,各层土体材料参数如表 7.3.8 所示。为便于建模,将海拔 321m 的水平面对应于耦合模型中直线 y =0,这对计算结果无影响。连续-离散耦合计算模型如图 7.3.37 所示。

表 7.3.8　土体材料参数

材料	体积模量/MPa	剪切模量/MPa	黏聚力/MPa	内摩擦角/(°)	密度/(kg/m³)
尾矿坝	10	10	0.01	28	1500
密实砂土	30	30	0	36	2000
尾矿土	10	0.1	0	30	1700

2. 连续元数值模型构建

首先建立基础和尾矿坝模型,计算达到平衡后模拟尾矿冲填,继续迭代直到平衡。连续元计算模型如图 7.3.38 所示,模型两侧及底部为固定边界,坡面和顶面为自由边界。

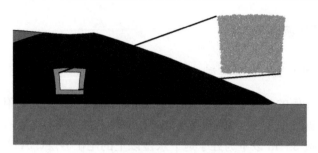

图 7.3.37　连续-离散耦合计算模型

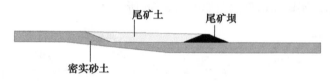

图 7.3.38　连续元计算模型

　　计算完成后尾矿坝内主应力和位移分布如图 7.3.39 和图 7.3.40 所示（坝体左侧尾矿库部分未显示，下同）。从图 7.3.39 中可以看出，冲填尾矿后，坝体主应力方向发生了改变，坝体左侧由于受尾矿冲填挤压的影响，土体应力比右侧集中。图 7.3.40 中坝体位移场显示冲填尾矿后，坝体发生了较大的向右位移，且呈类似于边坡滑动破坏的弧形位移场，坝体右侧坡脚有明显的隆起。

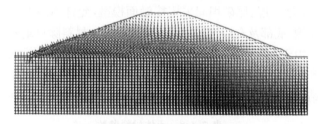

图 7.3.39　坝体主应力分布图

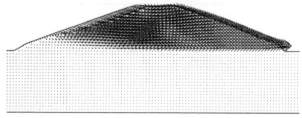

图 7.3.40　坝体位移场分布图

　　坝体内弹塑性区分布如图 7.3.41 所示，图中不同充填图案分别表示弹性区、受拉区和塑性区。从图中可以看出，坝体在尾矿冲填后很大一部分区域发生了屈服,图中虚线为可能的潜在滑移面。在后续耦合分析中,将选取塑性区的一部分进行连续-离散耦合模拟并观察其宏细观力学响应。

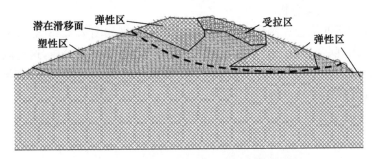

图 7.3.41　连续元计算坝体弹塑性区分布图

3. 连续-离散耦合域确定

图 7.3.41 中坝体已经进入屈服状态,故选取连续域部分区域(横坐标为 186.5～188.5m,纵坐标为 1.5～3.5m)替换为离散元模型进行连续-离散耦合分析,离散域关于尾矿坝对称轴对称,且处于图 7.3.41 中的塑性区和弹性区交界处,实质上离散域位于潜在滑移面边缘,左下部分位于滑移带内,右上部分位于滑移带外。

离散域细观参数的选择是保证耦合计算结果正确的关键。分别采用离散元和有限差分法模拟双轴压缩试验,当二者数值试验的结果接近时,可近似认为宏观参数与细观参数相互对应。离散元模型采用接触模型,双轴试验的结果如图 7.3.42 所示。获取离散元细观参数并建立如图 7.3.37 所示的数值模型后,即施加初始应力场开始进行耦合计算。

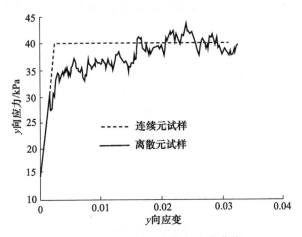

图 7.3.42　双轴试验应力-应变曲线

4. 连续-离散耦合数值模型宏观力学结果分析

1) 应力模拟结果分析

离散域附近非耦合和耦合模型主应力分布的结果如图 7.3.43(a)、(b)所示。从图中可以看出,耦合分析中的耦合域土体主应力略小于非耦合分析,这是因为耦合分析中对耦合域的不平衡力进行了重分配。而在耦合域外的土体应力分布与非耦合条件下连续元计算结果基本相同。

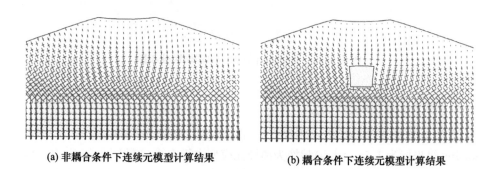

(a) 非耦合条件下连续元模型计算结果　　　　(b) 耦合条件下连续元模型计算结果

图 7.3.43　坝体主应力分布图

2) 位移模拟结果分析

非耦合、耦合算法的连续元位移场如图 7.3.44(a)、(b)所示,图 7.3.44(c)是耦合域离散元的位移场。从图 7.3.44 中可以看出,耦合与非耦合分析中土体均发生了较大的变形,耦合计算的连续域、离散域的位移基本上保持了连续性,但其值要稍小于非耦合的连续元计算结果。土体中应力分布和位移场的模拟结果也说明了本算例采用连续-离散耦合算法的合理性,耦合域中的应力场和位移场未产生间断或突变。

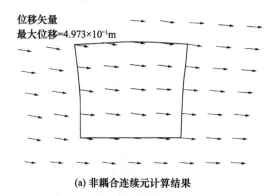

位移矢量
最大位移=4.973×10^{-1}m

(a) 非耦合连续元计算结果

位移矢量
最大位移=4.790×10^{-1} m

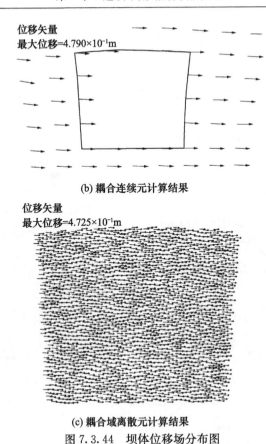

(b) 耦合连续元计算结果

位移矢量
最大位移=4.725×10^{-1} m

(c) 耦合域离散元计算结果

图 7.3.44　坝体位移场分布图

3) 连续域塑性区模拟结果分析

耦合计算完成后坝体弹塑性区分布如图 7.3.45 所示(坝体左侧尾矿库部分未显示),与图 7.3.41 非耦合计算结果比较,二者的弹性区、受拉区和塑性区的分布基本一致,显然离散域的存在对模型整体计算结果并未有大的影响,这也说明耦合域内变量传递算法的合理性。连续域内塑性区与弹性区的分界线穿过离散域,并将其分为左下及右上两部分。

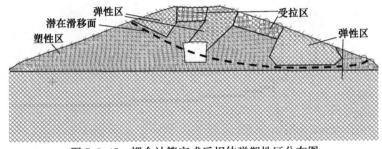

图 7.3.45　耦合计算完成后坝体弹塑性区分布图

5. 连续-离散耦合数值模型细观力学结果分析

1）接触力链

冲填尾矿前后离散域内颗粒接触力链图如图 7.3.46 所示。从图中可以看出，尾矿冲填前土体内接触力链分布较为均匀，冲填后土体内最大接触力有所增加，模型左下部接触力链强于右上部，且力链延伸方向在 120°左右。

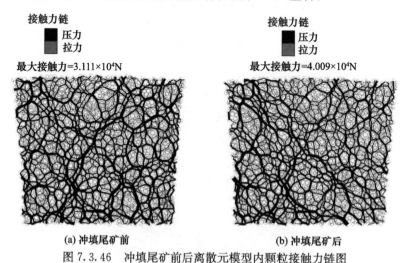

(a) 冲填尾矿前　　　　　　　　　　(b) 冲填尾矿后

图 7.3.46　冲填尾矿前后离散元模型内颗粒接触力链图

2）接触法向与组构张量

冲填尾矿前后离散域内颗粒接触法向分布如图 7.3.47 所示。图中玫瑰片的长度代表该方向上的接触数与平均接触数之比，实线为由式(7.2.24)拟合的理论解。

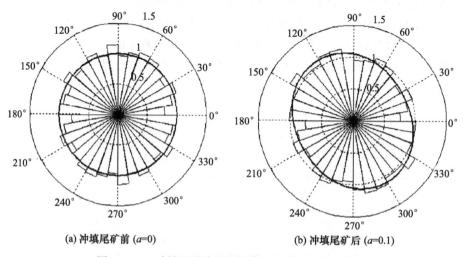

(a) 冲填尾矿前 ($a=0$)　　　　　　　　(b) 冲填尾矿后 ($a=0.1$)

图 7.3.47　冲填尾矿前后离散域内颗粒接触法向分布图

从图中可以看出,冲填尾矿前颗粒接触法向分布比较均匀,冲填尾矿后在 120°方向的接触分布有所增加,与图 7.3.46 中接触力链的延伸方向基本一致。式(7.2.24)中描述接触方向分布各向异性的参数 a 增大,说明模型各向异性程度增加。

根据式(7.2.23)的定义,冲填尾矿前后离散域的组构张量分别为

$$\boldsymbol{\phi}_1 = \begin{bmatrix} 0.481 & -4.215\times10^{-4} \\ -4.215\times10^{-4} & 0.519 \end{bmatrix} \approx \begin{bmatrix} 0.481 & 0 \\ 0 & 0.519 \end{bmatrix}$$

$$\boldsymbol{\phi}_2 = \begin{bmatrix} 0.483 & -0.02 \\ -0.02 & 0.517 \end{bmatrix}$$

组构张量 $\boldsymbol{\phi}_1$ 的主方向为 $90.64°$,$\boldsymbol{\phi}_2$ 的主方向为 $113.96°$,显然在冲填尾矿后离散域内散粒体组构主方向旋转了约 $23.32°$,与图 7.3.47 的统计结果基本一致。组构主方向发生变化的原因是外荷载的施加(尾矿的冲填)和剪切变形的发展引起力链变化,从而导致颗粒接触法向和组构发生变化。

3) 接触力分布

从图 7.3.45 弹塑性区分布以及图 7.3.46 接触力链的分布可以看出,离散域正好处在潜在滑移面(剪切带)的边界,左下部与右上部处于不同的变形阶段。因此,将离散域按弹塑性分界线划为如图 7.3.48 所示的两部分,分别分析滑移带内外的法向接触力和切向接触力。

冲填尾矿前后离散域内法向接触力和切向接触力分布图如图 7.3.49 和图 7.3.50 所示。图 7.3.49 中的玫瑰图长度为该方向上法向接触力的平均值与整个模型中法向接触力的平均值之比,实线为式(7.2.25)的理论解。图 7.3.50 中玫瑰图的长度为该方向上切向接触力的平均值与整个模型中法向接触力平均值之比,实线为式(7.2.26)的理论解。表 7.3.9 为冲填前后离散域不同部分各向异性参数的变化值。

图 7.3.48　离散域分区图示

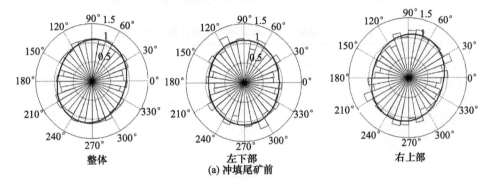

整体　　　　　　左下部　　　　　　右上部
(a) 冲填尾矿前

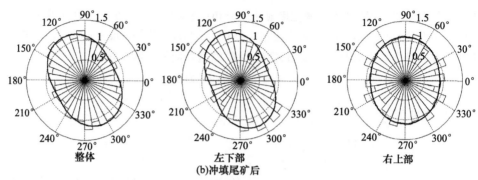

图 7.3.49　冲填尾矿前后离散域内法向接触力分布图

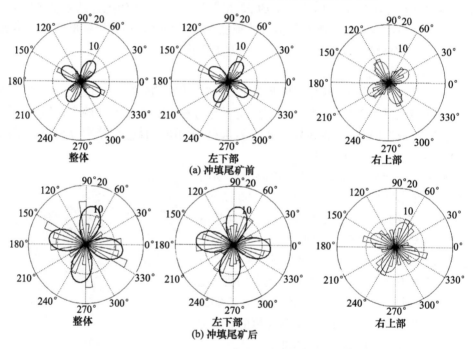

图 7.3.50　尾矿冲填前后离散域内切向接触力分布图

表 7.3.9　冲填前后离散域不同部分各向异性参数

区域		a_n	$\theta_f/(°)$	a_t	$\theta_t/(°)$
整个离散域	前	0.1	72.81	0.08	56.46
	后	0.2	118.65	0.13	79.38
离散域左下部	前	0.08	90	0.08	56.46
	后	0.25	112.9	0.13	82.24
离散域右上部	前	0.1	72.81	0.08	27.81
	后	0.1	90	0.09	67.92

从图 7.3.49、图 7.3.50 和表 7.3.9 中各向异性参数可以看出,在连续-离散耦合模型中,潜在滑移带附近土体的细观组构和各向异性在加载前后发生了变化。

(1) 离散域整体统计结果表明,尾矿冲填前后接触法向分布发生了改变,接触法向的主方向与模型内较强力链的延伸方向大致相同,模型法向接触力和切向接触力分布也发生了明显改变。

(2) 离散域左下部分(滑移带内)模型颗粒法向接触力、切向接触力分布变化明显,a_n 和 a_t 都有明显的增加,同时法向接触力和切向接触力的主方向也发生了较为明显的偏转。

(3) 离散域右上部分(滑移带外)法向接触力分布参数 a_n 和 a_t 变化不明显,但主方向发生了一定的偏转。

(4) 离散域模型整体的组构与力各向异性参数变化也较为明显,其值和变化趋势与左下部分模型的变化趋势相同,显然,左下部分颗粒的变形对离散域模型整体组构参数的影响要大于右上部分。

上述变化表明,在滑移带形成过程中,滑移带内外土体各向异性的发展明显不同。随着荷载的施加,潜在滑移带内土体颗粒发生了较明显的位移,应力主方向发生了明显转动。颗粒的转动改变了带内组构的分布,并逐渐形成剪切滑移带,造成边坡失稳。滑移带外土体虽然应力主方向发生了一定的偏转,但剪应力变化不大。

7.4　本章小结

本章对巷道、边坡和路基等岩土工程的破坏失稳过程进行了连续-离散耦合计算研究。基于有限差分理论及颗粒流理论,以 FLAC 和 PFC 软件为实现平台,通过将颗粒体模型嵌入有限差分网格内部空域,建立连续元与离散元计算数据交换传输算法,构建连续-离散耦合模型,从宏细观角度开展岩土体变形破坏机理研究。通过理论计算结果与试验结果的对比分析,验证了采用连续-离散耦合分析方法开展岩土变形破坏规律及机理研究的可靠性。

巷道围岩变形破坏机理研究结果表明,在低围压条件下,巷道开挖后围岩发生弹性变形,且随着距巷道中心径向距离的增大,围岩变形量呈逐渐减小的趋势;在高围压条件下,不同侧压系数 K 对应的围岩破坏形态不同,破裂孕育扩展时间、破裂总数均随围压增大而增长。

边坡工程稳定性宏细观研究结果表明,强度折减理论可用于连续-离散耦合数值建模中;边坡开挖后坡体产生贯通滑移面,剪应变增量变化过程与颗粒水平位移存在明显关联;边坡剪切破坏与坡体内部应力重分布的接触力方向偏转有关。

公路拓宽路基变形及换填处治宏细观研究结果表明,路基拓宽后,土体变形沉降主要体现在拓宽路基下方的土体范围;细观接触力链可表征土体宏观变形的趋势,土体固结沉降可由颗粒的细观配位数表征;泡沫轻质土作为路基拓宽填料,可有效改善路面沉降及路基差异沉降。

　　尾矿坝边坡破坏机理研究结果表明,随着荷载的施加,潜在滑移带内土体颗粒发生了较明显的位移,应力主方向发生了明显转动;颗粒的转动改变了带内组构的分布,并逐渐形成剪切滑移带,造成了边坡失稳。

　　综上所述,采用连续-离散耦合分析方法可弥补现有理论、试验、数值计算等研究方法的不足,并可作为一种新的研究手段为复杂地质条件下各类岩土工程问题的科学分析、判别与验证提供有力支撑。

参 考 文 献

[1] Felippa C A, Park K C. Staggered transient analysis procedures for coupled mechanical systems: formulation. Computer Methods in Applied Mechanics and Engineering, 1980, 24(1): 61-111.

[2] Felippa C A, Park K C, Farhat C. Partitioned analysis of coupled mechanical systems. Computer Methods in Applied Mechanics and Engineering, 2001, 190(24-25): 3247-3270.

[3] Cai M, Kaiser P K, Morioka H, et al. FLAC/PFC coupled numerical simulation of AE in large-scale underground excavations. International Journal of Rock Mechanics and Mining Sciences, 2007, 44(4): 550-564.

[4] 周健, 王家全, 曾远, 等. 土坡稳定分析的颗粒流模拟. 岩土力学, 2009, 30(1): 86-90.

[5] 张铎, 刘洋, 吴顺川, 等. 基于离散-连续耦合的尾矿坝边坡破坏机理分析. 岩土工程学报, 2014, 36(8): 1473-1482.

[6] 王家全, 周健, 邓益兵, 等. 基于耦合计算的土工格栅处治山区路堤细观机理研究. 中国公路学报, 2014, 27(3): 17-24, 31.

[7] 严琼, 吴顺川, 周喻, 等. 基于连续-离散耦合的边坡稳定性分析研究. 岩土力学, 2015, 36(S2): 47-56.

[8] Itasca Consulting Group. Fast Lagrangian Analysis of Continua, Version 4.0 User's Guide. Itasca: Itasca Consulting Group, 2002.

[9] Itasca Consulting Group. PFC2D (Particle Flow Code in 2 Dimensions) Theory and Back Ground. Itasca: Itasca Consulting Group, 2008.

[10] Satake M. Fabric tensor in granular materials // IUTAM Conference on Deformation and Failure of Granular Materials. Delft, 1982.

[11] Rothenburg L, Bathurst R J. Analytical study of induced anisotropy in idealized granular materials. Geotechnique, 1989, 39(4): 601-614.

[12] 刘洋, 吴顺川, 周健. 单调荷载下砂土变形过程数值模拟及细观机制研究. 岩土力学, 2008, 29(12): 3199-3216.

[13] 李永兵, 周喻, 吴顺川, 等. 圆形巷道围岩变形破坏的连续-离散耦合分析. 岩石力学与工程

学报,2015,34(9):1849-1858.

[14] Brady B H G, Brown E T. Rock Mechanics for Underground Mining. London: Chapman and Hall Press, 1993.

[15] 赵全胜,赵冠舒,张春会,等. 京石高速公路拓宽沉降控制标准. 辽宁工程技术大学学报(自然科学版),2012,31(1):69-72.

[16] 严琼,乔可帅,陈钒,等. 基于连续-离散耦合的公路拓宽路基变形及换填处治宏细观分析. 公路交通科技,2017,34(10):26-33.

[17] 张军辉. 不同软基处理方式下高速公路加宽工程变形特性分析. 岩土力学,2011,32(4):260-266.

[18] 杨涛,何德胜,史苏清,等. 公路新建和扩建全过程力学响应数值分析. 地下空间与工程学报,2014,10(6):1394-1399.

[19] 童申家,马海燕. 土工格栅在处治拓宽路基差异沉降中的应用. 公路交通技术,2008,24(4):13-15.

[20] 孙伟,龚晓南,孙东. 高速公路拓宽工程变形性状分析. 中南公路工程,2004,(4):53-55.

[21] 吕锡岭. 泡沫混凝土拓宽路基的差异沉降研究. 水文地质工程地质,2012,39(3):75-80.

[22] Puebla H, Byrne P M, Phillips R. Analysis of CANLEX liquefaction embankments: Prototype and centrifuge models. Canadian Geotechnical Journal,1997,34(5):641-657.

第8章 散体矿岩放矿模拟方法

8.1 概　　述

崩落采矿法是以崩落围岩的方式实现地压管理的采矿方法,即随着回采工作面的推进,有计划地强制或自然崩落围岩充填采空区,达到管理和控制地压的目的。崩落采矿法主要应用于开采厚大矿体、急倾斜中厚至厚矿体。在回采过程中,不划分矿房和矿柱,而是按照一定的回采顺序一步骤连续回采。该采矿方法生产工艺简单、生产能力大、成本低且管理方便,是高强度、高效益的地下采矿方法之一。根据垂直方向上崩落单元的划分,崩落采矿法可分为单层崩落法、分层崩落法、分段崩落法、阶段强制崩落法和自然崩落法五种基本形式[1]。

崩落采矿法在国内外金属矿山应用十分广泛,2000 年以前,我国黑色金属矿山地下采矿中使用崩落法采出的矿石量高达 85% 以上,有色金属矿山使用崩落法采出的矿石量约达 40%,而国际上使用该方法进行开采的矿山约占 25%。崩落采矿法的特点是崩落矿石与覆盖废石直接接触,并且在废石的包围下从出矿口放出,因此矿石的损失率和贫化率较大;若放矿过程管理不当或采场结构参数设计不合理,放矿结果将进一步恶化,从而造成矿产资源的浪费以及企业经济效益的下降[2]。

崩落法采矿过程中,采场结构参数的确定受到矿岩体与结构面的物理力学参数及其破裂机制的制约,而放矿结构参数受崩落矿岩散体流动特性的制约。采用合理的结构参数及放矿控制措施能够实现降低损失贫化的目的。由于散体矿岩属于非理想的松散介质,其重要特征是松散性和流动性,因此散体矿岩的流动特性是选择放矿控制方法、计算放矿指标以及最终实现降低损失贫化目标的重要基础。

目前,有关散体矿岩流动特性等放矿问题的研究方法主要有:理论分析法、试验分析法和计算机仿真法。由于理论的局限性、不同矿体赋存边界条件的复杂性以及软件的适用性差等缺陷,传统的连续介质放矿理论和当前的计算机仿真放矿技术已不能适应放矿发展的需要。各类放矿理论对于单口放矿条件下的散体矿岩流动规律的研究已经较为充分,而对于多口、多分段放矿以及复杂边界条件下放矿理论的研究,仍有很大的进步空间。放矿理论研究尚未进入矿石损失贫化的预测阶段。为了降低采切工程量,许多矿山开展了大间距结构参数回采的试验研究,与之相适应的新型放矿理论及多分段回采超前关系的协调问题也有待进一步的试

验研究[3]。此外,计算机仿真放矿技术也存在明显的不足,主要表现在以下几个方面:

(1) 由于模型本身的特点,无论是九块模型还是六块模型等其他模型,均是基于 Jolly 模型[4]建立的,其随机过程仍然是空位递补形式,因其以"块"为基本单元,离散性大是该模型的主要缺点。

(2) 计算机仿真放矿模拟的相似程度一般较低,对于不同矿体赋存条件的边界处理尚未完全解决,概率赋值问题需进一步研究。

(3) 现有的放矿数值模拟仅限于第一、二类边界条件,对第三类边界条件下的放矿问题没有很好地解决。

本章以南京梅山铁矿为工程背景,研究基于颗粒流理论的崩落矿岩放矿运移演化机理,可用于解决不同边界条件下崩落矿岩运移规律、二次破裂以及矿石损失贫化等相关问题,达到科学管理放矿的目的,主要内容包括放矿理论概述、基于球形颗粒的放矿模拟研究、基于非球形颗粒的放矿模拟研究。

开展基于颗粒流理论的散体矿岩放矿运移机理及可视化研究具有如下重要的理论价值和工程意义:

(1) 应用基于颗粒流理论的放矿数值模拟方法进行放矿试验、放矿管理以及方案选择方便快捷,能够直观地表明矿石移动、回收与残留以及废石混入过程。此外,该模拟方法能够描述放出矿石原占有空间位置、未被放出矿石残留在何处、混入废石从何而来等一系列与崩落矿岩移动规律相关的问题,可有效促进放矿理论和技术的发展,尤其是放矿数值模拟技术的丰富和深入发展。

(2) 基于颗粒流理论的崩落矿岩放矿运移机理研究可用于矿石损失贫化过程及预测,预测不同方案(不同的放矿参数、放矿方式和特殊结构等)的损失贫化值,从多方案中选优,对现有方案优化以及放矿方式与截止放矿条件选择等,以代替放矿物理试验以及现场粗略的放矿管理模式,科学地进行放矿管理以及采场参数选择,进而为矿山企业优化开采设计方案、降低矿石损失率及贫化率、最大限度提高矿石回收率、降低单位矿石开采成本、增加采矿生产经济效益与社会效益、提高矿山工程设计与生产管理水平提供技术保证。

(3) 随着我国改革开放的深入和经济建设的发展,大量地下工程建设项目的规模和技术难度越来越大,而且靠近地表,会引起大范围地表岩移,威胁地表建筑、工业设施和生命财产安全[5]。利用基于颗粒流理论的散体矿岩放矿运移机理及可视化研究成果对地表沉降等大变形问题的研究也有重要参考价值。

8.2　放 矿 理 论

崩落法采矿中比较成熟的放矿理论主要包括:椭球体放矿理论、随机介质放矿理论以及其他放矿理论。

8.2.1 椭球体放矿理论

单口放矿时,在放矿开始前放出矿岩散体在初始采场散体矿岩堆中占据的空间位置所形成的形态为放出体(isolated extraction zone,IEZ)。采场散体矿岩堆中所有发生移动的矿岩散体在空间中所形成的形态为松动体(isolated movement zone,IMZ)。放出体为一近似椭球体,故用椭球体方程作为放出体的表达式。在此基础上,根据放出体的基本性质,导出一系列反映散体放出规律的方程式,用以说明散体的移动规律,这就是椭球体放矿理论[6]。椭球体放矿理论是在大量室内试验的基础上,通过抽象假设放出体、松动体的形态均为椭球体,继而建立的放矿理论。

马拉霍夫出版的《崩落矿块的放矿》[7]形成了椭球体放矿理论,他认为放出体和等速体均为椭球体,而且均存在过渡关系;并根据等速体过渡关系建立了速度、移动迹线等方程,提出崩落法的放矿管理制度和有底柱崩落法合理结构参数的确定方法等。

随着崩落采矿法在我国的广泛应用,放矿理论研究逐步深化,大部分研究工作均是基于马拉霍夫的椭球体放矿理论展开的。刘兴国认为,偏心率为常数才能避免移动迹线与椭球面过渡理论的矛盾,并基于放出体的过渡关系提出等偏心率椭球体放矿理论,建立了相应的数学方程[8];同时,应用坐标变换方程解决多口放矿问题,在多口放矿、定量计算、放矿边界条件研究等方面取得了开创性成果[9]。

李荣福[10]基于试验研究得出了偏心率方程 $1-\varepsilon^2 = KH^{-n}$,应用该方程建立放矿基本规律的统一数学方程,形成了变偏心率截头椭球体放矿理论,使理论计算结果与试验结果间的误差大幅减小,对完善椭球体放矿理论发挥了重要作用。

目前,椭球体放矿理论中比较一致的观点主要包括:

(1) 放出体和松动体的形态均近似为旋转椭球体。

(2) 放矿过程中,松动体内垂直速度相等的点连起来形成等速体。

(3) 放出体表面的颗粒可以同时到达放矿口,且在移动过程中存在过渡关系。

(4) 在松动范围内各水平层呈漏斗状凹下,形成移动漏斗,已到达放矿口的移动漏斗称为放出漏斗(图 8.2.1)。

由于椭球体放矿理论的实用性,其在崩落法放矿理论研究中一直占据主导地位,其应用范围从金属矿延伸到煤矿领域[11]。与此同时,作为一种比较传统的理论,椭球体放矿理论也存在明显缺陷,主要表现为:

(1) 放出体形态是放矿理论的核心,但放出体不是标准的椭球体,而是一个近似的椭球体,且形态随着散体性质和放出条件的变化而变化。

(2) 椭球体放矿理论假定松动体内密度场是均匀场、定常场,散体密度在移动带、边界上产生突变,与实际情况不符。

（3）椭球体放矿理论给出的速度场实际是理想散体的速度场,混淆了理想散体与实际散体的区别。最明显的问题是松动体边界上具有双重速度（速度方程给出了各点的速度,而松动边界各点速度应为零）。

（4）椭球体放矿理论的速度公式不能给出移动边界,而无移动边界的速度方程不能认为是描述散体移动规律的方程。

尽管椭球体放矿理论存在上述不足,但由于其简单实用,该理论体系在放矿理论研究与实际生产中仍发挥着重要作用。

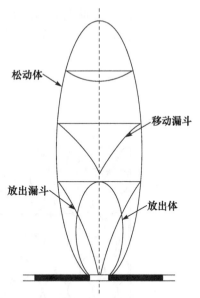

图 8.2.1　放出体、松动体、移动漏斗和放出漏斗示意图

8.2.2　随机介质放矿理论

将散体简化为连续流动的随机介质,运用概率论的方法研究散体移动规律而形成的理论体系,称为随机介质放矿理论[12]。以概率论为工具研究散体移动过程的方法,最早始于 20 世纪 60 年代。Litwiniszyn[13]认为,松散介质运动过程是随机过程,可用概率论的方法研究。Litwiniszyn 建立了随机介质模型,如图 8.2.2 所示,A、B、C 三个方箱内各包含一个受重力作用的球体（颗粒）。当 A 方箱或 B 方箱中的任一颗粒在重力作用下离开原有位置时,C 方箱中的颗粒将以随机的形式占据该位置。Litwiniszyn 并未从建立的模型出发研究放矿过程,而仅从模型描述的现象引出推论——散体介质移动的随机性,即当从 z 水平放出一定的颗粒时,引起原来 $z+b$ 水平的颗粒以一定的概率下移。Litwiniszyn 将散体抽象为随机移动的连续介质,建立了移动漏斗深度函数 W 的微分方程。

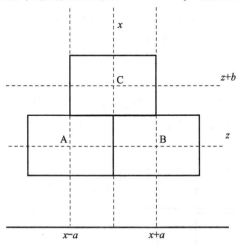

图 8.2.2　Litwiniszyn 的随机介质模型[13]

王泳嘉[14]提出散体移动的球体递补模型（图 8.2.3）,基于两相邻球体递补其下部空位的等可能性建立了球体移动概率场,并根据中心极限定理,将球体介质连续化处理后,引入散体统计常数 B,建立了散体介质移动概率密度方程;根

据概率场表征散体垂直下降速度场的关系,推导了散体移动速度与迹线方程、放出漏斗方程和放出体方程等,首次建立随机介质放矿理论,形成了较为完整的计算体系。

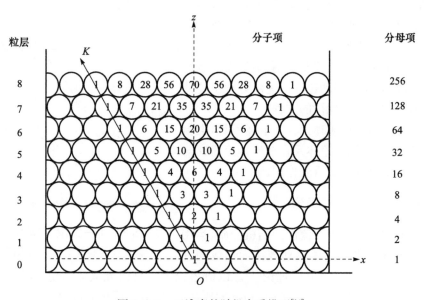

图 8.2.3　王泳嘉的随机介质模型[14]

任凤玉[12]进一步探究了散体移动概率分布(图 8.2.4),通过对试验数据的分析得出方差的表达式,进而在数学推导和经验分析的基础上,建立了散体移动概率密度方程。

任凤玉采用如图 8.2.4 所示的散体移动模型,运用理论分析与放矿试验相结合的方法,针对不同边界条件下的散体移动过程建立了系统的理论方程,引入了两个反映散体流动特性和放矿条件的参数 α、β,有效解决了方程描述的形态失真问题,提高了计算精度。

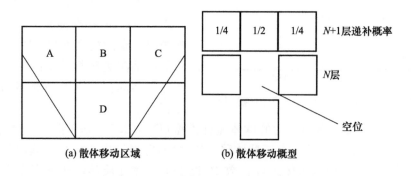

(a) 散体移动区域　　　　(b) 散体移动概型

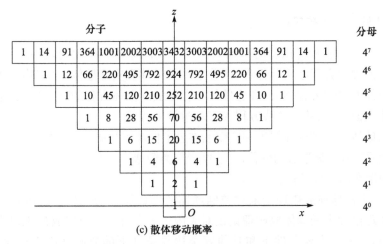

(c) 散体移动概率

图 8.2.4　任凤玉的散体移动模型[12]

8.2.3　其他放矿理论

除前述两类经典的放矿理论之外,研究者又相继提出了放出期望体理论、类椭球体放矿理论和基于运动学模型的放矿理论等多种放矿理论。这些放矿理论具有不同的优势和劣势,也都获得了不同程度的认可和工程应用,促进了放矿理论和技术的发展与完善,加深了对散体矿岩放矿运移机理的认识和理解。

1. 放出期望体理论

归零量(达孔量)是放矿研究中提出的一个重要概念,它改变了测定放出体形态的传统试验方法[15]。苏宏志等[16]在对试验数据处理和分析的基础上,利用归零量曲线圈绘放出体,进而提出了放出期望体的概念。在此基础上,高永涛[17]推导出放出期望体的空间表达式以及放出散体总质量与放出体内任一点空间位置的关系。

由放出期望体出发,高永涛分析了放矿过程中散体运动的基本规律,导出了移动漏斗、放出漏斗方程,散体运动速度和迹线方程,以及等速体表达式等[18];运用放出期望体表达式,导出了单口放矿条件下矿石损失贫化计算公式[19];提出并证明了放出体的等厚度过渡原理[20];研究了计算机模拟放矿过程中的一些基本现象,根据放出期望体的结论,对其相似性问题加以探讨,提出了新的相似方法[21]。与椭球体相比,放出期望体无论在形状大小还是形态变化趋势方面均与实际放出体更加接近。对于使用崩落法采矿的矿山,基于放出期望体理论确定的放矿参数与实际更为接近,可以认为放出期望体理论是对椭球体放矿理论的继承和发展。

2. 类椭球体放矿理论

李荣福[22,23]在放矿试验的基础上提出了类椭球体放矿理论,建立了类椭球体放矿理论的理想方程和实际方程,区分了理想散体和实际散体;分别建立了表述散体移动规律的数学方程,得出理想散体方程是实际散体方程的特殊形式;进而提出了放出体表面方程、移动迹线方程和移动过渡方程等。

类椭球体放矿理论在深度和广度上推进了椭球体放矿理论的发展:①放出体表面方程能适应放出体形态的变化;②速度场与类椭球体基本假设不矛盾;③对散体介质的移动密度场进行了有益的探讨。

但是,类椭球体放矿理论未对类椭球体的形成原因做出科学的解释;此外,放出期望体理论和类椭球体放矿理论仅对无限边界条件下的单口放矿规律进行了研究,并未对半无限边界条件下和其他复杂边界条件下的放矿理论进行深入探讨。而通常情况下,实际采场边界因受矿体开采技术条件限制而较为复杂,而边界条件正是放矿理论研究的难点所在。因此,对于实际矿山各类不同的边界条件,放出期望体理论和类椭球体放矿理论仍需进一步研究和完善。

3. 基于运动学模型的放矿理论

运动学模型最初是被用于预测筒仓或料仓中散体介质的稳态流动状态,随后被用于分析由散体材料膨胀作用引起的非稳态流动规律。

Nedderman[24]推导了能够预测散体材料松动范围的方程,并正确地预测了散体材料的速度场分布。Drescher 等[25]基于改进的运动学模型深入探究筒仓中的散体材料松动范围。

在放矿领域,Melo 等[26]建立了较为完善的基于运动学模型的放矿理论。该模型由 Bergmark-Roos 方程[27]发展而来,其基本假设包括:①视散体矿岩为连续介质,散体颗粒从初始位置向放矿口的移动过程是连续的;②散体颗粒均经坐标原点放出,放矿口为点源放矿口,可同时放出所有同时到达的颗粒;③散体材料的移动过程为随机过程;④散体材料的垂直下降速度与其下移概率成正比;⑤矿岩散体水平均质且各向同性。在单口放矿研究的基础上,Vivanco 等[28]推导并验证了多口放矿条件下同时放矿与顺次放矿等不同放矿方式下的松动体方程,探究了不同放矿方式和放矿口间距对松动体形态、矿石损失贫化的影响。

尽管放矿运动学模型尚不能完全反映实际的放矿条件和状态,对指导矿山生产仍有一定的距离,但是其能够再现放矿物理试验结果,并通过解析式清晰地展现放出体与松动体的形态变化规律尤其是多口放矿条件下的散体矿岩流动特性。因此,放矿运动学模型可以作为一种有效手段探究不同放矿条件下的散体矿岩移动规律,丰富和发展放矿理论。

8.3　基于球形颗粒的放矿模拟

放矿物理试验是研究放矿问题的重要方法,但其费时费力,可重复性差,部分试验数据难以测量。PFC 软件是基于细观离散元理论(颗粒流理论)开发的数值模拟软件,主要应用于岩石类材料基本特性、岩石类介质破裂机理与演化规律、颗粒物质动力响应等基础问题的研究,能够从细观角度对散体材料的特性和移动规律进行分析,而且具有方便灵活、可重复性强等优点,因此该数值模拟方法适用于研究散体矿岩流动特性等放矿问题。

PFC 放矿模型中细观力学参数的确定是放矿数值试验研究的基础工作,其取值的合理性将直接决定放矿模型以及数值模拟结果的可靠性。因此,开展 PFC 放矿模型细观力学参数的研究,检验放矿模型的适用性与可靠性具有重要意义。

8.3.1　放矿模型的适用性与可靠性

1. 放矿模型构建与放矿过程

为检验放矿数值模拟的可靠性,设计了与表 8.3.1 所示的放矿物理试验条件相同的 9 组数值模拟试验。数值试验放矿模型尺寸与物理试验放矿模型相同,设为 500mm×500mm×1200mm(长×宽×高),初始空隙率为 0.34。颗粒半径为 5~20mm,颗粒密度为 3700kg/m³,颗粒黏结采用无黏结模型,颗粒生成采用半径扩大法。图 8.3.1 为单一放矿口模型墙体结构。

表 8.3.1　单一放矿口条件下放出体 3 因素 3 水平正交试验参数设计表

试验编号	散体粒径/mm	放矿口尺寸/(mm×mm)	覆岩厚度/mm
1	5~10	50×50	100
2	5~10	80×80	250
3	5~10	100×100	400
4	10~15	80×80	400
5	10~15	100×100	100
6	10~15	50×50	250
7	15~20	100×100	250
8	15~20	50×50	400
9	15~20	80×80	100

如图 8.3.1 所示,第 1 号正方形底墙代表试验中的放矿口,整个放矿过程具体分为五个阶段:

(1)在模型内随机生成一定数量的矿石颗粒,使模型初始空隙率为 0.34。

图 8.3.1　单一放矿口模型墙体结构

（2）向矿石颗粒施加重力加速度 $g=-9.81\mathrm{m/s^2}$，并赋予墙体及颗粒指定的细观力学参数，使模型内颗粒在重力作用下达到放矿前的初始平衡状态。结合物理试验中所用磁铁矿的物理力学性质，经匹配研究，数值试验中选用的墙体及颗粒细观力学参数见表 8.3.2。放矿数值试验中三个主要细观力学参数为颗粒密度、颗粒与墙体的摩擦系数和刚度。其中，颗粒密度取值与物理试验中的矿石密度相同，颗粒摩擦系数取值根据物理试验中散体颗粒的自然安息角确定，墙体摩擦系数取值根据物理试验模型打毛后内壁的摩擦系数确定。颗粒和墙体的法向和切向刚度根据 Pierce 等[29]、安龙等[30]的建议，选择 $1\times10^7\mathrm{N/m}$、$5\times10^7\mathrm{N/m}$、$1\times10^8\mathrm{N/m}$、$5\times10^8\mathrm{N/m}$、$1\times10^9\mathrm{N/m}$ 以及 $5\times10^9\mathrm{N/m}$ 等多个不同取值（墙体刚度必须大于颗粒刚度，否则有可能出现颗粒"穿墙"的现象），分别进行相同条件下的放矿数值模拟。通过放矿物理试验结果与相应数值试验结果的定量分析比较，表 8.3.2 所示的各细观参数取值为墙体和颗粒的最优细观力学参数组合。

表 8.3.2　墙体及颗粒细观力学参数

参数	墙体	颗粒
法向刚度 $k_\mathrm{n}/\mathrm{(N/m)}$	1×10^9	1×10^8
切向刚度 $k_\mathrm{s}/\mathrm{(N/m)}$	1×10^9	1×10^8
摩擦系数 μ	0.50	0.90

（3）在删除"1"底墙后，散体颗粒从放矿口不断向下放出，放矿过程随之开始。

（4）整个放矿过程中借助 PFC3D 软件中的 FISH 语言，记录整个模型达到初始平衡状态时每个颗粒的 x、y、z 坐标值和达到不同放矿量时放出颗粒的 ID 号。结合以上信息即可得到每个放出颗粒的初始平衡位置，该部分颗粒所形成的区域即为放出体，进而实现放出体形态的可视化，真实直观地描述放出体在采场中的具体位置。

（5）当放出矿石总高度达 800mm 时，重新生成代表该放矿口的相应底墙，停止放矿，放矿过程结束。

2. 放矿模拟可靠性定性分析

经分析，9 组数值试验中不同高度条件下的放出体形态与放矿物理试验中所得出的放出体形态基本一致，以表 8.3.1 中的试验 6 为例，图 8.3.2(a)为放矿数值试验中放出矿石总高度为 800mm 时的放出体形态，与图 8.3.2(b)所示的放矿物理试验中相应高度时的放出体形态基本一致，从定性的角度验证了前述放矿模型数值模拟的可靠性。

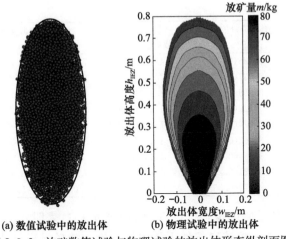

(a) 数值试验中的放出体　　　(b) 物理试验中的放出体

图 8.3.2　放矿数值试验与物理试验的放出体形态纵剖面图

3. PFC 放矿模拟可靠性定量分析

Castro[31]以砾石为介质开展的三维放矿物理试验可以认为是无限边界条件下单一放矿口放矿试验,通过放出标志颗粒在初始平衡时的不同位置确定放出体的高度、最大宽度等信息。Castro 通过大型放矿物理试验研究认为,放出体高度 h_{IEZ} 与放矿量 m 之间满足以下关系:

$$h_{IEZ}(m) = h_0(1 - e^{-m/m_h}) + cm \tag{8.3.1}$$

式中,h_0 和 m_h 分别表示随着放矿量的增加,放出体的高度呈指数形式增加时的高度和质量;c 为最终放出体高度随放矿量线性增加时的增长率。

为进行放矿模拟可靠性的定量分析,分别统计单口放矿物理试验和数值试验中达到不同放出体高度时的放矿量,基于 Levenberg-Marquardt 算法采用式(8.3.1)对试验数据进行检验,拟合结果如表 8.3.3 所示,表中括号内的数据为相应拟合系数的误差值。

表 8.3.3　单口放矿条件下适用性检验拟合结果

试验类型	试验编号	第一阶段放出体高度 h_0/mm	第一阶段放矿量 m_h/kg	第二阶段高度增长率 c/(mm/kg)	拟合优度 R^2
放矿物理试验	1	3.277(0.113)	4.217(0.334)	$7.404 \times 10^{-2}(3.575 \times 10^{-3})$	0.997
	2	3.507(0.170)	7.348(0.612)	$5.957 \times 10^{-2}(4.169 \times 10^{-3})$	0.997
	3	3.246(0.231)	8.718(1.017)	$6.022 \times 10^{-2}(5.053 \times 10^{-3})$	0.997
	4	3.261(0.176)	5.478(0.646)	$6.406 \times 10^{-2}(4.653 \times 10^{-3})$	0.994
	5	3.440(0.249)	7.776(0.992)	$5.400 \times 10^{-2}(5.500 \times 10^{-3})$	0.994
	6	3.665(0.136)	4.693(0.398)	$5.731 \times 10^{-2}(2.767 \times 10^{-3})$	0.996
	7	3.654(0.704)	10.680(2.741)	$5.467 \times 10^{-2}(1.464 \times 10^{-3})$	0.988
	8	3.016(0.227)	3.910(0.663)	$7.686 \times 10^{-2}(6.521 \times 10^{-3})$	0.990
	9	3.980(0.321)	8.643(1.027)	$5.002 \times 10^{-2}(6.854 \times 10^{-3})$	0.995

续表

试验类型	试验编号	第一阶段放出体高度 h_0/mm	第一阶段放矿量 m_h/kg	第二阶段高度增长率 c/(mm/kg)	拟合优度 R^2
放矿数值试验	1	3.135(0.220)	4.102(0.315)	$7.462\times10^{-2}(4.204\times10^{-3})$	0.996
	2	3.337(0.142)	7.069(0.553)	$5.987\times10^{-2}(3.506\times10^{-3})$	0.995
	3	3.288(0.134)	8.942(1.316)	$6.017\times10^{-2}(3.281\times10^{-3})$	0.998
	4	3.129(0.585)	5.297(0.476)	$6.385\times10^{-2}(5.795\times10^{-3})$	0.990
	5	3.374(0.206)	7.140(0.221)	$5.452\times10^{-2}(3.857\times10^{-3})$	0.997
	6	3.462(0.164)	3.846(0.454)	$5.797\times10^{-2}(3.358\times10^{-3})$	0.992
	7	3.356(0.259)	10.275(0.682)	$5.488\times10^{-2}(4.287\times10^{-3})$	0.994
	8	3.221(0.258)	3.701(0.321)	$7.708\times10^{-2}(3.162\times10^{-3})$	0.996
	9	3.572(0.558)	8.364(1.335)	$5.030\times10^{-2}(5.810\times10^{-3})$	0.991

　　表 8.3.3 中各试验的拟合优度 R^2 值均接近于 1,表明式(8.3.1)与各试验数据高度拟合,即在单一放矿口条件下放出体高度与放矿量满足式(8.3.1),放矿量为影响放出体形态变化的主要因素。此外,放矿数值试验所得系数与放矿物理试验基本一致,说明数值试验构建的放矿模型能够反映放矿实际情况,即从定量的角度验证了该放矿模型在散体矿岩流动特性研究中的适用性。

　　以表 8.3.1 中的试验 6 为例,图 8.3.3 为放矿量与放出体高度关系的物理试验与数值试验结果对比。放出体高度的变化趋势为:放矿初始阶段,放出体高度呈指数形式快速增加,随着放矿量的增加,其增长率逐渐减小;随后,放出体高度将随放矿量的增加而线性增长。该结论可以有效分析判断不同放矿阶段的放出体形态及其演化规律。

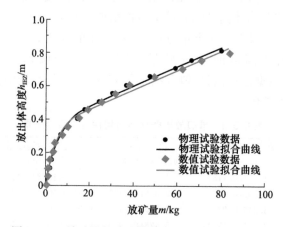

图 8.3.3　放矿量与放出体高度关系的试验结果对比

8.3.2　复杂边界条件下散体矿岩流动特性

　　根据放矿边界条件的特点,边界条件分为三类:第一类为无限边界条件;第二类为半无限边界条件;第三类为复杂(倾斜壁)边界条件。其中,复杂边界条件是指在崩落法采矿中,当矿体倾角大于散体矿岩自然安息角而小于 90°时,影响散体矿岩移动的采场边界条件[32]。在复杂边界条件下,放出体的形态发生变异,因此包括椭球体理论、期望体理论在内的以放出体为基础的传统研究方法均难以适用。无论是基于有限单元法的放矿模型还是基于元胞自动机理论的放矿模型或软件,大多仅限于第一类和第二类边界条件,对第三类边界条件下的放矿问题并未很好地解决。而在生产实际中,多数采场的放矿受到边界条件的影响,复杂边界条件更为常见[33]。

1. 数值试验实现过程

1) 模型构建与设置

综合考虑矿山放矿现状及计算机处理能力,数值试验放矿模型长×宽×高为 12m×12m×30m,空隙率为 0.40,放矿口长×宽为 3m×3m,颗粒平均半径为 0.3m,颗粒采用无黏结模型,颗粒生成采用半径扩大法。图 8.3.4 为不同边界条件下的模型墙体结构,其中图 8.3.4(a)中若删除垂直于 y 轴的 8 号侧墙,即为第一类边界条件下的试验模型,若设置 8 号侧墙,即为第二类边界条件下的试验模型;图 8.3.4(b)为第三类边界条件下倾斜角度为 65°的试验模型。图 8.3.4(b)中 1、2 和 3 号底墙分别代表不同试验中试验的放矿口。整个放矿过程可分为三个阶段:

(1) 在模型内指定区域随机生成一定数量的颗粒,使模型初始空隙率达 0.40。

(2) 赋予颗粒重力加速度 $g=-9.81\text{m/s}^2$,并赋予墙体及颗粒指定的细观力学参数,使整个模型达到初始平衡状态。采用的墙体及颗粒细观力学参数如下:墙体的法向刚度和切向刚度为 $1×10^9\text{N/m}$,摩擦系数为 0.50;颗粒的法向刚度和切向刚度为 $1×10^8\text{N/m}$,颗粒密度为 2880kg/m^3,摩擦系数为 0.90。

(3) 在删除代表放矿口的正方形底墙后,散体颗粒从放矿口不断向下排出,放矿过程随之开始;当放出量达设定值时,关闭代表放矿口的相应底墙,放矿过程结束。

(a) 第一类和第二类边界条件　　　　　　(b) 第三类边界条件

图 8.3.4　不同边界条件下的模型墙体结构

2) 试验设计

在模型整体尺寸及散体颗粒性质相同的情况下,通过比较三类边界条件下放出体形态、放出体高度与放矿量的关系等方面的异同,以及分析颗粒速度与接触力的分布特征,研究复杂边界条件对散体矿岩流动特性的影响。分别在无限和半无限边界条件下各设计一次试验,在复杂边界条件下针对不同的放矿口位置设计三次试验。每次试验依次记录分别达 20t、50t、80t、140t、200t、300t、400t、500t、600t、800t、1000t 以及 1400t 共 12 个不同放矿量时放出体的高度。

2. 数值试验结果

1) 放出体形态拟合

对三类边界条件下的放出体形态进行拟合,图 8.3.5 为五组试验中放矿量 1400t 时的放出体形态,其中,第一行为沿 x 轴方向的放出体形态,第二行为沿 y 轴方向的放出体形态。如图 8.3.5 所示,沿 x 轴方向即显示放出体不受边界条件影响的一侧,放出体形态均近似截头椭球体,但沿 y 轴方向即显示放出体受边界条件影响的一侧,放出体形态各异。具体而言,第一类边界条件下放出体形态完整;第二类边界条件下因受垂直边壁的限制,放出体形态不完整;第三类边界条件下因受到倾斜边壁的限制,放出体形态产生不同程度的变异。

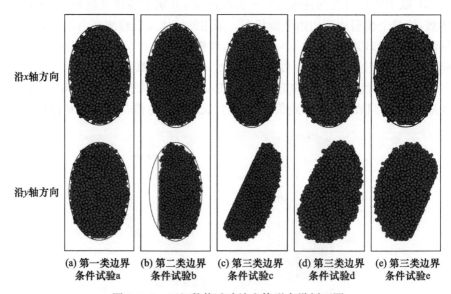

沿x轴方向

沿y轴方向

(a) 第一类边界　　(b) 第二类边界　　(c) 第三类边界　　(d) 第三类边界　　(e) 第三类边界
　条件试验a　　　　条件试验b　　　　条件试验c　　　　条件试验d　　　　条件试验e

图 8.3.5　五组数值试验放出体形态纵剖面图

记录放出体颗粒在初始平衡时的坐标,通过反演分析即可实现放出体在模型中具体位置的可视化,并能在整个放矿过程中监测放出体演化过程。以试验 e 为例,图 8.3.6 为该试验中放出体在模型中的位置纵剖面图,其中黑线圈定区域即为放出体。

图 8.3.6 试验 e 中放出体位置纵剖面图

2) 模型适用性检验

为进行模型适用性及可靠性分析,数值试验中分别统计 5 次试验中达到设置的 12 个放矿量时的放出体高度,基于 Levenberg-Marquardt 算法采用式(8.3.1)对模拟试验数据进行检验,拟合结果如表 8.3.4 所示,表中各拟合系数右侧括号内的数据为相应拟合系数的误差。

表 8.3.4 不同边界条件下方程适用性检验拟合结果

试验编号	第一阶段放出体高度 h_0/m	第一阶段放矿量 m_h/t	第二阶段高度增长率 c/(m/t)	拟合优度 R^2
a	6.329(0.349)	76.025(11.014)	$6.897 \times 10^{-3}(4.338 \times 10^{-4})$	0.992
b	6.325(0.206)	77.689(6.597)	$8.437 \times 10^{-3}(2.556 \times 10^{-4})$	0.998
c	6.471(0.414)	82.987(13.381)	$9.653 \times 10^{-3}(5.056 \times 10^{-4})$	0.984
d	5.628(0.288)	60.489(9.040)	$8.138 \times 10^{-3}(3.730 \times 10^{-4})$	0.994
e	5.512(0.262)	73.777(9.349)	$6.912 \times 10^{-3}(3.278 \times 10^{-4})$	0.995

表 8.3.4 表明,各试验的拟合优度 R^2 均接近 1,其中,式(8.3.1)为第一类边界条件下物理试验所得结论,第二类和第三类边界条件下的试验 b~e 数据的高度拟合拓宽了式(8.3.1)的适用范围,因此式(8.3.1)适用于三类边界条件下放出体高度与放矿量关系的描述。

3) 放出体高度与放矿量关系

以表 8.3.4 中的试验 b 为例,图 8.3.7 为半无限边界条件下放出体高度理论曲线与试验数据对比,放出体高度的变化趋势可分为两个阶段,在放矿初始阶段,放出体高度呈指数形式快速增加,随着放矿量的增加,其增长率逐渐减小,第二阶段为放出体高度将随放矿量的增加而线性增长。

通过调整墙体、颗粒直径以及细观力学参数重复上述试验过程,发现式(8.3.1)对各模拟试验数据同样高度拟合。因此,PFC 软件可有效分析不同边界条件和放矿阶段的放出体形态及其生成与演化规律。

3. 下盘残留量模拟

崩落法放矿后的矿石损失形式主要包括脊部残留与下盘残留[34]。残留在放矿口之间的矿石为脊部残留,残留在下盘面上的矿石为下盘残留(图 8.3.8)。根

据矿体水平厚度 T、矿石层初始高度 H 及矿体倾角 α 等参数的不同,脊部残留的大部分矿石能够在下分段或阶段被再次回收,下盘残留若不采取得当措施,将无法回收而永久损失。因此,有必要借助 PFC 模型分析下盘残留矿石损失的主要形式。

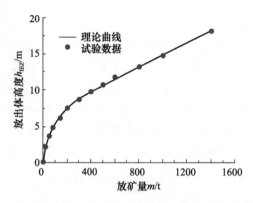

图 8.3.7　半无限边界条件下放出体高度理论曲线与试验数据对比

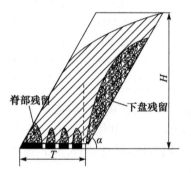

图 8.3.8　复杂边界条件放矿时的矿石损失形式示意图
H. 矿石层初始高度；T. 矿体水平厚度；α. 矿体倾角

　　一般而言,下盘残留体的空间位置、形态及数量主要受散体矿岩放出空间条件的影响。因此,数值试验通过构建若干复杂边界条件下放矿模型分析下盘残留与矿体水平厚度 T、矿石层初始高度 H 及矿体倾角 α 的关系,H/T 取值分别为 0.5、1.0、1.5、2.0 及 2.5,α 取值分别为 50°、60°、70° 及 80°。采用低贫化放矿方式[35]以降低矿石贫化率。由于不考虑脊部残留,试验仅在如图 8.3.4(b)中所示的第 3 号底墙的位置,即紧邻矿体下盘边壁左侧设置一个放矿口。模型内除矿石颗粒密度为 4000kg/m³、废石颗粒密度为 2700kg/m³ 外,其余整体结构及颗粒物理力学性质均不变,矿石层及废石层初始高度均为 H。

　　以参数 $H/T=1.5$、$\alpha=60°$ 的试验为例,图 8.3.9 为停止放矿时不同颗粒位置分布。图 8.3.9 表明,下盘残留的空间位置及形态与大多数物理试验及矿山放矿实际结果一致,下盘残留量占总矿石量的百分比达 25.678%。图 8.3.10 为数值试验下盘残留量与矿体相关参数的关系。图 8.3.10 表明,下盘残留量随 H/T 的增加而增加,其增长率逐渐降低;而与矿体倾角 α 的关系相反,即下盘残留量随矿体倾角的增加而明显降低。依据上述分析结果并结合放矿实际,若要减少下盘损失,除开掘下盘岩石及在下盘岩石中布置放矿口等措施外,一般而言,可适当降低矿石层高度;而对于下盘倾角较大的矿体,应尽量增大矿石层高度。在此基础上,应综合考虑开掘工程量及贫化率等技术经济指标,并根据利润最大化原则确定合理的放矿结构参数。

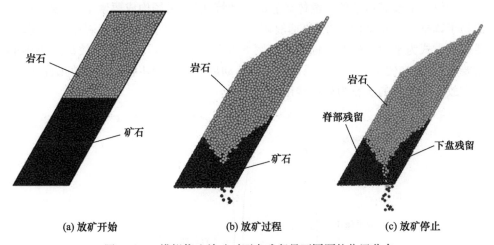

(a) 放矿开始　　　　　(b) 放矿过程　　　　　(c) 放矿停止

图 8.3.9　模拟停止放矿时下盘残留量不同颗粒位置分布

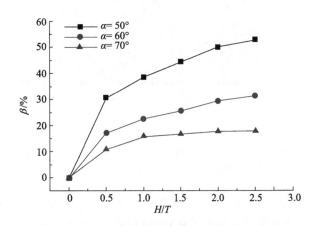

图 8.3.10　下盘残留量与矿体相关参数的关系

8.3.3　多放矿口条件下散体矿岩流动特性

散体矿岩流动特性与矿岩接触界面特性、矿石残留体的空间位置、形态和数量以及放出体的形态、空间位置等关系密切,直接影响矿石层高度、放矿口尺寸、放矿口间距等采场结构参数设计,从而影响损失率、贫化率等矿石回收指标。在采用崩落法采矿的大型矿山生产实践中,一般采用多放矿口放矿。因此,多放矿口条件下散体矿岩流动特性一直是放矿领域研究的重点之一[36]。

1. 数值试验实现过程

1) 试验设计

为研究多放矿口条件下散体矿岩的流动特性,在采场构成要素中,主要考虑矿山易于调整的主要结构参数,包括放矿口尺寸、放矿口间距和崩落矿石层高度,主要放矿方式为平面放矿及立面放矿。图 8.3.11 为多放矿口条件下放矿过程中的主要参量,原先位于同一水平层面的散体移动后形成的漏斗状凹坑为放出漏斗,残留在放矿口之间的矿石为矿石残留。

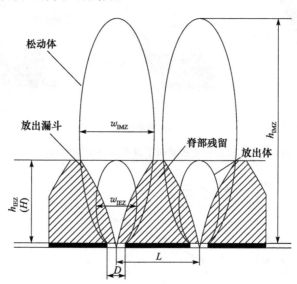

图 8.3.11   多放矿口条件下放矿过程中的主要参量

D. 放矿口宽度;H. 崩落矿石层高度;h_{IEZ}. 放出体高度;h_{IMZ}. 松动体高度;
L. 放矿口间距;w_{IEZ}. 放出体宽度;w_{IMZ}. 松动体宽度

针对上述三个影响因素,对放出体高度设计 3 因素 3 水平的 9 组正交模拟试验,且每组试验分为各放矿口同时放矿(平面放矿)与顺次放矿(立面放矿)两类,共进行 18(9×2)组模拟试验。每次试验分别记录如 40t、200t、400t、800t 等不同放矿量时的放出体高度 h_{IEZ}。此外,数值试验采用低贫化放矿方式,为降低偶然性,当每个放矿口放出 5 个废石颗粒即停止放矿。多放矿口条件下 3 因素 3 水平正交试验参数设计如表 8.3.5 所示。

表 8.3.5　多放矿口条件下 3 因素 3 水平正交试验参数设计表

试验编号	放矿口尺寸/(m×m)	放矿口间距/m	崩落矿石层高度/m
1	4×4	12	12
2	4×4	16	15
3	4×4	20	18
4	5×5	12	15
5	5×5	16	18
6	5×5	20	12
7	6×6	12	18
8	6×6	16	12
9	6×6	20	15

2) 单分段放矿模型构建

由单口放矿物理试验研究结果可知,在一定范围内颗粒尺寸和矿石层高度对放出体形态等无显著影响。因此,综合考虑计算机运算能力、矿山对崩落矿石块度的要求以及与放矿口尺寸的匹配,经匹配分析,数值试验单分段放矿模型尺寸为 40m×40m×60m(长×宽×高),初始空隙率为 0.34,颗粒半径设为 0.45m,颗粒采用无黏结模型,颗粒生成采用半径扩大法。

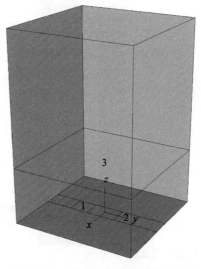

图 8.3.12 为单分段放矿模型的墙体结构,1、2 号正方形底墙代表试验中的两个相邻放矿口,3 号墙体代表隔板,在其上下将分别生成废石颗粒及矿石颗粒,放矿开始前将其删去。试验选用的矿石颗粒密度为 3700kg/m³,废石颗粒密度为 2700kg/m³,其余墙体及颗粒细观力学参

图 8.3.12　单分段放矿模型墙体结构

数与表 8.3.2 中相应参数取值相同。整个放矿过程与单口放矿过程类似,不再赘述。

2. 多放矿口条件下散体矿岩移动规律分析

多放矿口条件下由于放矿结构参数及放矿方式的不同,相邻放出体可分为有相互交错与无相互交错两种,相邻放出漏斗也可分为有相互交错与无相互交错两种,即相邻放矿口放矿时有相互影响与无相互影响两种。

以表 8.3.5 中试验 3 和试验 7 为例,图 8.3.13 为不同放矿过程中的单分段放矿模型纵剖面图,1号、2号为两个相邻放矿口。为更清晰地显示放出体形态,图中所示拟合放出体位置为将其向左侧平移40m后的结果。此外,立面放矿分以下两个过程:如图8.3.13(c)所示,首先打开1号放矿口进行放矿即先形成1号放出体;随后,如图8.3.13(e)所示,待1号放矿口放矿结束后,关闭该放矿口并打开2号放矿口继续放矿,最终形成2号放出体。

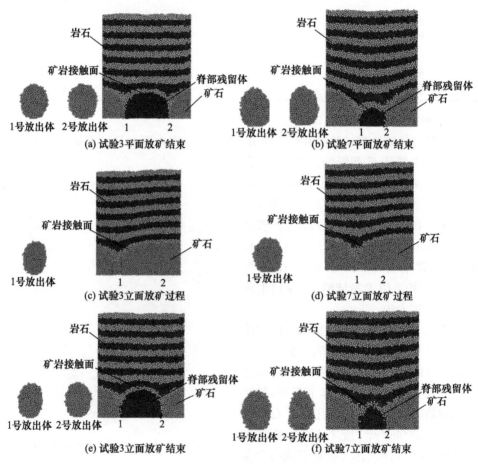

图 8.3.13　不同放矿过程中的单分段放矿模型纵剖面图

1) 放出体

当相邻放出体之间无相互交错时,无论是平面放矿还是立面放矿,如图8.3.13(a)、图8.3.13(e)所示,放出体形态均保持完整,且两种放矿方式下放出体形态近似相同。

当相邻放出体之间产生相互交错时,在平面放矿情况下,如图8.3.13(b)所示,放出体间最大宽度处产生交错;而在立面放矿情况下,如图8.3.13(f)所示,后形成的 2 号放出体明显受到先形成的 1 号放出体影响,其形态出现缺失。

2) 矿石残留体

矿石残留体的最高位置出现在两放矿口之间,无论是平面放矿还是立面放矿,当相邻放矿口之间无相互影响时,如图 8.3.13(a)、(e)所示,其高度近似为放矿开始前崩落矿石层高度;当相邻放矿口间产生相互影响时,如图 8.3.13(b)、(f)所示,其高度均小于崩落矿石层高度,且其体积均比前者明显减小。

3) 散体矿岩接触面

在平面放矿情况下,当相邻放矿口之间无相互影响时,如图 8.3.13(a)所示,散体矿岩接触面呈凹凸不平的波浪状下降;当相邻放矿口间产生相互影响时,如图 8.3.13(b)所示,散体矿岩接触面保持近似水平下降。

在立面放矿情况下,当相邻放矿口之间无相互影响时,如图 8.3.13(c)所示,2号放矿口上方的矿岩接触面保持水平,并未受到先于其放矿的 1 号放矿口的影响;当相邻放矿口间产生相互影响时,如图 8.3.13(d)所示,2 号放矿口上方的矿岩接触面并非水平,而是因 1 号放矿口先于其放矿而呈下倾状。因此,与平面放矿相比,2 号放矿口将提前达到截止放矿品位,导致 2 号放出体形态出现部分缺失,其体积亦明显小于 1 号放出体的体积,从而影响总的矿石回收率。

4) 放出体高度与放矿量关系

基于 Levenberg-Marquardt 算法,采用式(8.3.1)对试验数据进行检验,拟合结果如表 8.3.6 所示,表中各拟合系数右侧括号内的数据为相应拟合系数的误差值。以表 8.3.5 中的试验 8 为例,图 8.3.14 为放出体高度理论曲线与试验数据对比,图 8.3.15 为试验数据的标准残差分析结果。

表 8.3.6　多放矿口条件下相关系数拟合结果

试验编号	第一阶段放出体高度 h_0/m	第一阶段放矿量 m_h/t	第二阶段高度增长率 c/(m/t)	拟合优度 R^2
1	4.973(0.369)	99.114(13.769)	$5.651\times10^{-3}(4.424\times10^{-4})$	0.996
2	6.223(0.368)	139.069(19.630)	$3.970\times10^{-3}(3.222\times10^{-4})$	0.991
3	6.533(0.458)	167.290(30.534)	$3.507\times10^{-3}(2.755\times10^{-3})$	0.988
4	5.857(0.323)	184.286(21.775)	$3.708\times10^{-3}(2.350\times10^{-4})$	0.996
5	6.966(0.302)	234.076(24.589)	$2.842\times10^{-3}(1.489\times10^{-4})$	0.996
6	5.825(0.574)	194.387(30.724)	$4.061\times10^{-3}(5.637\times10^{-4})$	0.994
7	6.176(0.344)	218.535(30.949)	$2.917\times10^{-3}(1.666\times10^{-4})$	0.994
8	5.163(0.337)	209.370(22.095)	$3.898\times10^{-3}(2.886\times10^{-4})$	0.998
9	6.035(0.589)	249.809(46.009)	$3.050\times10^{-3}(3.029\times10^{-4})$	0.992

表 8.3.6 中各试验的拟合优度 R^2 值均接近 1,且图 8.3.15 中标准残差符合正态分布,表明式(8.3.1)与试验数据高度拟合,相邻放矿口间产生不同程度相互影

响的多放矿口条件下试验数据的高度拟合拓宽了式(8.3.1)的适用范围。因此,多放矿口条件下放出体高度与放矿量也满足式(8.3.1)所示关系,据此可有效分析判断多放矿口条件下不同放矿阶段时的放出体结构及其形成与演化规律。

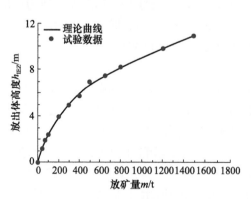

图 8.3.14　多放矿口条件下放出体
高度理论曲线与试验数据对比

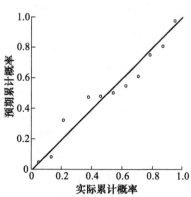

图 8.3.15　多放矿口数值试验数据的
标准残差正态概率图

3. 矿石损失率影响因素分析

放矿口尺寸 D、放矿口间距 L、崩落矿石层高度 H 及放矿方式的不同,致使散体矿岩流动规律不同,进而导致最终的矿石损失率相异。因此,有必要分析上述 4 个因素对矿石回收率的影响。

1) 多分段放矿模型构建与放矿过程设置

多分段放矿数值试验针对放矿口尺寸 D、放矿口间距 L、崩落矿石层高度 H 这三个影响因素,设计 3 因素 3 水平 9 组正交试验,且每组试验分为平面放矿与立面放矿两种,因此共进行 18(9×2)组模拟试验。以表 8.3.5 中的试验 2 为例,图 8.3.16 为多分段放矿模型的墙体结构。数值试验过程 1 中墙体尺寸为 60m×12m×50m(长×宽×高),根据矿石层高度参数设计,过程 2 中墙体高度分别为 12m、15m、18m 三种,初始空隙率为 0.34,颗粒半径为 0.45m,除放矿口间距调整为 12m、15m、20m 外,其余试验参数和墙体、颗粒细观力学参数分别与表 8.3.2 和表 8.3.5 中对应参数取值一致。如图 8.3.16 所示,第 1~7 号正方形底墙代表放矿口,8 号墙体代表隔板,在其上下将分别生成废石颗粒及矿石颗粒,放矿过程开始前将其删除。

进行第一分段放矿时,只生成图 8.3.16 中的过程 1 所包含的墙体,放矿方式与单分段放矿试验相同,即为低贫化放矿;当进行下一分段放矿时,生成过程 2 所包含的墙体并删除上一分段的底墙,即 1~3 号墙体所在水平的全部墙体,放矿方式为截止品位放矿。结合梅山铁矿散体矿岩的物理参数,设置矿石地质品位为

45%,放矿截止品位为 18%。

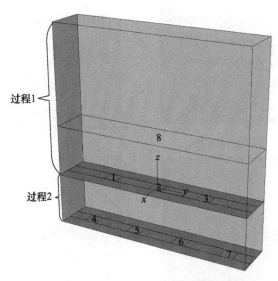

图 8.3.16　多分段放矿模型墙体结构

放矿截止品位计算公式为

$$\alpha_k = \frac{n_k \rho_k V_k}{n_k \rho_k V_k + n_y \rho_y V_y} \alpha_g \tag{8.3.2}$$

$$V_k = \frac{4}{3} \pi r_k^3 \tag{8.3.3}$$

$$V_y = \frac{4}{3} \pi r_y^3 \tag{8.3.4}$$

式中,α_k、α_g 分别表示放矿截止品位与矿石地质品位;n_k、n_y 分别表示矿石与废石颗粒数目;ρ_k、ρ_y 分别表示矿石与废石颗粒密度;V_k、V_y 分别表示矿石与废石颗粒体积;r_k、r_y 分别表示矿石与废石颗粒半径。

根据放矿截止品位计算公式得到放矿截止条件为 $n_y : n_k = 20:9$,即当废石颗粒与矿石颗粒数目比为 20:9 时停止放矿。此外,平面放矿时上下两分段中 1~3 号放矿口和 4~7 号放矿口分别同时打开,而立面放矿时 1~3 号放矿口和 4~7 号放矿口分别按顺序依次打开,即上一放矿口放出矿岩颗粒达到截止条件时将其关闭并打开下一放矿口。

2) 矿石损失率分析

以平面放矿试验 1 与立面放矿试验 6 为例,图 8.3.17 为不同放矿过程中的多分段放矿模型纵剖面图。如图 8.3.17(a)~(d)所示,上述三个影响因素对整个放矿过程中散体矿岩的流动规律产生了不同影响,导致如图 8.3.17(e)及图 8.3.17(f)所示的最终矿石残留量相异。

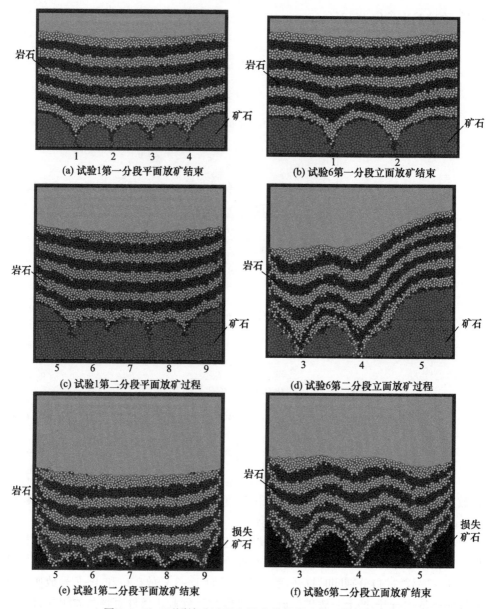

图 8.3.17　不同放矿过程中的多分段放矿模型纵剖面图

图 8.3.18 为矿石损失率与采场结构参数及放矿方式的关系。如图 8.3.18
(b)所示,矿石损失率随放矿口间距 L 的增大而增大;如图 8.3.18(a)及(c)所示,
矿石损失率随放矿口宽度 D 及崩落矿石层高度 H 的增大而减小。此外,平面放矿
方式下的矿石残留量明显小于立面放矿方式下的矿石残留量。立面放矿方式的放
矿过程管理简单,但其矿岩接触面呈倾斜状向下并向依次放矿的放矿口方向移动,

致使其接触面积较大,不利于矿石的回收;而平面放矿过程中矿岩接触面保持近似水平下移,延长了岩石混入时间,从而提高了矿石放出量,这也很好地解释了该放矿方式下矿石残留量较小这一现象。当相邻放矿口间的相互影响不大时,可以考虑采用立面放矿方式。

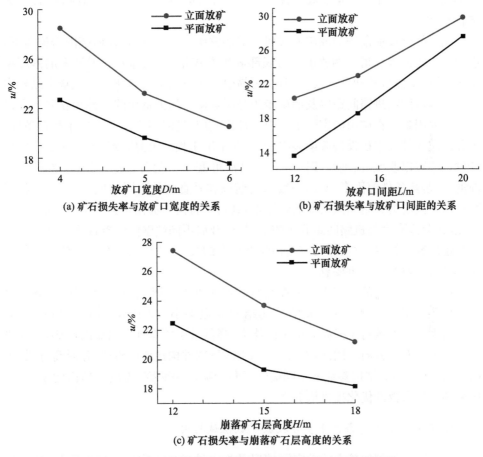

(a) 矿石损失率与放矿口宽度的关系　　　(b) 矿石损失率与放矿口间距的关系

(c) 矿石损失率与崩落矿石层高度的关系

图 8.3.18　矿石损失率与采场结构参数及放矿方式的关系

　　多放矿口条件下放出体形态因各放矿口间的相互影响而产生交错、缺失等程度不同的变异。矿石损失率随放矿口尺寸及崩落矿石层高度的增大而减小,随放矿口间距的增大而增大。当相邻放矿口间产生相互影响时,与立面放矿方式相比,平面放矿方式的矿石残留量更小,且散体矿岩接触面呈近似水平状态下降。为提高矿石回收率,在放矿允许的条件下,应尽量增大崩落矿石层高度及放矿口尺寸,减小放矿口间距,并采用平面放矿方式。

8.3.4　崩矿步距优化

无底柱分段崩落法自 20 世纪 60 年代中期在我国使用以来,在金属矿山尤其是铁矿山获得迅速推广和广泛应用。无底柱分段崩落法具有采场结构及回采工艺简单、安全高效及成本低等优点,但采场结构与放矿方式不当时,矿石损失贫化较大。

无底柱分段崩落法的放矿方式属于端部放矿,即崩落矿石在崩落围岩覆盖下,借助重力由回采巷道一端放出。与底部放矿方式相比,端部放矿因受未崩落端壁影响,其放出体位置和形态发生变化,更易引起矿石的损失贫化[6]。在众多结构参数中,分段高度、进路间距以及崩矿步距是影响矿石损失贫化的三种相互联系和制约的主要因素。在矿山的实际生产中,分段高度与进路间距是考虑矿床赋存条件、工程地质条件及采矿设备等诸多因素后,在采准工程施工前确定,因此在之后的生产过程中难以改变,而崩矿步距则相对灵活可变[37]。另外,综合考虑上部废石提前混入、装药条件等因素,矿山一般采用前倾和垂直两种不同的炮孔布置形式,因而产生不同的炮孔扇面倾角即端壁倾角,其对矿石损失贫化率会产生一定的影响。因此,在分段高度与进路间距确定的情况下,开展不同端壁倾角条件下端部放矿崩矿步距研究,对分析放出体与矿石损失贫化率的关系、优化采场结构参数以及提高矿山经济效益等具有重要意义。

针对端部放矿的研究主要是在垂直端壁条件下开展,未考虑不同端壁倾角对矿石损失贫化的影响,且研究的采场结构参数偏小(如 12m×15m、15m×15m等),而大结构参数对于提高矿山生产能力、降低采矿成本具有明显的优势,是未来崩落法采矿发展方向。因此,本节基于 PFC3D 软件构建放矿模型,开展高分段、大间距(18m×20m)结构参数下不同端壁倾角崩矿步距研究,为放矿理论的丰富、矿山采场结构参数的优化提供依据[38]。

1. 不同端壁倾角条件下多分段放矿数值试验设计

考虑国内外相似矿山放矿实际情况及梅山铁矿矿岩物理力学性质等,数值试验中步距系数 K 取 1.3,分析放矿步距 L 与端壁倾角对矿石贫损指标中回收率 R、贫化率 D 及回贫差 F 的影响。其中,放矿步距取 5.5m、6.0m、6.5m、7.0m、7.5m五个水平,端壁倾角取 90°、85°、80° 三个水平,因此共进行 15(5×3)组模拟试验。图 8.3.19 为不同端壁倾角条件下多分段放矿模型的墙体结构。其中,分段高度即每分段矿石层高度18m,顶部废石层高度15m,正面废石层厚度7m;进路间距即相邻放矿口间距20m,放矿口尺寸 3.8m×5.5m,模拟矿山现场 3.8m 高、5.5m 宽的回采进路,图中1~5 号墙体代表相应的放矿口。

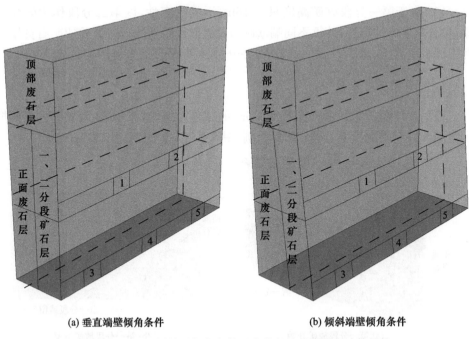

(a) 垂直端壁倾角条件　　　　　　　　　　　(b) 倾斜端壁倾角条件

图 8.3.19　不同端壁倾角条件下多分段放矿模型的墙体结构

2. 不同端壁倾角条件下多分段放矿模型构建与放矿过程设置

为真实反映顶部存在的细小废石,综合考虑计算机处理能力与矿山放矿现状,数值试验中矿石颗粒半径为 0.4m,废石颗粒半径为 0.2~0.4m。另外,矿石颗粒密度为 4200kg/m³,品位为 40%,废石颗粒密度为 2600kg/m³,品位为 0。模型内初始空隙率为 0.40,其余墙体及颗粒细观力学参数设计和表 8.3.2 相同。放矿方式为截止品位放矿,截止品位 18%。

模型构建及放矿过程分为以下四个阶段:

(1) 构建顶部、正面废石层和第一分段矿石层所需墙体后,在相应区域内生成一定数量的废石及矿石颗粒,使模型初始空隙率为 0.40,并赋予墙体及颗粒如表 8.3.2 所示的细观物理力学参数。

(2) 待整个模型内颗粒达到初始平衡状态后,同时打开 1~2 号放矿口进行第一分段放矿。当任一放矿口当次放出矿石品位达截止放矿条件时关闭该放矿口;待两放矿口均关闭时,第一分段放矿过程结束。

(3) 构建第二分段所需墙体并生成相应正面废石及矿石。随后,同时打开 3~5 号放矿口进行第二分段放矿过程,直至三个放矿口均达到截止放矿条件时,关闭该放矿口,第二分段放矿过程结束。

（4）由于第一分段放矿高度只有 18m，不具代表性，以第二分段作为研究对象，拟合其放出体形态，计算不同端壁倾角及放矿步距条件下各试验的矿石贫损指标中回收率 R、贫化率 D 及回贫差 F，并分析、判断最佳的采场结构参数。

3. 矿石损失率分析

以垂直端壁条件下放矿步距为 6.5m 的试验为例，图 8.3.20 为放矿过程模拟示意图。以上述试验中 4 号放矿口为例，图 8.3.21 为最终放出体形态。

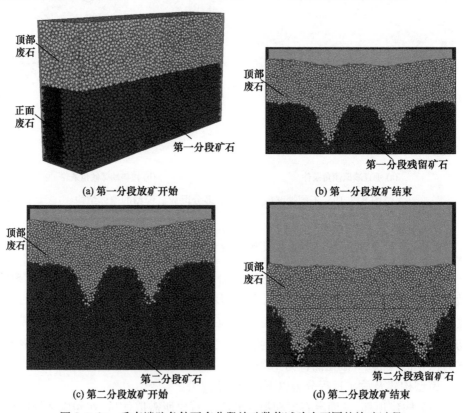

图 8.3.20　垂直端壁条件下多分段放矿数值试验中不同的放矿过程

图 8.3.22 为不同端壁倾角条件下放矿数值试验矿石贫损指标与放矿步距的关系。如图 8.3.22(a)所示，当放矿步距一定时，矿石回收率随端壁倾角的增大而增大；当端壁倾角一定时，放矿步距过小和过大都会导致矿石产生不同程度的损失。在端壁倾角为 85°～90°，放矿步距为 6.0～6.5m 时，可获得较大回收率。如图 8.3.22(b)所示，当放矿步距一定时，矿石贫化率也随端壁倾角的增大而增大；当端壁倾角一定时，贫化率随放矿步距的增大而减小。如图 8.3.22(c)所示，端壁倾角为 80°时的回贫差最小，而端壁倾角 85°、放矿步距 6.0m 和端壁倾角 90°、放矿

步距 6.5m 试验的回贫差较大。综合考虑模拟所得各矿石贫损指标、现场装药难易程度以及放矿步距与崩矿步距的关系[39]等因素,建议梅山铁矿在 18m×20m 结构参数下采用 85°～90°的端壁倾角、6.0～6.5m 的放矿步距,即最优崩矿步距约为 4.8m。

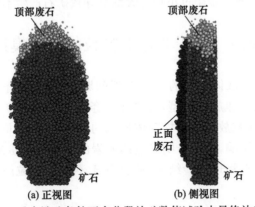

图 8.3.21　垂直端壁条件下多分段放矿数值试验中最终放出体形态

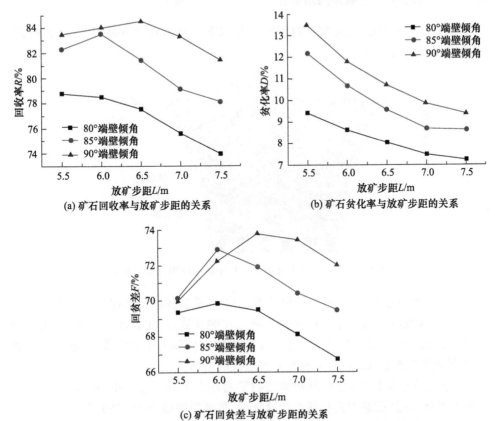

(a) 矿石回收率与放矿步距的关系

(b) 矿石贫化率与放矿步距的关系

(c) 矿石回贫差与放矿步距的关系

图 8.3.22　不同端壁倾角条件下放矿数值试验矿石贫损指标与放矿步距的关系

上述研究表明,不同倾角端壁条件下放出体形态不完整。当放矿量相同时,放出体高度随端壁倾角的减小而增大,放出体整体形态也随之越来越"瘦长"。在一定范围内,当放矿步距一定时,矿石回收率及贫化率均随端壁倾角的增大而增大;当端壁倾角一定时,放矿步距过小和过大都会导致矿石产生不同程度的损失。

8.4 基于非球形颗粒的放矿模拟

本节首先概述了散体矿岩的二次破裂问题;然后提出不规则颗粒簇的生成方法;在此基础上,构建放矿模型,开展单口条件下的散体矿岩运移规律及其二次破裂问题研究,探究放出体和松动体形态的变化规律、不同颗粒黏结强度对散体矿岩二次破裂的影响,进一步明确散体矿岩的运移演化机理;并通过对比放矿数值试验结果和既有物理试验结果,验证基于不规则颗粒簇的放矿模拟的适用性与可靠性。

8.4.1 散体矿岩二次破裂问题概述

如图 8.4.1 所示,实际放矿过程中涉及以下三类矿岩的破裂现象:自然破裂、初始破裂和二次破裂[40]。

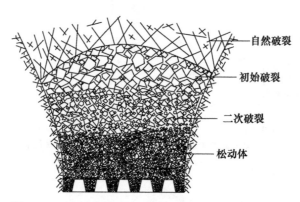

图 8.4.1　自然崩落法放矿过程中矿岩破裂现象示意图

（1）自然破裂矿岩:在进行任何开采工作前,矿岩体内自然存在的散体。

（2）初始破裂矿岩:随着拉底和开采工作的开展,从矿岩体中冒落、分离出来的散体。散体矿岩层上方的矿岩体所受应力的方向和大小发生改变,从而导致新的节理裂隙的产生以及已有节理裂隙贯通性的增加。

（3）二次破裂矿岩:放矿时初始破裂矿岩在向下移动过程中再次发生破裂而形成的散体,具体破裂形式包括点荷载破裂、角磨损破裂、磨碎、压碎等。

上述矿岩破裂现象,尤其是二次破裂对放矿过程以及最终的放矿结果影响很大。然而,实际矿山中的矿岩形状不规则,且在放矿过程中由于相互之间的挤压和剪切作用而出现二次破裂现象,形成新的不规则散体。而实际的放矿物理试验模型仅能达到几何相似,不能做到力学相似,因此试验中散体材料不会出现二次破裂现象,即无法通过物理试验的方式对矿岩散体的二次破裂问题进行研究。此外,在基于离散单元法的放矿数值研究中,绝大多数是采用球形颗粒模型或双颗粒模型(也称为花生模型)。上述两种模型存在如下不足:

(1) 可靠性不强。不能有效地反映实际矿岩形状的不规则性,从而难以表征矿岩间较高的内锁力。

(2) 适用性不广。花生模型破裂后变成两个独立的球形颗粒,而球形颗粒本身为刚体,无法破裂。

本节提出了一种基于矿岩破裂的松动体、放出体及散体矿岩形态的模拟方法:

(1) 根据椭圆及其内接多边形的几何关系,采用椭圆的内接多边形模拟实际不规则矿岩散体形状,利用颗粒流数值软件构建不规则颗粒簇。

(2) 根据已知放矿物理试验中所用散体材料的物理力学性质,确定放矿数值模型及颗粒的细观力学参数。

(3) 通过改变颗粒间的平行黏结强度进行放矿数值试验,确定平行黏结强度和矿岩二次破裂的关系。

(4) 验证具有不规则形状的散体颗粒模型以及放矿数值模拟的准确性。

8.4.2　基于花生模型的单口放矿数值模拟

1. 模型构建与设置

Castro[31]通过大型三维放矿物理试验实测了放出体和松动体的形态,研究结果表明,放出体和松动体的最大宽度主要受放出矿石量及放矿高度的影响,在一定范围内,颗粒尺寸、放矿口尺寸、矿石层高度以及相似比等因素对其无显著影响。

本节数值试验可靠性检验将以 Castro 物理试验结果为依据,综合考虑计算机运算效率与模拟结果的准确性,在 PFC2D 软件中构建尺寸为 40m×50m(宽×高)的放矿模型,开展单口放矿数值试验研究。如图 8.4.2 所示,被固定的直径为 0.7m 的黑色颗粒构成模型的侧墙和底墙,用于模拟实际采场中较为粗糙的边壁。为降低放矿初始阶段"堵孔"的可能性,数值模型中的放

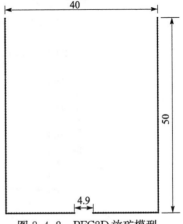

图 8.4.2　PFC2D 放矿模型
墙体结构(单位:m)

矿口尺寸设为 4.9m,略大于 Castro 物理试验中模拟的 3.6m 放矿口尺寸。

Castro 放矿物理试验散体材料取自澳大利亚布里斯班 Mount Coutha 采石场经破碎的千枚岩小砾石,主要物理力学参数如表 8.4.1 所示[31]。

表 8.4.1　Castro 物理试验散体材料主要参数[31]

参数	数值
平均粒径 d/mm	16.8
密度 ρ/(kg/m³)	2700
散体内摩擦角 φ_1/(°)	45
颗粒尺寸比	32 : 24 : 14

数值试验中颗粒的物理力学性质与表 8.4.1 中对应参数相同或相近,五个主要细观参数包括颗粒密度、形状、粒径分布、刚度和摩擦系数。数值模型及颗粒的细观力学参数确定方法如下:

(1)颗粒密度的取值与表 8.4.1 一致。

(2)为有效表征实际散体矿岩散体的形状,将圆形颗粒等面积替换为图 8.4.3 所示的花生模型,两颗粒间采用平行黏结模型[41],并将黏结强度设定的足够大(1×10⁴ MPa)以确保花生模型不发生破裂(Castro 物理试验[31]中几乎不发生散体材料的二次破裂)。如图 8.4.4 所示,颗粒粒径分布(150~1350mm)与 Castro 模型中颗粒粒径分布(70.8~1350mm)基本保持一致。需要说明的是,数值模型的相似比为 1:1,Castro 模型相似比为 1:30,即数值模型中的颗粒粒径为扩大 30 倍后的结果。

图 8.4.3　圆形颗粒等面积替换为花生模型

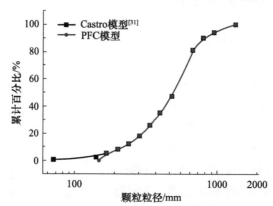

图 8.4.4　Castro 模型[31]和 PFC 模型的颗粒粒径分布

（3）通过双轴压缩试验测量颗粒的宏观散体内摩擦角[42]，并与实际散体内摩擦角对比，确定花生模型内小颗粒间的平行黏结强度。散体内摩擦角 φ_i 是反映颗粒间内锁力的指标之一。随着应变逐渐增大，散体试样也将逐渐达到峰值强度 σ_1 并逐渐降低。根据莫尔-库仑强度准则，通过峰值强度 σ_1 与围压 σ_3 的关系计算散体内摩擦角 φ_i。

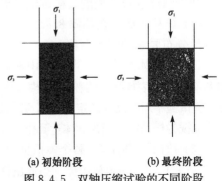

（a）初始阶段　　　（b）最终阶段

图 8.4.5　双轴压缩试验的不同阶段

如图 8.4.5 所示，散体试样的初始宽高比为 1:2。围压 σ_3 设为 0.5MPa，应变率保持 $0.005s^{-1}$ 直至最终应变达到 0.2。圆形颗粒模型和花生模型的摩擦系数取值范围均设定为 0.1～1.0，其余细观参数保持不变。

一般而言，散体矿岩在峰值强度时的散体内摩擦角范围为 $35°\sim45°$[31]。如图 8.4.6 所示，圆形颗粒模型的散体内摩擦角范围为 $15°\sim35°$，花生模型的散体内摩擦角范围为 $20°\sim55°$，与实际散体矿岩的散体内摩擦角更为接近。这是由于花生模型能提供更大的内锁力，其所能承受的峰值应力更大。因此，为与表 8.4.1 中的散体内摩擦角匹配，模拟中将花生模型的细观摩擦系数设定为 0.5；作为对比，将圆形颗粒模型的细观摩擦系数亦设定为 0.5。

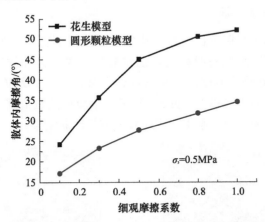

图 8.4.6　双轴压缩试验中花生模型与圆形颗粒模型的宏细观摩擦参数

Castro 三维放矿物理试验中的空隙率为 0.296，根据二维与三维空隙率转换式（8.4.1）[43]，将二维数值试验中的空隙率设定为 0.123。

$$\rho_{3D} = 1 - \frac{2}{\sqrt{\sqrt{3}\,\pi}}\,(1-\rho_{2D})^{3/2} \qquad (8.4.1)$$

式中，ρ_{3D}、ρ_{2D} 分别为三维条件和二维条件下的空隙率。

2. 数值试验设计

基于圆形颗粒模型的放矿数值试验过程可划分为三个阶段：

（1）颗粒生成。在如图 8.4.2 所示的墙体内生成一定数量的符合上述空隙率和粒径分布要求的圆形颗粒。

（2）松动体的确定。当模型中颗粒在重力作用下达到自然平衡状态后，删除图 8.4.2 中代表放矿口的颗粒，使模型中颗粒能够不断从放矿口放出。与 Hancock[42]在数值试验中对松动体的定义相同，数值试验将模型中垂直位移大于 1m 的颗粒所圈定的范围视为松动体。当松动体达到模型顶部，即高度达 50m 时，本阶段放矿过程结束。

（3）放出体的确定。整个模拟过程中，记录每个放出颗粒的初始位置、ID 编号、半径等信息，用于圈定放出体。当放出体达到模型顶部，即高度达 50m 时，全部放矿过程结束。为减小当松动体达到模型顶部后形成的凹陷区对放矿结果的影响，与 Castro[31] 所做的物理试验设计一致，数值试验中也将放出颗粒随机布设到模型顶部。

基于花生模型的放矿数值试验过程与上述过程类似：

（1）在如图 8.4.2 所示的墙体内生成一定数量的符合上述空隙率和粒径分布要求的圆形颗粒。

（2）将圆形颗粒等面积替换为花生模型，并赋予上述指定的细观参数。

（3）重复上述基于圆形颗粒的放矿数值试验过程的第（2）和第（3）阶段。

3. 数值试验结果分析

图 8.4.7 为基于圆形颗粒模型与花生模型模拟所得高度为 35m 的松动体和放出体形态。基于圆形颗粒模型的数值试验所得松动体和放出体形态均近似椭圆，而基于花生模型的数值试验所得松动体和放出体形态均近似期望体（倒置水滴），具有明显的纵向不对称性。此外，基于花生模型的数值试验所得松动体和放出体的最大宽度均明显小于基于圆形颗粒模型的试验结果。

(a) 松动体圆形颗粒模型　　　　　　　　(b) 松动体花生模型

(c) 放出体圆形颗粒模型   (d) 放出体花生模型

图 8.4.7 基于圆形颗粒模型与花生模型模拟所得高度为 35m 的松动体和放出体形态

图 8.4.8 和图 8.4.9 表明,基于花生模型的数值试验所得松动体和放出体的高度和最大宽度拟合结果与 Castro[31] 的物理试验结果较为一致,均满足期望体理论所示的幂函数关系,拟合系数 R^2 均接近于 1。上述分析结果不仅验证了放矿模型的可靠性,也表明在不考虑散体矿岩二次破裂问题的情况下(如矿岩散体强度较大),花生模型更适于散体矿岩运移规律的研究。

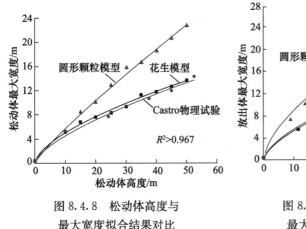

图 8.4.8 松动体高度与   图 8.4.9 放出体高度与
最大宽度拟合结果对比   最大宽度拟合结果对比

8.4.3 基于不规则颗粒簇模型的单口放矿数值模拟

在实际矿山开采和放矿过程中,存在不同范围和程度的散体矿岩二次破裂现象,而花生模型破裂后变成两个独立的刚性圆形颗粒,无法破裂,也无法再提供符合要求的内锁力。因此,有必要构建更为复杂的颗粒体模型,以便更准确地表征放矿过程中散体矿岩的二次破裂现象。

1. 不规则颗粒簇的生成方法

根据椭圆及其内接多边形的几何关系,采用椭圆的内接多边形模拟实际不规则矿岩散体。如图 8.4.10 所示,O 表示外接圆的圆心,θ_k 表示多边形的第 k 个内角,(x_k,y_k) 表示内接多边形的第 k 个顶点坐标,α 表示椭圆长轴与 x 轴的夹角,其变化范围为 $0\sim2\pi$,用于改变椭圆的布置方向。

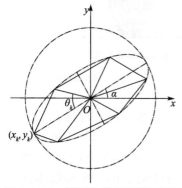

图 8.4.10　椭圆内接多边形示意图

基于椭圆与其内接多边形的几何关系[44],可知内接多边形的第 k 个顶点坐标为

$$\begin{bmatrix} x_k \\ y_k \end{bmatrix} = \begin{bmatrix} x_O \\ y_O \end{bmatrix} + \begin{bmatrix} a\cos\theta_k \\ b\cos\theta_k \end{bmatrix} \begin{bmatrix} \cos\alpha & -\sin\alpha \\ \sin\alpha & \cos\alpha \end{bmatrix} \qquad (8.4.2)$$

式中,(x_O,y_O) 表示外接圆的圆心坐标;a 和 b 分别表示椭圆的半长轴和半短轴;其余参数含义与图 8.4.10 中相应参数的含义相同。

椭圆的面积 S_e 为

$$S_e = \pi ab \qquad (8.4.3)$$

半径为 r_{cir} 的外接圆面积 S_{cir} 为

$$S_{\text{cir}} = \pi r_{\text{cir}}^2 = \pi a^2 \qquad (8.4.4)$$

椭圆的内接多边形面积 S_p 为

$$S_p = \frac{1}{2}ab\sum_{k=1}^{n}\sin\theta_k \qquad (8.4.5)$$

因此,不规则颗粒模型实际面积 S_{clu} 为

$$S_{\text{clu}} = S_p(1-\rho) = \frac{1}{2}ab(1-\rho)\sum_{k=1}^{n}\sin\theta_k \qquad (8.4.6)$$

不规则颗粒模型的等效半径 r_{clu} 为

$$r_{\text{clu}} = \sqrt{\frac{S_{\text{clu}}}{\pi}} = \sqrt{\frac{ab(1-\rho)\sum\limits_{k=1}^{n}\sin\theta_k}{2\pi}}$$

$$= \sqrt{\frac{r_{\text{cir}}b(1-\rho)\sum\limits_{k=1}^{n}\sin\theta_k}{2\pi}}$$

$$= r_{\text{cir}}\sqrt{\frac{\sqrt{(1-e^2)}(1-\rho)\sum\limits_{k=1}^{n}\sin\theta_k}{2\pi}} \qquad (8.4.7)$$

式中，ρ 为不规则颗粒模型即内接多边形内的空隙率；e 表示椭圆的离心率；其余参数含义与图 8.4.10 中相应参数的含义相同。

基于上述各参数的几何关系，利用颗粒流数值软件构建不规则颗粒簇，如图 8.4.11 所示。

阶段 1：根据方程(8.4.7)中 r_{cir} 和 r_{clu} 的关系，生成不同半径的圆形颗粒。

阶段 2：根据方程(8.4.2)的内接多边形的顶点坐标，编写程序生成表示内接多边形的墙体，并删除圆形颗粒。

阶段 3：根据既定空隙率 ρ，在每个内接多边形内生成一定数量的圆形小颗粒并使其相互黏结，将所有墙体删除，圆形小颗粒间采用的黏结模型为平行黏结模型。放矿过程开始前，模型中所有不规则颗粒簇将在重力作用下达到自然平衡状态。为保证圆形小颗粒能够充满每个内接多边形，同时相邻圆形小颗粒不至于过于紧密而产生较大的重叠，经反复尝试，将每个内接多边形内的初始空隙率设定为 0.12。

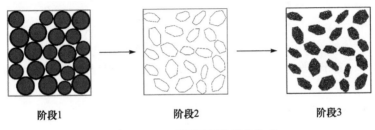

阶段1　　　　　　　阶段2　　　　　　　阶段3

图 8.4.11　不规则颗粒簇的生成

2. 数值试验设计

基于不规则颗粒簇的放矿数值试验过程与基于花生模型的放矿数值试验过程类似。为减少模型运算时间，当图 8.4.11 阶段 1 中的圆形颗粒半径大于 150mm 时，将其等效替换为不规则颗粒簇；当其半径小于 150mm 时，将其等效替换为花生模型(当不规则颗粒簇和花生模型的尺寸很小时，认为两者的形状相似)。此外，将不规则颗粒簇中的最小圆形颗粒半径设定为 60mm，不规则颗粒簇的长宽比范围设定为 2.0～2.5。数值试验中采用 FISH 语言监测、记录每个发生的黏结破裂事件，并通过离散裂隙网络模块生成小裂隙的方式存储黏结破裂事件发生的位置、大小和方位等信息。为确定颗粒黏结强度和二次破裂后颗粒粒径分布的关系，每次放矿过程结束后均统计所有圆形颗粒的直径以及花生模型与不规则颗粒簇的等效直径。

放矿数值试验前，通过双轴压缩试验测量颗粒的宏观散体内摩擦角，并与实际散体内摩擦角对比，确定不规则颗粒模型中颗粒间的平行黏结强度。平行黏结强度取值范围为 $1\sim1\times10^4$ MPa，其余细观参数均保持不变。如图 8.4.12 所示，散体内摩擦角随着颗粒黏结强度的增加而增加。一般而言，散体矿岩在峰值强度时的散体内摩擦角范围为 35～45°。因此,放矿数值试验研究中,选取如下三个平行黏结强度值:3MPa、5MPa 和 $1×10^4$MPa。当平行黏结强度为3MPa和 5MPa 时,不规则颗粒簇可以发生破裂;而当平行黏结强度取值足够大,如 $1×10^4$MPa 时,不规则颗粒簇则不会发生破裂,从而用于与 Castro[31] 的放矿物理试验结果进行对比,以检验不规则颗粒簇以及放矿数值模型的可靠性。

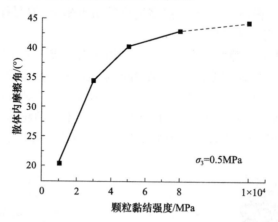

图 8.4.12　基于不规则颗粒簇的双轴压缩试验颗粒黏结强度与散体内摩擦角的关系

3. 数值试验结果分析

图 8.4.13 为不同黏结强度条件下模拟所得高度为 40m 的松动体和放出体形态。所有的松动体和放出体形态均符合期望体理论,表明在考虑散体矿岩二次破裂的情况下,期望体理论依然适用。

图 8.4.14 和图 8.4.15 表明,不同黏结强度条件下的松动体和放出体的高度和最大宽度均满足期望体理论所示的幂函数关系。随着黏结强度的增加,不规则颗粒簇间的内锁力增加,降低了松动体边界颗粒发生移动的可能性,从而使松动体和放出体的最大宽度减小。

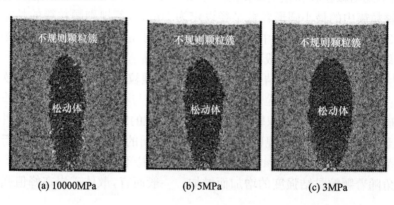

(a) 10000MPa　　　　　　(b) 5MPa　　　　　　(c) 3MPa

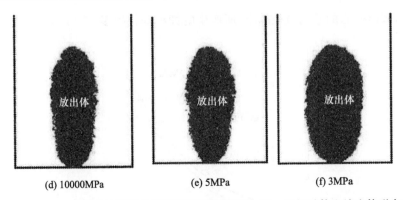

(d) 10000MPa　　　　　　　　(e) 5MPa　　　　　　　　(f) 3MPa

图 8.4.13　不同黏结强度条件下模拟所得高度为 40m 的松动体和放出体形态

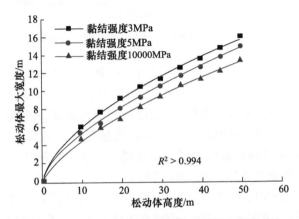

图 8.4.14　不同黏结强度下的松动体最大宽度对比

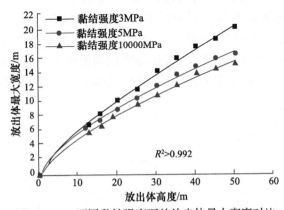

图 8.4.15　不同黏结强度下的放出体最大宽度对比

图 8.4.16 为初始破裂和二次破裂的颗粒粒径分布,三条曲线分别表示黏结强度为 10000MPa、5MPa 和 3MPa 时的颗粒路径分布情况。可以看出,散体矿岩强

度越低,放出矿岩的平均粒径越小,所产生的细小颗粒越多。

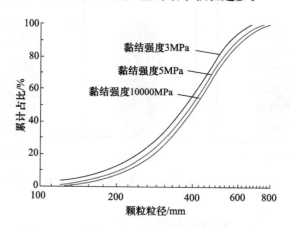

图 8.4.16　初始破裂和二次破裂的颗粒粒径分布

　　在远离放矿口的区域,散体矿岩粒径会对松动体与放出体的最大宽度产生影响。对于初始破裂时具有不同平均粒径的颗粒,其粒径越小,试验所得松动体与放出体的最大宽度越小。需要说明的是,数值试验中初始破裂时的颗粒粒径分布均相同(颗粒黏结强度是唯一的变量)。颗粒黏结强度越大,松动体边界颗粒发生移动的可能性越小,松动体的最大宽度也因此越小。这一新现象需要通过更多的大规模物理试验和数值试验开展进一步研究。

　　以黏结强度为5MPa时的试验为例,图 8.4.17 为不同放出高度时的矿岩破裂事件分布,图中每个微裂纹均表示一个破裂事件。随着放矿过程的不断深入,破裂事件数量逐渐增加,且主要发生在剪切区域,即松动区域与稳定区域之间的过渡区域。该结果以及如图 8.4.18 所示的模型内接触力链演化结果与和 Castro[31] 提出的单口放矿控制机理相吻合,即散体矿岩的运移演化主要受松动体顶部应力拱塌落(松动体的高度达到顶部之前)以及松动体四周散体矿岩间的相互挤压、剪切的影响。在松动体顶部,由上覆矿岩层产生的应力将以应力拱(基于接触力链网络形

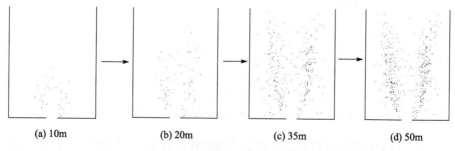

(a) 10m　　　　(b) 20m　　　　(c) 35m　　　　(d) 50m

图 8.4.17　不同放出体高度时的矿岩破裂事件分布

成的拱形结构)的形式在高空隙率区域重新分布。随着松动体范围逐渐增大,一些
关键接触也会发生移动而进入松动体区域内,应力拱也将随之不再稳定。与此同
时,松动体四周散体矿岩间的相互挤压、剪切也会产生,并随着应力的动态重分布
而结束,其表现形式类似于河流夹杂着沉积物向下游流动时不断拓宽两侧的堤岸。
然后应力拱崩塌,松动体随之向上发展直到其上方再次形成新的应力拱。

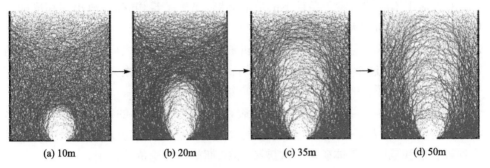

$$(a) 10m \qquad (b) 20m \qquad (c) 35m \qquad (d) 50m$$

图 8.4.18　不同松动体高度时的接触力链分布

8.5　本章小结

　　本章首先介绍了放矿理论的研究现状;其次基于球形颗粒构建单口放矿数值
模型,通过对比放矿数值模拟结果和物理试验结果,确定了最优细观力学参数组
合,验证了放矿模型的适用性与可靠性;在此基础上,分别构建三类边界条件下的
放矿模型,开展了单口、多口和复杂边界等条件下的散体矿岩流动特性研究,实现
了放矿过程与结果的可视化;最后提出了不规则颗粒簇的生成方法,并开展了单口
条件下的散体矿岩运移规律及其二次破裂问题研究,探究了放出体和松动体形态
的变化规律、不同颗粒黏结强度对散体矿岩二次破裂的影响,明确了散体矿岩的运
移演化机理。

　　基于球形颗粒的放矿数值模拟研究结果表明:

　　(1) 放出体形态在无限边界条件下能够保持完整,而当其受到不同边界条件
的影响或是相邻两放矿口的间距较近而产生相互影响时,放出体形态会产生不同
程度的变异或缺失。

　　(2) 无论是无限边界条件、半无限边界条件还是复杂边界条件,放出体高度与
放矿量之间满足式(8.3.1)所示的函数关系。在放矿初始阶段,放出体高度呈指数
形式快速增加,随着放矿量的增加,其增长率逐渐减小;随后,放出体高度将随放矿
量的增加而线性增长。

　　(3) 在复杂边界条件下,矿体下盘残留量随矿石层高度与矿体水平厚度的比值

的增加而增加,随矿体倾角的增加而明显降低。适当降低矿石层高度可减小下盘损失;而对于下盘倾角较大的矿体,在放矿允许的条件下,应尽量增大矿石层高度。

(4) 对于多放矿口条件下的放矿问题,为提高矿石回收率,在放矿允许的条件下,应尽量增大崩落矿石层高度及放矿口尺寸,减小放矿口间距,并采用平面放矿方式。

(5) 对于不同端壁倾角条件下的放矿问题,当放矿量相同时,放出体高度随着端壁倾角的减小而增大,放出体整体形态也随之越来越“瘦长”。在一定范围内,当放矿步距一定时,矿石回收率及贫化率均随着端壁倾角的增大而增大;当端壁倾角一定时,放矿步距过小和过大都会导致矿石产生不同程度的损失。

基于非球形颗粒的放矿数值模拟研究结果表明:

(1) 无论散体矿岩是否发生二次破裂,放出体和松动体的形态均符合倒置水滴形,其高度与最大宽度之间均满足幂函数关系。崩落法矿山放矿过程中无论发生何种程度和范围的散体矿岩二次破裂现象,期望体理论依然适用。

(2) 建立的基于矿岩破裂的松动体、放出体及散体矿岩形状的模拟方法可靠有效,提高了放矿数值模拟研究的准确性。在不需要考虑散体矿岩二次破裂问题的情况下(如矿岩散体强度较大),花生模型能够满足散体矿岩运移规律研究的需求;而当需要考虑散体矿岩二次破裂问题时,可采用不规则颗粒簇模型。

(3) 散体矿岩的强度越低,放出矿岩的平均粒径越小,松动体和放出体的宽度也会越大。因此,对于矿岩强度较大的矿山在开采和放矿过程中,应当注意潜在的矿岩“堵孔”问题,而对于矿岩强度较小的矿山在开采和放矿过程中,则应当注意放矿口间距的优化以及细小岩石穿流引起的矿石提前贫化等问题。

综上所述,基于颗粒流理论和 PFC 软件的崩落矿岩运移演化机理研究能够再现崩落矿岩实际放矿状态,可弥补现有室内试验研究及数值计算的不足,有效降低试验费用和时间成本,为采场结构参数优化和矿石贫损指标预测等提供有益的科学依据和技术支撑。

参 考 文 献

[1] 王青,任凤玉. 采矿学. 北京:冶金工业出版社,2011.
[2] 乔登攀,李文增,张丹,等. 放矿理论研究现状存在问题及发展方向. 中国矿业,2004,(10):22-27.
[3] 朱华碧. 崩落法放矿随机介质三维数值模拟研究[硕士学位论文]. 衡阳:南华大学,2010.
[4] Jolley D. Computer simulation of movement of ore and waste in an underground mining pillar. Canadian Mining and Metallurgical Bulletin,1968,61(675):854.

[5] 刘宝琛. 综合利用城市地面及地下空间的几个问题. 岩石力学与工程学报,1999,18(1):
109-111.

[6] 王昌汉. 放矿学. 北京:冶金工业出版社,1982.

[7] 马拉霍夫 Г М. 崩落矿块的放矿. 杨迁仁,刘兴国,译. 北京:冶金工业出版社,1958.

[8] 刘兴国. 崩落法放矿时矿岩接触面的移动规律. 金属矿山,1980,(5):10-15.

[9] 王泳嘉,刘兴国. 对多漏孔放矿放出体的研究. 东北大学学报(自然科学版),1980,(2):
51-60.

[10] 李荣福. 放矿基本规律的统一数学方程. 有色金属(矿山部分),1983,(1):1-8.

[11] 田多,师皓宇,付恩俊,等. 基于椭球体理论的放煤步距与放出率关系研究. 煤炭科学技
术,2015,43(5):51-53,143.

[12] 任凤玉. 随机介质放矿理论及其应用. 北京:冶金工业出版社,1994.

[13] Litwiniszyn J. Application of the equation of stochastic processes to mechanics of loose
bodies. Archiwum Mechaniki Stosowanej,1956,8(4):393-411.

[14] 王泳嘉. 放矿理论研究的新方向随机介质理论. 东工活页论文选,1962,(8):535-538.

[15] 刘兴国,王泳嘉. 归零量及其应用. 有色金属(矿山部分),1984,(5):17-21.

[16] 苏宏志,魏善力. 两种放出体的两种性质. 有色金属,1983,(1):7-13.

[17] 高永涛. 放出期望体理论. 金属矿山,1987,(11):20-27.

[18] 高永涛. 单漏口放矿条件下的速度场及等速体. 工程科学学报,1993,(4):327-331.

[19] 高永涛. 用期望体理论预计损失贫化. 金属矿山,1993,(10):23-25.

[20] 高永涛. 放出体过渡关系证明及其等厚度过渡原理. 有色金属工程,1994,(1):20-23.

[21] 高永涛. 放出期望体理论与电算模拟放矿的相似性. 工程科学学报,1994,(3):201-206.

[22] 李荣福. 类椭球体放矿理论的理想方程. 有色金属(矿山部分),1994,(5):38-44.

[23] 李荣福. 类椭球体放矿理论的实际方程. 有色金属(矿山部分),1994,(6):36-42.

[24] Nedderman R M. The use of the kinematic model to predict the development of the stag-
nant zone boundary in the batch discharge of a bunker. Chemical Engineering Science,
1995,50(6):959-965.

[25] Drescher A,Ferjani M. Revised model for plug/funnel flow in bins. Powder Technology,
2004,141(1-2):44-54.

[26] Melo F,Vivanco F,Fuentes C, et al. On drawbody shapes:from Bergmark-Roos to kine-
matic models. International Journal of Rock Mechanics and Mining Sciences,2007,44(1):
77-86.

[27] Kuchta M E. A revised form of the Bergmark-Roos equation for describing the gravity
flow of broken rock. Mineral Resources Engineering,2002,11(4):349-360.

[28] Vivanco F,Watt T,Melo F. The 3D shape of the loosening zone above multiple draw
points in block caving through plasticity model with a dilation front. International Journal
of Rock Mechanics and Mining Sciences,2011,48(3):406-411.

[29] Pierce M E,Cundall P A,Van Hout G J,et al. PFC3D modeling of caved rock under draw//
Proceedings of the 1st International PFC Symposium on Block and Sublevel Caving. Gelsen-

kirchen,2002.

[30] 安龙,徐帅,李元辉,等. 基于多方法联合的崩落法崩矿步距优化. 岩石力学与工程学报,
2013,32(4):754-759.

[31] Castro R,Trueman R,Halim A. A study of isolated draw zones in block caving mines by
means of a large 3D physical model. International Journal of Rock Mechanicsand Mining
Sciences,2007,44(6):860-870.

[32] 周宗红. 倾斜中厚矿体损失贫化控制理论与实践. 北京:冶金工业出版社,2011.

[33] 孙浩,金爱兵,高永涛,等. 复杂边界条件下崩落矿岩流动特性. 中南大学学报(自然科学
版),2015,46(10):3782-3788.

[34] 张志贵,刘兴国,于国立. 无底柱分段崩落法无贫化放矿:无贫化放矿理论及其在矿山的
实践. 沈阳:东北大学出版社,2007.

[35] 陆玉根,章林,孙国权,等. 高变分段低贫化放矿及其参数优化试验研究. 金属矿山,2014,
(4):12-16.

[36] 孙浩,金爱兵,高永涛,等. 多放矿口条件下崩落矿岩流动特性. 工程科学学报,2015,
37(10):1251-1259.

[37] 周传波. 无底柱分段崩落法崩矿步距及贫损指标的计算模型与实例. 有色矿冶,1994,
10(4):5-8.

[38] 孙浩,金爱兵,高永涛,等. 不同端壁倾角条件下放出体形态研究及最优崩矿步距的确定.
工程科学学报,2016,38(2):159-166.

[39] 张成舜,鞠玉忠. 关于无底柱分段崩落采矿法的放矿步距和崩矿步距. 金属矿山,1979,
(4):11-13.

[40] Sun H,Gao Y T,Elmo D,et al. A study of gravity flow based on the upside-down drop
shape theory and considering rock shape and breakage. Rock Mechanics and Rock Engi-
neering,2019,52(3):881-893.

[41] Potyondy D O,Cundall P A. A bonded-particle model for rock. International Journal of
Rock Mechanics and Mining Sciences,2004,41(8):1329-1364.

[42] Hancock W,Weatherley D,Chitombo G. Modeling thegravity flow of rock using the dis-
crete element method//Proceedings of the 6th International Conference and Exhibition on
Mass Mining. Sudbury,2012.

[43] Hoomans B,Kuipers J,Briels W J,et al. Discrete particle simulation of bubble and slug
formation in a two-dimensional gas-fluidised bed:a hard-sphere approach. Chemical Engi-
neering Science,1996,51(1):99-118.

[44] 严成增,郑宏,孙冠华,等. 粗粒料多边形表征及二维 FEM/DEM 分析. 岩土力学,2015,
36(S2):95-103.